情報基礎数学

佐藤 泰介・高橋 篤司
伊東 利哉・上野 修一 [共著]

Ohmsha

本書を発行するにあたって，内容に誤りのないようできる限りの注意を払いましたが，本書の内容を適用した結果生じたこと，また，適用できなかった結果について，著者，出版社とも一切の責任を負いませんのでご了承ください．

本書は，「著作権法」によって，著作権等の権利が保護されている著作物です．本書の複製権・翻訳権・上映権・譲渡権・公衆送信権（送信可能化権を含む）は著作権者が保有しています．本書の全部または一部につき，無断で転載，複写複製，電子的装置への入力等をされると，著作権等の権利侵害となる場合があります．また，代行業者等の第三者によるスキャンやデジタル化は，たとえ個人や家庭内での利用であっても著作権法上認められておりませんので，ご注意ください．

本書の無断複写は，著作権法上の制限事項を除き，禁じられています．本書の複写複製を希望される場合は，そのつど事前に下記へ連絡して許諾を得てください．

出版者著作権管理機構
（電話 03-5244-5088，FAX 03-5244-5089，e-mail：info@jcopy.or.jp）

JCOPY ＜出版者著作権管理機構 委託出版物＞

まえがき

　本書は計算機による情報処理を学ぶに当たって必要な数学的基礎をじっくり解説した情報数学の入門書である．解説に当たって2つの柱を設けた．1つは，前半の集合，関数，論理など情報に限らず数学のどの分野でも基礎的素養として求められるもの，もう1つは後半の数学的帰納法や木構造など計算機科学において必ず必要とされるものである．前半では，無限概念や論理式など恐らく他の分野ではまず勉強の機会が少ないと思われる部分を丁寧に解説し，後半では前半の一般的概念が計算機科学に於いてどのように具体的に現れるか分かるように心がけた．

　いずれに対しても同様の目的の解説書が巷に溢れているが，本書としては，単に言葉の解説で終わらせるのではなく，演習問題を付け，数学的概念をそれこそ高校の復習段階から始めてページを割いて階段を一歩一歩登るように書いたつもりである．

　インターネットの普及とグローバリゼーションの時代を迎え，これから大学でまた社会のさまざまな場面で相手とのコミュニケーションがますます重要になる．そのような場合明確な概念を用いて論理的に自己の考えを表現することの重要性は言うまでもない．情報数学という限られた舞台とは言え，数学的議論を通じて本書がそのような訓練の一助になれば望外の喜びと言える．

　全体で8章あるが，1章から5章は佐藤と高橋が，6章は伊東が，7章と8章は伊東と上野が担当し，全体を高橋が調整したことを付け加えて置く．

平成19年8月31日

佐藤　泰介
高橋　篤司
伊東　利哉
上野　修一

目　　次

1　集　　合

- 1.1　集 合 と 組 ……………………………………………… 1
  - 1.1.1　集 合 の 定 義 ……………………………………… 1
  - 1.1.2　集合の同一性と部分集合 …………………………… 5
  - 1.1.3　組, 列, 記号列 ……………………………………… 8
- 1.2　集 合 演 算 ……………………………………………… 10
  - 1.2.1　共通部分 (∩) ………………………………………… 10
  - 1.2.2　和　　　(∪) ………………………………………… 12
  - 1.2.3　補　　　($\overline{A}$) ………………………………………… 14
  - 1.2.4　差　　　(\) ………………………………………… 15
  - 1.2.5　直 積　 (×) ………………………………………… 16
  - 1.2.6　直 和　 (+) ………………………………………… 18
  - 1.2.7　べ き　 (2^A) ………………………………………… 19
  - 1.2.8　ま と め ……………………………………………… 20
- 1.3　集 合 の 性 質 …………………………………………… 21
  - 演 習 問 題 …………………………………………………… 23

2　写　　像

- 2.1　写　　　像 ……………………………………………… 26
  - 2.1.1　写 像 の 定 義 ……………………………………… 26
  - 2.1.2　写 像 の 同 一 性 …………………………………… 30
  - 2.1.3　写 像 の 集 合 ……………………………………… 30
- 2.2　写 像 の 合 成 …………………………………………… 32
- 2.3　様 々 な 写 像 …………………………………………… 34
  - 2.3.1　単　　　射 …………………………………………… 34
  - 2.3.2　全　　　射 …………………………………………… 36
  - 2.3.3　全　単　射 …………………………………………… 39
- 2.4　写 像 と 集 合 …………………………………………… 45
  - 2.4.1　全単射と同型 ………………………………………… 45
  - 2.4.2　単射と全射の対応 …………………………………… 45
  - 2.4.3　写像と集合の対応 …………………………………… 47
  - 演 習 問 題 …………………………………………………… 49

3 関 係

3.1 関 係 ……………………………………………………… 52
3.1.1 関係の定義 …………………………………………… 52
3.1.2 関係の同一性 ………………………………………… 55
3.2 関係の合成 ………………………………………………… 55
3.2.1 合成の定義 …………………………………………… 55
3.2.2 関係のべき乗 ………………………………………… 56
3.3 様々な関係 ………………………………………………… 59
3.3.1 反射律，対称律，反対称律，推移律 ……………… 59
3.3.2 同値関係と同値類 …………………………………… 62
3.3.3 順序関係と整列 ……………………………………… 68
演習問題 …………………………………………………… 71

4 無 限

4.1 無限集合 …………………………………………………… 73
4.2 集合の濃度 ………………………………………………… 75
4.3 可算と非可算 ……………………………………………… 78
演習問題 …………………………………………………… 83

5 論 理

5.1 命題論理 …………………………………………………… 85
5.1.1 命題の定義 …………………………………………… 85
5.1.2 命題の同一性と必要十分条件 ……………………… 86
5.1.3 命題論理式と論理結合子 …………………………… 88
5.2 命題の解釈と論理演算 …………………………………… 92
5.2.1 命題の解釈 …………………………………………… 92
5.2.2 論理積 (∧) …………………………………………… 92
5.2.3 論理和 (∨) …………………………………………… 94
5.2.4 否定 (¬) ……………………………………………… 95
5.2.5 含意 (⇒) ……………………………………………… 96
5.2.6 同値 (⇔) ……………………………………………… 97
5.2.7 まとめ ………………………………………………… 98
5.3 命題論理の性質 …………………………………………… 99
5.3.1 同値変形 ……………………………………………… 99
5.3.2 標準形 ………………………………………………… 101
5.3.3 論理回路 ……………………………………………… 103

5.3.4	加算器の論理回路実現	105
5.3.5	恒真式と証明系	108
5.4	述語論理	111
5.4.1	述語	111
5.4.2	限量子	113
5.5	述語論理の性質	115
5.5.1	同値変形	115
5.5.2	妥当な式と証明系	116
	演習問題	118

6 数え上げ

6.1	数え上げ技法	120
6.1.1	和の法則	120
6.1.2	積の法則	121
6.1.3	包除原理	121
6.1.4	2重数え上げ	123
6.2	順列と組合せ	124
6.2.1	順列と組合せの定義	125
6.2.2	総数の表記と階乗	127
6.2.3	順列の総数	128
6.2.4	重複順列の総数	129
6.2.5	組合せの総数	130
6.2.6	重複組合せの総数	131
6.2.7	円順列と数珠順列の総数	132
6.3	組合せの性質	133
6.3.1	総数の表記	133
6.3.2	対称性	134
6.3.3	帰納的性質	135
6.3.4	組合せと単調経路	137
6.3.5	組合せと2項定理	140
	演習問題	143

7 定義と証明

7.1	非構成的証明	144
7.1.1	背理法	144
7.1.2	鳩の巣原理	146

7.2 数学的帰納法と証明 152
7.2.1 数学的帰納法 152
7.2.2 数学的帰納法の正当性 152
7.2.3 包除原理 155
7.2.4 矩形分割 158
7.2.5 単調ブール関数と単調論理回路 161
7.3 再帰的定義 165
7.3.1 階乗 165
7.3.2 アッカーマン関数 166
7.3.3 フィボナッチ数列 167
7.3.4 実係数多項式 168
7.3.5 加算 169
7.4 記号列 172
7.4.1 記号列 172
7.4.2 記号列の帰納的定義 173
7.4.3 記号列の性質 174
7.4.4 記号列と順序関係 177
7.4.5 辞書式順序 177
7.4.6 標準順序 181
7.4.7 プログラムと関数の濃度 182
演習問題 183

8 木構造とアルゴリズム

8.1 グラフと木 186
8.2 2分木 188
8.3 アルゴリズム 194
8.3.1 アルゴリズムと計算量 194
8.3.2 探索アルゴリズム 194
8.3.3 逐次探索 194
8.3.4 2分探索 195
8.3.5 ユークリッドの互除法 197
演習問題 200

演習問題解答 201
索引 217

1 集 合

カントール (George Cantor, 1845-1918) により創始された集合論は，数学の無限にまつわる諸問題を正確に捉える土台となるだけではなく，今や様々な学問の「概念的理解」の基本的な道具である．コンピュータサイエンスでもあちらこちらに顔を出すが，本章では以後の展開の基礎となる集合の概念と基本的な記法について学ぶ．

1.1 集 合 と 組

1.1.1 集合の定義
（1） 基本的な定義

集合 (set) は素朴には「もの」の集まりである．その集合において「もの」は**要素** (element)，もしくは元と呼ばれる．要素は数でも人間でも何でもよく，もちろん集合でもよい．要素が1つもない集まりも集合であり，これは**空集合** (empty set) と呼ばれ $\emptyset$ と表される．

【定義 1.1 (集合)】 要素の集まりを集合と呼ぶ．

集合 A に属する要素の数を A の**要素数** (cardinality) という．要素数が有限である集合は**有限集合** (finite set) と呼び，無限である集合は**無限集合** (infinite set) と呼ぶ．有限集合 A の要素数は $|A|$ と表す．また，第 4 章で議論するが，無限集合 A に対しても $|A|$ を定義し，任意の集合 A に対して $|A|$ を A の**濃度** (cardinality) と呼ぶ．

【定義 1.2 (要素数)】 有限集合 A の要素数は $|A|$ と表す.

【例 1.1】 空集合 $\emptyset$ の要素数は 0 である. すなわち, $|\emptyset| = 0$ である. ∎

本書では代表的な無限集合であるすべての**自然数** (natural number), **整数** (integer), **偶数** (even number), **奇数** (odd number), **有理数** (rational number), **実数** (real number) からなる集合をそれぞれ $\mathbf{N}$, $\mathbf{Z}$, $\mathbf{E}$, $\mathbf{O}$, $\mathbf{Q}$, $\mathbf{R}$ で表す[1]. また, 代表的な有限集合として, **ブール集合** (Boolean set) を $\mathbf{B}$ で表し[2], 自然数 n に対して, n 未満のすべての自然数, n 未満のすべての偶数, n 未満のすべての奇数からなる集合をそれぞれ $\mathbf{N}_n$, $\mathbf{E}_n$, $\mathbf{O}_n$ で表す.

自然数は正整数である, すなわち, 1 以上の整数であると定義されることも多いが, 本書では自然数は 0 を含む非負整数であると定義する. また, 整数は負の数を含むが, 偶数や奇数は自然数と同様に非負整数であるとする. 有理数は 2 つの整数を用いて分数の形で表現できる数である. ブール集合は 0 と 1 の 2 つの自然数からなる集合である.

集合が与えられると, その集合に**属する** (belong) 「もの」が定まる.

【定義 1.3 (属する)】 集合 A に a が属するとき $a \in A$ と表し, 属さないとき $a \notin A$ と表す.

【例 1.2】 $2 \in \mathbf{N}$ であり $\sqrt{2} \notin \mathbf{N}$ である. ∎

(2) 外延的定義と内包的定義

集合を数学的に扱う際に大事なことは集合を明確に定義することである. 集合の定義法は 2 つある. 1 つは**外延的定義** (extensional definition) であり, もう 1 つは**内包的定義** (intensional definition) である.

外延的定義では集合を構成している要素を書き並べ「{」と「}」で囲むことにより集合を定める.

---

[1] すべての整数の集合とすべての有理数の集合を表すのにそれぞれ $\mathbf{Z}$ と $\mathbf{Q}$ を用いるのは, それぞれドイツ語で数を意味する「zahlen」と英語で商を意味する「quotient」の頭文字に由来する.

[2] ブール集合はブール代数 (Boolean algebra) の創始者である英国の数学者ブール (George Boole, 1815-1864) に由来して名付けられた.

【例 1.3】 ブール集合 $\mathbf{B}$ は $\{0, 1\}$ である． ■

【例 1.4】 サイコロの目の集合は $\{1, 2, 3, 4, 5, 6\}$ である． ■

外延的定義においては要素を並べる順番に意味はなく，$\{1, 2, 3, 4, 5, 6\}$ と $\{6, 5, 4, 3, 2, 1\}$ は等しい．また，同じ要素が複数回現れても 1 回と見なすため，$\{1, 2, 3, 4, 5, 6\}$ と $\{1, 1, 2, 3, 4, 5, 6\}$ は等しい．また，空集合 $\emptyset$ は $\{\}$ と表され，自然数 $\mathbf{N}$ は

$$\mathbf{N} = \{0, 1, 2, 3, \ldots\}$$

と表され，偶数 $\mathbf{E}$ は

$$\mathbf{E} = \{0, 2, 4, 6, \ldots\}$$

と表される．

集合を外延的に定義したとき，$\{0, 0\}$ と $\{0\}$ は同じ集合を表すが，それらを区別すると便利なこともある．外延的定義において，ある要素が現れる回数が異なるとき異なる集合と考える場合には，集合は**多重集合** (multi set, bag) と呼ばれる．実際，本書でも順列と組合せを定義する 6.2.1 節では多重集合を用いるが，本書では多重集合を用いる場合にはそのことを明記し，単に集合と書いた場合には多重集合を意味しないこととする．

外延的定義は直観的でわかりやすいが，自然数や偶数のような無限集合に対しては，この例でもわかるように「...」など人間の類推能力に頼る曖昧さを残しており，これは間違うかもしれない．また，第 4 章で示すようにそもそもすべての要素を書き並べることすらできない集合もある．

一方，内包的定義では要素が集合に属するための条件を書き並べることにより集合を定める．例えば，偶数 $\mathbf{E}$ は自然数 $\mathbf{N}$ を用いて

$$\mathbf{E} = \{n \mid n \in \mathbf{N}, n \text{ は } 2 \text{ の倍数}\}$$

として内包的に定義される．これは「自然数 $\mathbf{N}$ に属し，かつ 2 の倍数である「もの」の全体が集合 $\mathbf{E}$ である」と言っている．このように複数の条件が書き並べられているときは，すべての条件を満たす「もの」が集合に含まれる．また

$$\mathbf{E} = \{n \in \mathbf{N} \mid n \text{ は } 2 \text{ の倍数}\}$$

と書くことも多い．

コーヒーブレイク

等号「$=$」は $2 + 3 = 5$ のように，2 つの対象が等しいことを示す場合に用いられるのであ

が，集合 $\mathbf{N}$ を $\{0,1,2,3,\ldots\}$ と定義する場合に $\mathbf{N} = \{0,1,2,3,\ldots\}$ と書くように，新しく対象を定義する場合にも用いられる．等しいことを示す記号と定義に用いる記号は分けることが望ましいので，定義に「$\stackrel{\mathrm{def}}{=}$」や「$\stackrel{\triangle}{=}$」を用いることがある．しかし，これは繁雑であるので，本書では読者の推理力をあてにして，定義においても「$=$」を用いている．

集合を定義するのには外延的でも内包的でも都合の良い方を使えばよい．例えば，空集合は外延的に $\{\}$ と書いてもよいし，内包的に $\{a \mid a \neq a\}$ と書いてもよい．同じく集合 $\{2,4\}$ は

$$\{n \mid n \text{ は正の自然数}, n \text{ は 5 以下の偶数}\}$$

と書ける．このように集合を上手に定義できれば十分であるが，両者の違いを認識しておくことは重要である．一般的に言って両者の最大の違いは，外延的定義は集合の要素の 1 つ 1 つを知らなければできないが，内包的定義は集合の要素の 1 つ 1 つを知らなくともできることにある．例えば，**フェルマーの最終定理** (Fermat's last theorem)

$$i \text{ が 3 以上の自然数なら}, a^i + b^i = c^i \text{ を満たす正の自然数 } a, b, c \text{ は存在しない}$$

を考えて見よう．フェルマーの最終定理は過去 3 世紀以上も数学者を悩ませた難問であり，1995 年になりようやく米国のワイルズ (Andrew Wiles, 1953-) により証明された．簡便のため「$a^i + b^i = c^i$ となる正の自然数 a, b, c が存在する」を $P(i)$ で表現する．すると

$$\{n \mid n \in \mathbf{N}, n \geqq 3, P(n)\}$$

は内包的に定義された集合であり，これが空集合であることはフェルマーの最終定理が正しいことと等しい．したがって人類はこれがどのような集合であるのかを 1995 年まで知らず，1995 年になって初めてこれが空集合であることを知ったと言える．言い換えると 1995 年以前にこのように定義された集合の外延的定義は存在しなかったのである．

（**3**）　**集合族と位数**

集合はその要素がすべて集合であるとき，**集合族** (family) とも呼ばれる．集合族 F は，任意の集合 $S \in F$ の任意の要素 $a \in S$ が集合 A の要素であるとき，A 上の集合族と呼ばれる．集合 A 上の集合族 F において，$a \in A$ を含む F に属する集合の数を，a の F における**位数** (order) という．また，すべての有限集合からなる集合を $\mathcal{F}$ で表す．

【**例 1.5**】　集合 $\{\{0,1\},\{2,3\},\{4\}\}$ は，集合 $\{0,1,2,3,4\}$ 上の集合 $\{0,1\}$，$\{2,3\}$，$\{4\}$ を要素に持つ集合族である．また，

$$\{0,1\} \in \{\{0,1\},\{2,3\},\{4\}\}$$

$$\{0,1,2\} \notin \{\{0,1\},\{2,3\},\{4\}\}$$

であり，

$$|\{\{0,1\},\{2,3\},\{4\}\}| = 3$$

である．また，要素 $0, 1, 2, 3, 4$ の位数はすべて 1 である． ■

【例 1.6】 MLB (Major League Baseball) や NFL (National Football League) などでは，選手の集合が各チームを構成し，そのチームの集合がリーグを構成している．したがって，MLB や NFL などは集合族である．ある選手は MLB のあるチームと NFL のあるチームに同時に属することもある．そのよう選手の MLB のチームと NFL のチームからなる集合族における位数は 2 である． ■

1.1.2 集合の同一性と部分集合

すでに前節では集合 $\{1,2,3,4,5,6\}$，$\{6,5,4,3,2,1\}$，$\{1,1,2,3,4,5,6\}$ は等しいと述べたが，2 つの集合はどのような場合に等しいと呼ばれ，どのような場合に異なると呼ばれるのであろうか．この定義が人によって異なることは普通はないので困ることはほとんどないが，曖昧さはできる限り取り除かなければならない．様々な定義の仕方があるが，ここでは部分集合という概念を使って集合の同一性を定義することとする．まず，**部分集合** (subset) を定義しよう．

【定義 1.4 (部分集合)】 任意の集合 A と B に対し，$a \in A$ であるならば $a \in B$ であることが任意の $a \in A$ に対して成り立つとき，A は B の部分集合であると呼ばれ $A \subseteq B$ と表す．

【例 1.7】 $A = \{1,2\}$，$B = \{1,2,3\}$，$C = \{2,3\}$ とする．このとき $A \subseteq B$ であり $B \not\subseteq A$ である．また，$A \not\subseteq C$ であり $C \not\subseteq A$ である． ■

集合 A のどの要素も集合 B の要素であるとき，A は B の部分集合となる．部分集合に関する 3 つの性質を定理としてまとめる．

定理 1.1 (部分集合の性質)

任意の集合 A に対し，$\emptyset \subseteq A$ である．

証明 空集合 $\emptyset$ の定義より，いかなるものも $\emptyset$ の要素ではないので，定義 1.4 の「$a \in \emptyset$ ならば $a \in A$ である」は成り立つ．したがって，$\emptyset \subseteq A$ である． □

定理 1.2 (部分集合の性質)

任意の集合 A に対し, $A \subseteq A$ である.

証明 $a \in A$ ならば $a \in A$ であるので, 定義 1.4 より $A \subseteq A$ である. □

定理 1.3 (部分集合の性質)

任意の集合 A, B, C に対し, $A \subseteq B$ であり, かつ $B \subseteq C$ であるならば, $A \subseteq C$ である.

証明 $A \subseteq B$ であるので, 定義 1.4 より $a \in A$ ならば $a \in B$ であり, また $B \subseteq C$ であるので, 定義 1.4 より $a \in C$ となる. したがって, $a \in A$ ならば $a \in C$ であり, 定義 1.4 より $A \subseteq C$ となる. □

それでは部分集合を用いて集合の同一性, すなわち, **等しい** (equal) 集合を定義しよう.

【定義 1.5 (集合の同一性)】

任意の集合 A と B は, $A \subseteq B$ であり, かつ $B \subseteq A$ であるとき, 等しいと呼ばれ $A = B$ と表す.

【例 1.8】

ブール集合 $\mathbf{B} = \{0, 1\}$ と 2 未満の自然数 $\mathbf{N}_2 = \{0, 1\}$ は $\mathbf{B} \subseteq \mathbf{N}_2$ でありかつ $\mathbf{N}_2 \subseteq \mathbf{B}$ であるため等しく, $\mathbf{B} = \mathbf{N}_2$ である. ■

定義 1.5 では, 集合 A のどの要素も集合 B の要素であり, かつ集合 B のどの要素も集合 A の要素であるとき, A と B は等しいと定義された. 定義 1.5 を用いて空集合は唯一であること, すなわち, 異なる空集合は存在しないことを示すことができる.

定理 1.4 (空集合の一意性)

空集合はただ 1 つ存在する.

証明 異なる 2 つの空集合 $\emptyset$ と $\emptyset'$ があったとしよう. このとき $\emptyset$ は空集合であるから定理 1.1 より, $\emptyset \subseteq \emptyset'$ である. 同様に $\emptyset'$ は空集合であるから $\emptyset' \subseteq \emptyset$ である. したがって, 定義 1.5 より $\emptyset = \emptyset'$ であり, 異なる空集合は存在しないことがわかる. □

空集合ではない集合に対して, その集合の部分集合ではあるがその集合と等しくはない集合を定義できる. そのような集合を**真部分集合** (proper subset) と呼ぶ.

【定義 1.6 (真部分集合)】 任意の集合 A と B に対し，$A \subseteq B$ であり，かつ $A \neq B$ であるとき，A は B の真部分集合であると呼ばれ $A \subset B$ と表す．

【例 1.9】 $A = \{1,2\}$, $B = \{1,2,3\}$ とする．このとき $A \subseteq B$ であり $B \not\subseteq A$ である．したがって，$A \neq B$ であり $A \subset B$ である．■

本書では部分集合と真部分集合を区別して表記するが，部分集合と真部分集合を区別せずに A は B の部分集合であることを単に $A \subset B$ と表現することもあるので注意が必要である．

集合に対して様々な部分集合が存在する．ここでは有限集合の部分集合の総数について考えよう．

定理 1.5 (部分集合の数)
要素数が n の有限集合には 2^n 個の異なる部分集合が存在する．

証明 一般性を失わず集合を $\{a_i \mid i \in \mathbf{N}_n\}$ $(= \{a_0, a_1, \ldots, a_{n-1}\})$ とする．集合に含まれる各要素は，その集合の部分集合に含まれるか，含まれないかのいずれかであるので，要素に着目して部分集合を分類する．まず，部分集合を要素 a_0 を含む部分集合と a_0 を含まない部分集合に分ける．それらをそれぞれ要素 a_1 を含む部分集合と a_1 を含まない部分集合に分ける．これを n 個の要素について繰り返すと部分集合は 2^n 個に分類されることになり，それぞれが 1 つの部分集合に対応することが分かる． □

無限集合の要素数は無限でありその部分集合も無限に存在する．それではその無限には違いがあるのであろうか．これは定義にも大きく関わるが第 4 章で議論する．

コーヒーブレイク

本章では集合の様々な性質を定理として示している．定理の正しさを示すための方法，証明には，背理法，数学的帰納法などいろいろな形式があり，第 7 章で詳しく紹介するが，まだこの段階では準備不足であるので，読者に集合の様々な性質を直感的に知ってもらうために，厳密な証明をつけずに定理を紹介することがある．直感的に理解できる常識的で簡単な定理ほど，正しさを述べることを難しく感じられ「定義より明らかである」などと逃げることも多いが，直感や常識が常に正しいとは限らないので，できる限り数学的に厳密な証明を与えるべきである．

1.1.3 組，列，記号列

（1）組

順序が定義されている「もの」の集まりは**組** (tuple) と呼ばれる．組において「もの」は**成分** (component) と呼ばれる．

【定義 1.7 (組)】 組は順序がつけられている成分の集まりである．

組は集合と区別するために，成分を順序にしたがい書き並べ「(」と「)」で囲んで表す．集合にはある「もの」は高々1回含まれるが，組ではある「もの」が組の異なる成分として複数回含まれてもよい．組は各成分が集合 A の要素であるとき，A 上の組と呼ばれる．組に含まれる成分の数を組の**大きさ** (size) と呼ぶ．任意の自然数 n に対し，大きさが n である組を n-**組** (n-tuple) と呼ぶ．大きさが2である組は2つ組，3である組は3つ組などと呼ばれる．大きさが0である組は () と表される．

2つの成分からなる組である2つ組は**順序対** (ordered pair) とも呼ばれる．順序対は平面において座標を表す場合などによく用いられる．平面上の点のXY座標を (x, y) とするとき，この x と y の順番には意味があり，x はX座標を表し，y はY座標を表す．

組の同一性，すなわち**等しい** (equal) 組は次のように定義される．

【定義 1.8 (組の同一性)】 任意の組 A と B は，大きさが等しく，かつ各成分の値がすべて等しいとき，**等しい** (equal) と呼ばれ $A = B$ と表す．

【例 1.10】 年月日は年 y と月 m と日 d の3つ組 (y, m, d) で表現される自然数 **N** 上の3つ組である．組では $(2007, 1, 1)$ など異なる成分の値が同じであることもある．また，組 $(2007, 1, 2)$ と組 $(2007, 2, 1)$ は異なる． ■

集合と組の違いの1つに次のような特徴がある．集合 $\{a, b\}$ が集合 $\{c, d\}$ と等しいことがわかっても，$a = c$ かつ $b = d$ とは結論できない．$a = d$ かつ $b = c$ かもしれないからである．一方，順序対 (a, b) が順序対 (c, d) に等しいことがわかれば，$a = c$ かつ $b = d$ と結論できる．すなわち，$a \neq b$ である限り

(a,b) と (b,a) は異なる．例えば，平面上の点 P の XY 座標を (x_p, y_p) で表し，点 Q の XY 座標を (x_q, y_q) で表すとき，$P = Q$ ならば $x_p = x_q$ かつ $y_p = y_q$ が成り立つ．

コーヒーブレイク

順序対 (a,b) は要素に順番のない集合 $\{a,b\}$ とは異なったものであるが，順序対を集合で表現することもできる．すなわち，$(a,b) = (c,d)$ であるとき，かつそのときに限って $a = c$ かつ $b = d$ が成立するという性質を持つ集合を定義できる．例えば，順序対 (a,b) を集合 $\{\{a\}, \{a,b\}\}$ と対応させる．このとき，順序対と対応させた集合は組の持つ性質を持っている．すなわち，$\{\{a\}, \{a,b\}\} = \{\{c\}, \{c,d\}\}$ であるとき，かつそのときに限って $a = c$ かつ $b = d$ が成立する．これは以下のように示すことができる．まず，$a = b$ の場合を考える．このとき $\{\{a\}, \{a,b\}\} = \{\{a\}, \{a,a\}\} = \{\{a\}, \{a\}\} = \{\{a\}\}$ であるので，$\{\{a\}\} = \{\{c\}, \{c,d\}\}$ となる．したがって，$\{\{c\}, \{c,d\}\}$ の要素数は 1 でなければならないので，$c = d$ であることがわかる．すなわち，$\{\{a\}\} = \{\{c\}\}$ であり，$a = c$ であることがわかる．また，このとき $a = b = c = d$ であるので，$a = c$ かつ $b = d$ となる．次に $a \neq b$ の場合を考える．このとき $\{\{a\}, \{a,b\}\}$ は相異なる 2 つの要素を含むから，$\{\{a\}, \{a,b\}\} = \{\{c\}, \{c,d\}\}$ であるためには $c \neq d$ でなければならない．このとき，$\{a\}$ と $\{c,d\}$ の要素数は異なり $\{a\} \neq \{c,d\}$ であるため，$\{a\} = \{c\}$ であり，$a = c$ となる．同様に $\{a,b\} \neq \{c\}$ であるため $\{a,b\} = \{c,d\}$ である．$a = c$ と合わせて考えると $b = d$ でなければならない．以上の議論から，この集合は $a = b$ の場合にも $a \neq b$ の場合にも組の持つ性質を持っていることがわかる．このように順序対は集合として表現することもできるのである．また，順序対以外の組も，集合として表現できることが知られている．

（2）列と記号列

組の各成分を順序にしたがい書き並べたものを**列** (sequence) と呼ぶ．列に含まれる成分の数を列の**長さ** (length) という．列は各成分が有限集合 A の要素であるとき，A 上の列と呼ばれる．集合 A 上の大きさ n の n-組 $(x_0, x_1, \ldots, x_{n-1})$ からは，A 上の長さ n の列 $x_0, x_1, \ldots, x_{n-1}$ が得られる．また，列 $\mathrm{x}_0, \mathrm{x}_1, \ldots, \mathrm{x}_{n-1}$ はその成分が**アルファベット集合** (alphabet set) あるいは**文字集合** (character set) と呼ばれる有限集合 Σ の要素であるとき，Σ 上の**記号列** (string) と呼ばれ，$\mathrm{x}_0 \mathrm{x}_1 \cdots \mathrm{x}_{n-1}$ と表記される．また，長さ 0 の記号列は**空列** (null string) と呼ばれ，Λ で表される．

【例 1.11】 集合 $A = \{0, 1, 2\}$ 上の 3-組 $(0, 1, 2)$ からは，A 上の長さ 3 の列 $0, 1, 2$ が得られる．また，列 $0, 1, 2$ は A 上の長さ 3 の記号列として 012 と表記

される.

1.2 集合演算

さて集合の有用性はどこにあるのだろうか．その1つはバラバラのものを集めて1つの対象としてとらえたい場面ではどこでも適用できる，という汎用性である．自然数 $\mathbf{N}$ のような無限の集まりでも，それを集合と考えると1つの対象としてとらえることができるのである．もう1つは簡単な集合から複雑な集合を作ることができる点にある．簡単なものから複雑なものを作り出せるということは一見当たり前のようだが，これはとても大切なことである．例えば，もし言葉に文法という仕組みがなく，単語を組み合わせて文を作る仕組み，文と文からより複雑な文を作る仕組みがなければ，人類はきっと有限個の文章しか持てず，いつまでもターザンのような会話を行なうことになるだろう．幸い集合には集合から集合を作る仕組みが豊富にあり，それが集合の世界を豊かにしているのである．以下に集合から集合を作る仕組みである集合に対する基本的な演算を紹介する．

1.2.1 共通部分 (∩)

2つの集合の共通部分からなる集合を**共通部分集合** (intersection) と呼ぶ．集合 A と集合 B の共通部分集合は A と B の両方に属する要素からなる集合であり $A \cap B$ と表される．共通部分集合は**積集合**とも呼ばれる．

【定義 1.9 (共通部分)】 任意の集合 A と B に対し，A と B の共通部分集合 $A \cap B$ を $A \cap B = \{c \mid c \in A, c \in B\}$ とする．

【例 1.12】 $A = \{1, 2\}$, $B = \{2, 3\}$ とすると $A \cap B = \{2\}$ である．

共通部分集合の例を生物から拾ってみる．哺乳類の集合を A とし卵生動物の集合を B とすると A と B の共通部分集合 $A \cap B$ は単孔類の集合となる[3]．以上の例においては2つの集合の両方に属する要素が存在したが，両方に属する要素が存在しないこともある．集合 A と集合 B に対して，A と B の両方に属

---
[3] 代表的な単孔類であるカモノハシは卵を生んで，子は乳で育てるオーストラリアに棲息する動物である．

する要素が存在しない場合，すなわち $A \cap B = \emptyset$ であるとき，A と B は互いに素 (disjoint) であると言われる．図 1.1 に共通部分集合の概念を図示する．

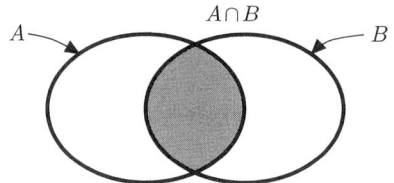

図 **1.1** 共通部分集合 $A \cap B$

共通部分集合の定義より次の定理が成り立つ．

定理 1.6 (共通部分集合の性質)

任意の集合 A に対し，$A \cap \emptyset = \emptyset \cap A = \emptyset$ である．

証明 $A \cap \emptyset = \emptyset$ を示す．共通部分集合の定義より任意の $c \in A \cap \emptyset$ は $c \in A$ でありかつ $c \in \emptyset$ である．空集合の定義よりそのような c は存在しないが，5 ページの定義 1.4 より $A \cap \emptyset \subseteq \emptyset$ となる．また，定理 1.1 より $\emptyset \subseteq A \cap \emptyset$ である．したがって，6 ページの定義 1.5 より $A \cap \emptyset = \emptyset$ となる．同様に，$\emptyset \cap A = \emptyset$ も示すことができる． □

集合 A と B の共通部分集合を $A \cap B$ と表すが，「$\cap$」は 2 つの集合から新たな集合を生成する演算であると考えることができる．ある集合に対して演算 $\cap$ を適用すると同じ集合となる．これを**べき等則** (idempotency) と呼ぶ．また，演算 $\cap$ では**交換則** (commutativity) と**結合則** (associativity) も成り立つ．

定理 1.7 (共通部分集合のべき等則)

任意の集合 A に対し，$A \cap A = A$ である．

証明 $A \cap A$ の任意の要素は A の要素であり，また A の任意の要素は $A \cap A$ の要素である．したがって，定義 1.4 より $A \cap A \subseteq A$ であり，$A \subseteq A \cap A$ であるので，定義 1.5 より $A \cap A = A$ となる． □

定理 1.8 (共通部分集合の交換則)

任意の集合 A と B に対し，$A \cap B = B \cap A$ である．

証明 任意の $c \in A \cap B$ は，定義 1.9 より $c \in A$ でありかつ $c \in B$ である．このとき $c \in B$ でありかつ $c \in A$ であるため，$c \in B \cap A$ である．したがって，5 ページの定義 1.4 より $A \cap B \subseteq B \cap A$ となる．同様に $B \cap A \subseteq A \cap B$ を示すことができ，6 ページの定義 1.5 より $A \cap B = B \cap A$ となる． □

定理 1.9 (共通部分集合の結合則)

任意の集合 A, B, C に対し, $(A \cap B) \cap C = A \cap (B \cap C)$ である.

証明 任意の $c \in (A \cap B) \cap C$ は, 定義 1.9 より $c \in A \cap B$ でありかつ $c \in C$ である. また, $c \in A \cap B$ であるので $c \in A$ でありかつ $c \in B$ である. したがって, $c \in B$ でありかつ $c \in C$ であるので $c \in B \cap C$ である. さらに $c \in A$ でありかつ $c \in B \cap C$ であるので $c \in A \cap (B \cap C)$ である. したがって, 5 ページの定義 1.4 より $(A \cap B) \cap C \subseteq A \cap (B \cap C)$ となる. 同様に $A \cap (B \cap C) \subseteq (A \cap B) \cap C$ を示すことができ, 6 ページの定義 1.5 より $(A \cap B) \cap C = A \cap (B \cap C)$ となる. □

結合則が成り立つ演算では演算の順序に関わらず結果は等しいため, 演算順序を表す括弧は省略できる. したがって, $(A \cap B) \cap C$ や $A \cap (B \cap C)$ は単に $A \cap B \cap C$ と表されることが多い. また, 2 つの集合の共通部分集合を一般化し, n 個の集合 $A_0, A_1, \ldots, A_{n-1}$ $(n \geq 0)$ の共通部分集合を $\bigcap_{i \in \mathbf{N}_n} A_i$ と表す. すなわち

$$\bigcap_{i \in \mathbf{N}_n} A_i = A_0 \cap A_1 \cap \cdots \cap A_{n-1}$$

である.

1.2.2 和 (∪)

2 つの集合の全体からなる集合を**和集合** (union) と呼ぶ. 集合 A と集合 B の和集合は A に属する要素と B に属する要素を併せた集合であり $A \cup B$ と表される.

【定義 1.10 (和)】 任意の集合 A と B に対し, A と B の和集合 $A \cup B$ を $A \cup B = \{c \mid c \in A \text{ または } c \in B\}$ とする.

【例 1.13】 $A = \{1, 2\}$, $B = \{2, 3\}$ とすると $A \cup B = \{1, 2, 3\}$ である.

和集合は 2 つの集合に共に属する要素が存在する場合にも存在しない場合にも定義される. 例 1.13 では共に属する要素が存在する場合の例を示した. 共に属する要素が存在しない場合の例を生物から拾ってみる. 脊椎動物の集合を A とし無脊椎動物の集合を B とすると A と B の両方に属する要素は存在しない.

このとき A と B の和集合 $A \cup B$ は動物の集合となる．図 1.2 に和集合の概念を図示する．

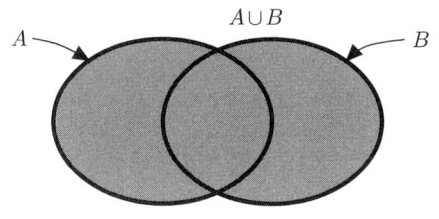

図 **1.2** 和集合 $A \cup B$

共通部分集合と同様に和集合の定義より次の定理が成り立つ．定理 1.12 と定理 1.13 の証明を演習問題 1.10 と 1.11 とする．

定理 **1.10** (和集合の性質)

任意の集合 A に対し，$A \cup \emptyset = \emptyset \cup A = A$ である．

証明 $A \cup \emptyset = A$ を示す．和集合の定義より任意の $c \in A \cup \emptyset$ は $c \in A$ または $c \in \emptyset$ である．しかし，$\emptyset$ は要素を持たないため，$c \in A$ となる．したがって，5 ページの定義 1.4 より $A \cup \emptyset \subseteq A$ となる．また，A の任意の要素は $A \cup \emptyset$ の要素でもあるので，$A \subseteq A \cup \emptyset$ である．したがって，6 ページの定義 1.5 より $A \cup \emptyset = A$ となる．同様に，$\emptyset \cup A = A$ も示すことができる． □

定理 **1.11** (和集合のべき等則)

任意の集合 A に対し，$A \cup A = A$ である．

証明 $A \cup A$ の任意の要素は A の要素であり，また A の任意の要素は $A \cup A$ の要素である．したがって，定義 1.4 より $A \cup A \subseteq A$ であり，$A \subseteq A \cup A$ であるので，定義 1.5 より $A \cup A = A$ となる． □

定理 **1.12** (和集合の交換則)

任意の集合 A と B に対し，$A \cup B = B \cup A$ である． □

定理 **1.13** (和集合の結合則)

任意の集合 A, B, C に対し，$(A \cup B) \cup C = A \cup (B \cup C)$ である． □

和集合演算 $\cup$ でも結合則が成り立つため，共通部分集合と同様に $(A \cup B) \cup C$ や $A \cup (B \cup C)$ は単に $A \cup B \cup C$ と表されることが多い．また，2 つの集合の和

集合を一般化し，n 個の集合 $A_0, A_1, \ldots, A_{n-1}$ $(n \geq 0)$ の和集合を $\bigcup_{i \in \mathbf{N}_n} A_i$ と表す．すなわち

$$\bigcup_{i \in \mathbf{N}_n} A_i = A_0 \cup A_1 \cup \cdots \cup A_{n-1}$$

である．

1.2.3 補 ($\overline{A}$)

ある集合に対しその集合に属さない要素からなる集合を**補集合** (complement) と呼ぶ．補集合は暗黙のうちに仮定される**全体集合** (universal set) と呼ばれる集合の部分集合に対して定義される．集合 A の補集合は全体集合に属しながら A に属さない要素からなる集合であり $\overline{A}$ と表される．

【定義 1.11 (補)】 任意の全体集合 S と S の任意の部分集合 A に対し，A の補集合 $\overline{A}$ を $\overline{A} = \{c \mid c \in S, c \notin A\}$ とする．

【例 1.14】 全体集合 $S = \{0, 1, 2, 3\}$ とし集合 $A = \{1, 2\}$ とすると $\overline{A} = \{0, 3\}$ である． ∎

図 1.3 に補集合の概念を図示する．補集合の定義より次の定理が成り立つ．

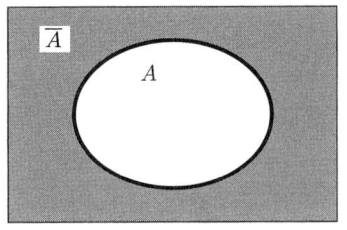

図 1.3 補集合 $\overline{A}$

定理 1.14 (補集合の性質)

全体集合 S と S の任意の部分集合 A に対し

$$\overline{\emptyset} = S, \ \overline{S} = \emptyset, \ A \cup \overline{A} = \overline{A} \cup A = S, \ A \cap \overline{A} = \overline{A} \cap A = \emptyset, \ \overline{\overline{A}} = A$$

である． □

集合 A と A の補集合 $\overline{A}$ は互いに素であり，集合 A の補集合 $\overline{A}$ の補集合 $\overline{\overline{A}}$ は A となる．集合 A の補集合 $\overline{A}$ は全体集合 S に依存して決まる．しかし，補集合は文脈から全体集合 S が明らかな場合に用いられるので，S は明示されないことが多い．例えば，人類の話をしているならば，男性の集合を M とすると M の補集合 $\overline{M}$ は女性の集合であり，女性の集合を W とすると W の補集合 $\overline{W}$ は男性の集合である．また，実数の話をしているならば，有理数の集合 $\mathbf{Q}$ の補集合 $\overline{\mathbf{Q}}$ は無理数の集合である．

1.2.4 差 (\\)

2 つの集合の一方の集合から他方の集合の要素を取り除いた集合を**差集合** (difference) と呼ぶ．集合 A と集合 B の差集合は A に属しながら B には属さない要素からなる集合であり $A \setminus B$ と表される．

【定義 1.12 (差)】 任意の集合 A と B に対し，A と B の差集合 $A \setminus B$ を
$A \setminus B = \{c \mid c \in A,\ c \notin B\}$ とする．

【例 1.15】 $A = \{1, 2\}$，$B = \{2, 3\}$ とする．このとき $A \setminus B = \{1\}$ であり $B \setminus A = \{3\}$ である． ■

図 1.4 に差集合の概念を図示する．差集合の定義より次の定理が成り立つ．

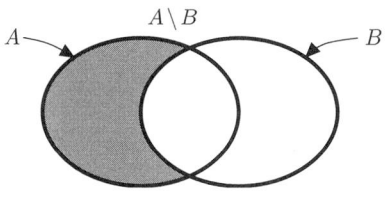

図 **1.4** 差集合 $A \setminus B$

定理 1.15 (差集合の性質)
　任意の集合 A に対し，$A \setminus \emptyset = A$, $\emptyset \setminus A = \emptyset$, $A \setminus A = \emptyset$ である．　□

　例 1.15 で示したとおり，集合 A と集合 B に対して，$A \setminus B$ と $B \setminus A$ は一般には異なり，差集合演算 \ では和集合や共通部分集合と異なり交換則は成り立たない．同様に差集合演算 \ では結合則は成り立たない．

【例 1.16】 $A = \{1, 2\}$, $B = \{2, 3\}$, $C = \{1, 3\}$ とする. このとき
$$A \setminus (B \setminus C) = \{1, 2\} \setminus \{2\} = \{1\}$$
であり
$$(A \setminus B) \setminus C = \{1\} \setminus \{1, 3\} = \emptyset$$
である. ∎

1.2.5 直 積 (×)

2つの集合を掛け合わせた集合を**直積集合** (direct product) と呼ぶ. 集合 A と集合 B の直積集合は A の要素と B の要素の順序対からなる集合であり $A \times B$ と表される. 直積は**デカルト積** (Cartesian product) とも呼ばれる.

【定義 1.13 (直積)】 任意の集合 A と B に対し, A と B の直積集合 $A \times B$ を $A \times B = \{(a, b) \mid a \in A, b \in B\}$ とする.

【例 1.17】 $A = \{1, 2\}$, $B = \{2, 3\}$ とする. このとき
$$A \times B = \{(1, 2), (1, 3), (2, 2), (2, 3)\}$$
であり,
$$B \times A = \{(2, 1), (2, 2), (3, 1), (3, 2)\}$$
である. ∎

直積の定義より次の定理が成り立つ.

定理 1.16 (直積の性質)
任意の集合 A に対し, $A \times \emptyset = \emptyset \times A = \emptyset$ である. □

直積集合 $A \times B$ は集合 A または集合 B が空集合ならば空集合となる. 例 1.17 で示したとおり, 集合 A と集合 B に対して, $A \times B$ と $B \times A$ は一般には異なり, 直積演算 × では交換則は成り立たない. それでは直積演算 × で結合則は成り立つであろうか.

集合 A, B, C に対して, $a \in A$, $b \in B$, $c \in C$ とすると, $(a, (b, c)) \in A \times (B \times C)$ であり $((a, b), c) \in (A \times B) \times C$ であるが, $(a, (b, c)) \notin (A \times B) \times C$ であり $((a, b), c) \notin A \times (B \times C)$ である. したがって, $A \times (B \times C) \neq (A \times B) \times C$ である. しかし, $(a, (b, c))$ と $((a, b), c)$ から得られる列はどちらも a, b, c である

ことに着目し，それらを区別せず単に組 (a,b,c) と考える場合には $A\times(B\times C) = (A \times B) \times C$ となる．

2つの集合の直積を一般化して，n 個の集合 $A_0, A_1, \ldots, A_{n-1}$ $(n \geq 2)$ の直積集合を

$$A_0 \times A_1 \times \cdots \times A_{n-1} = \{(a_0, a_1, \ldots, a_{n-1}) \mid a_i \in A_i, i \in \mathbf{N}_n\}$$

と定義する．n 個の集合の直積集合の要素は n-組である．この定義は組 $(a, (b,c))$ と $((a,b), c)$ を区別しない場合の一般化であると考えることができる．

直積集合 $A_0 \times A_1 \times \cdots \times A_{n-1}$ は $A_0 = A_1 = \cdots = A_{n-1} = A$ であるとき A^n と略記される．すなわち，2 以上の自然数 n に対して

$$A^n = \overbrace{A \times A \times \cdots \times A}^{n}$$

である．また，この定義を $n = 0$ および $n = 1$ の場合に一般化し，$A^0 = \{()\}$ であり，$A^1 = A$ であると定義する．このとき A^0 は空集合ではなく，組 () を要素として含む．$A = \{1, 2\}$ のとき，$A^1 = \{(1), (2)\}$ と考えるのが自然であるが，大きさが 1 である組の括弧が省略されていると考えると $A^1 = A$ としても不自然ではないであろう．

【例 1.18】 A を空集合とする．このとき $A^0 = \{()\} \neq \emptyset$ であり，$|A^0| = |\{()\}| = 1$ である．また，任意の正の自然数 n に対して A^n は空集合であり，$|A^n| = |\emptyset| = 0$ である． ∎

直積は数学だけに用いられるのではない．成績表のような表にも直積の概念は用いられる．成績表を学生名 s，科目名 l とその得点 n からなる 3 つ組 (s, l, n) の集合とする．このとき，成績表は，学生の名前の集合，科目の名前の集合，および 0 点から 100 点までのとり得る得点の集合の 3 つの集合の直積の部分集合であると考えることができる．このように表は数学的には直積の部分集合であり，また世の中のデータは多くは表としてまとめられているので，データベースの理論では直積の考えが欠かせないものになっている．

―――― コーヒーブレイク ――――

直積は様々な場面でよく使われる．平面 (2 次元ユークリッド空間) は数学的には実数 $\mathbf{R}$ の直積 $\mathbf{R}^2 = \mathbf{R} \times \mathbf{R}$ であり[4]，半径 1 の円板 D は $\mathbf{R}^2$ の部分集合として

―――
[4] より正確には，2 次元ユークリッド空間は $\mathbf{R}^2$ の任意の 2 点間にユークリッド距離を定義した距離空間である．

$$D = \{(x,y) \mid (x,y) \in \mathbf{R}^2, x^2 + y^2 \leqq 1\}$$

と簡単に (内包的に) 表される．同じく，空間 (3 次元ユークリッド空間) は $\mathbf{R}^3 = \mathbf{R} \times \mathbf{R} \times \mathbf{R}$ であり，半径 1 の球 B は $\mathbf{R}^3$ の部分集合として

$$B = \{(x,y,z) \mid (x,y,z) \in \mathbf{R}^3, x^2 + y^2 + z^2 \leqq 1\}$$

と表される．物理事象が生じる空間は 3 次元空間 $\mathbf{R}^3$ に時間軸に対応する $\mathbf{R}$ を加えた 4 次元空間 $\mathbf{R}^4$ である．

1.2.6 直 和 (+)

2 つの集合を区別して足し併せた集合を**直和集合** (direct sum) と呼ぶ．集合 A と集合 B の直和集合は 2 つの集合に属する要素とその要素が属している集合を表す「札」からなる順序対の集合であり $A + B$ と表される．

【定義 1.14 (直和)】 任意の集合 A と B に対し，A と B の直和集合 $A+B$ を $A + B = \{(a,0) \mid a \in A\} \cup \{(b,1) \mid b \in B\}$ と定義する．

【例 1.19】 $A = \{a, b\}$, $B = \{b, c\}$ とする．このとき

$$A + B = \{(a,0), (b,0), (b,1), (c,1)\}$$

であり，

$$B + A = \{(b,0), (c,0), (a,1), (b,1)\}$$

である． ∎

この例において，$(a,0)$ の 0 は要素 a が A に属することを表す「札」として，$(b,1)$ の 1 は要素 b が B に属することを表す「札」として用いられている．ここでは「札」として 0 と 1 を用いたが，A と B が区別できればよいので「札」として 0 と 1 が常に用いられるわけではない．

例 1.19 で示したとおり，集合 A と集合 B に対して，$A + B$ と $B + A$ は一般には異なり，直和演算 + では交換則は成り立たない．直積と同様に，2 つの集合の直和を一般化して，n 個の集合 $A_0, A_1, \ldots, A_{n-1}$ $(n \geq 1)$ の直和集合を

$$A_0 + A_1 + \cdots + A_{n-1} = \{(a_j, i) \mid a_j \in A_i, i \in \mathbf{N}_n\}$$

と定義する．

直和集合と和集合は似ているが，直和集合では要素に「札」をつけることで

どの集合に属していた要素であるかがわかるようになっている．直積よりも使われる機会は少ないが，コンピュータサイエンスの先進的な場面で使われることがある．

1.2.7 べき (2^A)

ある集合のすべての部分集合からなる集合を**べき集合** (power set) と呼ぶ．集合 A のべき集合は 2^A と表される．集合 A のべき集合 2^A は $\mathcal{P}A$ とも表記される．

【定義 1.15 (べき)】 任意の集合 A に対し，A のべき集合 2^A を $2^A = \{B \mid B \subseteq A\}$ とする．

【例 1.20】 $A = \{1, 2\}$ とすると $2^A = \{\emptyset, \{1\}, \{2\}, \{1, 2\}\}$ である． ■

5 ページの定理 1.1 より，任意の集合 A に対して $\emptyset \subseteq A$ であり $A \subseteq A$ である．したがって，次の定理が成り立つ．

定理 1.17 (べき集合の性質)

任意の集合 A に対し，$\emptyset \in 2^A$ であり $A \in 2^A$ である． □

べき集合演算の特徴の 1 つはそれが急速に増殖するいうことである．例えば，空集合から出発してべき集合をとってみよう．まず，空集合の部分集合は空集合のみであるので

$$2^\emptyset = \{\emptyset\}$$

となる．得られた集合は空集合を要素にもつ集合であり空集合とは異なる．得られた集合に対して次々にべき集合をとると

$$2^{\{\emptyset\}} = \{\emptyset, \{\emptyset\}\}$$
$$2^{\{\emptyset, \{\emptyset\}\}} = \{\emptyset, \{\emptyset\}, \{\{\emptyset\}\}, \{\emptyset, \{\emptyset\}\}\}$$

と急速に要素数が増え，n 回の操作で 2^{n-1} 個の要素からなる集合が作られる．

集合 A が要素数 n の有限集合ならば，7 ページの定理 1.5 より A の部分集合は 2^n 個であるので，次の定理が得られる．

定理 1.18 (べき集合の要素数)

任意の有限集合 A に対し，$\left|2^A\right| = 2^{|A|}$ である． □

要素数 n の有限集合 A の任意の要素 $a \in A$ に対し，a を含む A の部分集合と a を含まない A の部分集合の数は等しい．したがって，定理 1.18 から次の系が得られる．

系 1.1 (べき集合における要素の位数)

有限集合 A の任意の要素 $a \in A$ に対し，a の 2^A における位数は $2^{|A|-1}$ である． □

---- コーヒーブレイク ----

べき集合演算は非常に強力な集合生成能力を持つ演算である．なぜなら部分集合をいちいち個別に定義することなく，それらを一挙に生成し，まとめて 1 つの集合としてしまうからである．ある部分集合はひょっとしたら定義を持たないかもしれない．それでも，それは要素としてべき集合に含まれるのである．例えば，平面を考えてみよう．平面は
$$\mathbf{R} \times \mathbf{R} = \{(x, y) \mid x \in \mathbf{R}, y \in \mathbf{R}\}$$
と平面上の点 (x, y) からなる集合として定義される．点 (x, y) は組であるので，これを 9 ページのコーヒーブレイクで述べたように集合 $\{\{x\}, \{x, y\}\}$ と表現してみる．このとき $\{x\}$ と $\{x, y\}$ はどちらも $\mathbf{R}$ の部分集合である．すなわち，$\{x\} \in 2^{\mathbf{R}}$ であり，$\{x, y\} \in 2^{\mathbf{R}}$ である．したがって，
$$\mathbf{P} = \{\{\{x\}, \{x, y\}\} \mid \{x\} \in 2^{\mathbf{R}}, \{x, y\} \in 2^{\mathbf{R}}\}$$
とすると，$\mathbf{P}$ は平面に対応し，$\mathbf{P} \subset 2^{2^{\mathbf{R}}}$ となる．また，平面図形は $\mathbf{P}$ の部分集合に対応するので，$\mathbf{R}$ に対してべき集合演算を 3 回繰り返して得られる集合 $2^{2^{2^{\mathbf{R}}}}$ は，今まで人類が考えたことのない平面図形も含めて，平面図形なら何でも要素として含む集合に対応するのである．

1.2.8 まとめ

本節で紹介した集合に対する演算を表 1.1 にまとめる．このような集合演算に加えて，集合 A の要素 a に対する条件 $P(a)$ を加えることにより，内包的に新しい集合 $B = \{a \in A \mid P(a)\}$ を作り出すことができるので，集合の世界は限りなくそして複雑に広がって行くのである．

また，集合を分割することで新たな集合を定義することもある．任意の集合 A に対し，A 上の集合族 F は，任意の異なる要素 $S_i, S_j \in F$ に対し $S_i \cap S_j = \emptyset$ であり，$\bigcup_{S \in F} S = A$ であるとき，A の**分割** (partition) と呼ばれる．このとき，A は F に分割されるという．集合 A が集合族 F に分割されるとき，任意の要素 $a \in A$ の F における位数は 1 となる．

表 1.1 集合演算 (集合 A, B, 全体集合 S)

集合演算	記法	定義
積	$A \cap B$	$\{c \mid c \in A, c \in B\}$
和	$A \cup B$	$\{c \mid c \in A$ または $c \in B\}$
差	$A \setminus B$	$\{c \mid c \in A, c \notin B\}$
補	$\overline{A}$	$\{c \mid c \in S, c \notin A\}$
直積	$A \times B$	$\{(a,b) \mid a \in A, b \in B\}$
直和	$A + B$	$\{(a,0) \mid a \in A\} \cup \{(b,1) \mid b \in B\}$
べき	2^A	$\{B \mid B \subseteq A\}$

【例 1.21】 集合 $A = \{0,1,2,3,4\}$ 上の集合族 $\{\{0,1\},\{2,3\},\{4\}\}$ は，A の分割である．■

1.3 集合の性質

集合に対して集合演算を適用して新たな集合を作り出すとき，適用する集合演算の適用順序や種類が異なっても結果的に等しい集合が得られることがある．すでに 11 ページの定理 1.8 と定理 1.9 で共通部分集合演算では交換則と結合則が成り立つことを述べ，同じく 13 ページの定理 1.12 と定理 1.13 で和集合演算では交換則と結合則が成り立つことを述べた．次の定理は共通部分集合演算と和集合演算の間に**分配則** (distributivity) と**吸収則** (absorptivity) が成り立つことを述べている．

定理 1.19 (共通部分集合と和集合の分配則)
　　任意の集合 A, B, C に対し
$$A \cap (B \cup C) = (A \cap B) \cup (A \cap C)$$
$$A \cup (B \cap C) = (A \cup B) \cap (A \cup C)$$
である． □

定理 1.20 (共通部分集合と和集合の吸収則)
　　任意の集合 A と B に対し，$A \cap (A \cup B) = A \cup (A \cap B) = A$ である． □

次の定理は**ド・モルガンの法則** (De Morgan's law) と呼ばれている．

定理 1.21 (ド・モルガンの法則 (集合))

任意の集合 A, B, C に対し

$$\overline{A \cap B} = \overline{A} \cup \overline{B}$$

$$\overline{A \cup B} = \overline{A} \cap \overline{B}$$

である． □

【例題 1.1】 任意の集合 A, B, C に対し，$\overline{A \cup (B \cap C)} = \overline{A} \cap (\overline{B} \cup \overline{C})$ であることを示せ．

【解答】 定理 1.21 より $\overline{A \cup (B \cap C)} = \overline{A} \cap \overline{(B \cap C)} = \overline{A} \cap (\overline{B} \cup \overline{C})$ となる． □

それでは集合の性質の 1 つである部分集合と共通部分集合との関係について数学的論証の練習を兼ねて定理を証明してみよう．

定理 1.22 (部分集合と共通部分)

任意の集合 A と B に対し，$A \subseteq B$ であるとき，かつそのときに限り $A \cap B = A$ である．

証明 $A \subseteq B$ ならば $A \cap B = A$ であること，および，$A \cap B = A$ ならば $A \subseteq B$ であることを示せばよい．まず，$A \subseteq B$ ならば $A \cap B = A$ を示す．$A \subseteq B$ と仮定すると，5 ページの定義 1.4 より A に属する要素は同時に B にも属する．すなわち任意の要素 c について，$c \in A$ であるならば $c \in B$ であり，10 ページの定義 1.9 より $c \in A \cap B$ である．したがって，$A \subseteq A \cap B$ が成立している．また，定義 1.9 より $A \cap B$ に属する要素は明らかに A にも属する．すなわち，任意の要素 c について $c \in A \cap B$ ならば $c \in A$ であるので，$A \cap B \subseteq A$ が成立している．したがって，$A \subseteq A \cap B$ と $A \cap B \subseteq A$ が成立しており，6 ページの定義 1.5 より $A = A \cap B$ を得る．次に，$A \cap B = A$ ならば $A \subseteq B$ を示す．$A \cap B = A$ と仮定すると，任意の要素 c について，$c \in A$ ならば $c \in A \cap B$ である．したがって $c \in B$ が成立し，部分集合の定義より $A \subseteq B$ となる．以上により定理が証明された． □

証明を読んでいて頭が痛くなって来ただろうか．証明はプログラミングに似ていて，細かいステップの積み重ねであり，1 つ理解を間違えると全体がわからなくなる．だからと言って余りにも細部だけ見ていると，結局証明の構造がわからず，結論に納得がいかなくなることも多い．両者のバランスを取ることが重要である．

この章の最後に集合演算と有限集合の要素数の関係を定理にまとめる．

定理 1.23 (集合演算と要素数)

任意の有限集合 A と B，および任意の自然数 n に対し

$$|A \cap B| \leq |A|$$
$$|A| \leq |A \cup B| \leq |A| + |B|$$
$$|A \cup B| = |A| + |B| - |A \cap B|$$
$$|A| - |B| \leq |A \setminus B| \leq |A|$$
$$|A \times B| = |A| \cdot |B|$$
$$|A^n| = |A|^n$$
$$|A + B| = |A| + |B|$$
$$|2^A| = 2^{|A|}$$

である． □

コーヒーブレイク

　我々の世界には様々な集合が存在し，集合演算や内包的な定義によって表すことができることがわかったであろうか．しかし，ここで，ただ単にものを集めれば集合になるのではないことを示そう．我々の世界では集合 A と集合 B があったとき，$A \in B$ または $A \notin B$ のどちらかが常に成立する．したがって，$A = B$ とすると，任意の集合 A について $A \in A$ または $A \notin A$ のどちらかが常に成立することになる．そこで内包的に定義された「集合」

$$\mathcal{X} = \{X \mid X \notin X\}$$

を考える．これは自分自身を要素として含まない集合をすべて集めたものである．$\mathcal{X}$ が集合ならば，$\mathcal{X} \in \mathcal{X}$ または $\mathcal{X} \notin \mathcal{X}$ が成立する．$\mathcal{X} \in \mathcal{X}$ としよう．すると内包的定義の条件 $X \notin X$ を満たさないので，$\mathcal{X} \notin \mathcal{X}$ である．それでは $\mathcal{X} \notin \mathcal{X}$ としよう．今度は内包的定義の条件を満たすので，$\mathcal{X} \in \mathcal{X}$ になる．どちらにしてもわれわれは矛盾に至った．これをラッセルのパラドックス (Russell's paradox) と呼ぶ[5]．$\mathcal{X}$ は集合として認められないのである．ラッセルのパラドックスは「もの」の集まりとしての集合という概念には適用限界があり，何でも「もの」を集めれば集合になるとは限らないことを示している．集合に関連するパラドックスはラッセルのパラドックス以外にもある．パラドックスを持たない適切な集合の体系を求め，集合論を形式的論理体系の中で扱う公理論的集合論が発展した．

---

[5] ラッセルのパラドックスは次のような質問に置き換えることもできる．ある村があり床屋がいた．その床屋は自分でヒゲを剃らない人に限りその人のヒゲを剃る．床屋は自分のヒゲを剃るか．

演習問題

1.1 以下に示す集合を外延的に定義せよ．すなわち，すべての要素を書き並べる表記法で示せ．
   - (a) $\{a,b\} \cup \{b,c\}$
   - (b) $\{a,b\} \cap \{b,c\}$
   - (c) $\{a,b\} \setminus \{b,c\}$
   - (d) $\{a,b\} \times \{b,c\}$
   - (e) $\{a,b\} \times \{(b,c)\}$
   - (f) $\{a,b\} \times \{\{b,c\}\}$
   - (g) $\{a,b\} \times \emptyset$
   - (h) $\{a,b\} + \{b,c\}$
   - (i) $2^\emptyset$
   - (j) $2^{\{a,b\}}$
   - (k) $2^{\{(a,b)\}}$
   - (l) $2^{\{\{a,b\}\}}$

1.2 以下に示す集合がどのような集合か述べよ．
   - (a) $\mathbf{N} \cup \mathbf{E}$
   - (b) $\mathbf{E} \cup \mathbf{O}$
   - (c) $\mathbf{N} \cap \mathbf{E}$
   - (d) $\mathbf{E} \cap \mathbf{O}$
   - (e) $\mathbf{N} \setminus \mathbf{O}$
   - (f) $\mathbf{E} \setminus \mathbf{O}$

1.3 全体集合を $\mathbf{N}$ とする．以下の集合がどのような集合か述べよ．
   - (a) $\overline{\mathbf{E}}$
   - (b) $\overline{\mathbf{N}}$
   - (c) $\overline{\mathbf{N}_5}$
   - (d) $\overline{\mathbf{N}_5} \setminus \overline{\mathbf{N}_6}$
   - (e) $\overline{\mathbf{N}_5} \cap \mathbf{N}_6$
   - (f) $\overline{\mathbf{N}_5} \cup \mathbf{N}_6$

1.4 全体集合を $\mathbf{N}$ とする．以下の集合が $\mathbf{E}$ の部分集合であるか否か，真部分集合であるか否か述べよ．
   - (a) $\mathbf{N} \cup \mathbf{E}$
   - (b) $\mathbf{N} \cap \mathbf{E}$
   - (c) $\mathbf{N} \setminus \mathbf{E}$
   - (d) $\overline{\mathbf{E}}$
   - (e) $\overline{\mathbf{O}}$
   - (f) $\overline{\mathbf{N}}$
   - (g) $\mathbf{E} \cup \overline{\mathbf{N}_5}$
   - (h) $\mathbf{E} \cap \overline{\mathbf{N}_5}$
   - (i) $\overline{\mathbf{N}_5} \cap \mathbf{N}_6$

1.5 以下に示す集合の要素を 1 つ示せ．
   - (a) $\mathbf{N}^3$
   - (b) $\mathbf{N} \times \mathbf{N} \times \mathbf{B}$
   - (c) $\mathbf{N}^3 \setminus (\mathbf{N} \times \mathbf{N} \times \mathbf{B})$
   - (d) $\mathbf{N} \times \mathbf{B} \times \{a,b\}$
   - (e) $\mathbf{N} \times \mathbf{B} \times \{(a,b)\}$

1.6 以下に示す集合のベキ集合の要素の中で，空集合とその集合以外の要素を 1 つ示せ．
   - (a) $\{a,b\}$
   - (b) $\mathbf{N}$
   - (c) $2^\mathbf{N}$
   - (d) $2^{\{\emptyset\}}$

1.7 $|A \cup B \cup C|$ を $|A|, |B|, |C|, |A \cap B|, |B \cap C|, |C \cap A|, |A \cap B \cap C|$ を用いて表せ．

1.8 任意の集合 $A_0, A_1, \ldots, A_{n-1}$ に対して，次の式が成り立つことを示せ．
   - (a) $\overline{\bigcap_{i \in \mathbf{N}_n} A_i} = \bigcup_{i \in \mathbf{N}_n} \overline{A_i}$
   - (b) $\overline{\bigcup_{i \in \mathbf{N}_n} A_i} = \bigcap_{i \in \mathbf{N}_n} \overline{A_i}$

1.9 任意の集合 A, B, C, D に対して，次の式が成り立つことを示せ．
   - (a) $\overline{A \times B} = (\overline{A} \times \overline{B}) \cup (\overline{A} \times B) \cup (A \times \overline{B})$
   - (b) $(A \times B) \cap (C \times D) = (A \cap C) \times (B \cap D)$

1.10 任意の集合 A と B に対し，$A \cup B = B \cup A$ が成立することを示せ．(定理 1.8 を証明

せよ)

1.11 任意の集合 A, B, C に対し，$(A \cup B) \cup C = A \cup (B \cup C)$ が成立することを示せ．(定理 1.9 を証明せよ)

2 写像

　写像は物事の対応を表現する方法の一種であり,「もの」に対して対応する「もの」を一意に決める操作である．これは集合と並ぶ基本概念である．写像は実数と実数の間の対応を表現する場合などは関数とも呼ばれ，関数型言語と言われるプログラミング言語族の基本ともなっている．我々は $\sin x$, $\cos x$, e^x などの実数関数 (実関数とも言う) を既に知っているが，この節では実数関数に限らず写像一般について学ぶ．

2.1 写像

　車の「排気量」と「定価」の間や，学生の「身長」と「体重」の間には大まかな対応がある．例えば，排気量が大きい車の定価は高いし，背の高い学生は体重も大きい．しかし，排気量が同じ車でも様々な定価があるように「排気量」と「定価」の間の対応は一意ではない．また,「排気量」から「車」への対応も一意ではない．一方,「車」から「排気量」への対応や,「学生」と「学籍番号」の間の対応はより精密で一意である．すなわち，車の排気量は一意に定まり，各学生は唯一の学籍番号を持つ．このような一意の対応を**写像** (mapping) もしくは**関数** (function) と言う．

2.1.1 写像の定義

　写像は**定義域** (domain) と**値域** (codomain) と呼ばれる 2 つの集合の間に定義される．写像 f の定義域が集合 A であり値域が集合 B であるとき，f は A の要素に B のある要素を一意に対応させる．このような f は A から B への写像と呼ばれる．

【定義 2.1 (写像)】 集合 A から集合 B への写像 f は A の各要素に B のある要素を一意に対応させ

$$f : A \to B$$

と表される．写像 f によって $a \in A$ が $b \in B$ に対応するとき

$$f : a \longmapsto b$$

と表す．

【例 2.1】 自然数 n を自然数 $2n+1$ に対応させる自然数 $\mathbf{N}$ から $\mathbf{N}$ への写像を $f : \mathbf{N} \to \mathbf{N}$ とする．このとき $f : n \longmapsto 2n+1$ と表すことができる．■

写像 f により $a \in A$ が $b \in B$ に対応することは $b = f(a)$ とも表される．$f(a)$ を f による要素 a の像 (image) と呼ぶ．写像 f の定義域と値域はそれぞれ $\mathbf{dom}(f)$ と $\mathbf{codom}(f)$ と表される．また，f の定義域 $\mathbf{dom}(f)$ の任意の部分集合 A' に対して，

$$f(A') = \{b \mid \text{ある } a \in A' \text{ に対し } b = f(a)\}$$

を f による A' の像 (image) と呼ぶ．f による $\mathbf{dom}(f)$ の像 $f(\mathbf{dom}(f))$ は写像 f の像 (range) と呼ばれ，$\mathbf{range}(f)$ とも表される．すなわち

$$\mathbf{range}(f) = \{b \mid \text{ある } a \in \mathbf{dom}(f) \text{ に対し } b = f(a)\}$$

である．図 2.1 に写像の定義域，値域，像の関係を示す．

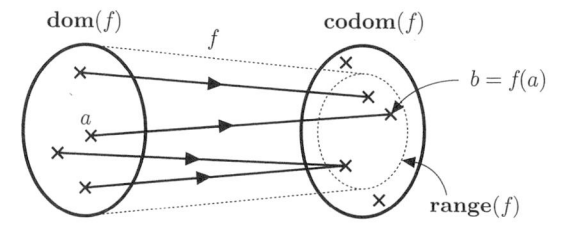

図 2.1 写像 f の定義域 $\mathbf{dom}(f)$，値域 $\mathbf{codom}(f)$，像 $\mathbf{range}(f)$

【例 2.2】 自然数 $\mathbf{N}$ から $\mathbf{N}$ への写像 $f : n \longmapsto 2n+1$ を考える．このとき $f(n) = 2n+1$ と表すこともできる．また，$f(0) = 1$，$f(1) = 3$，$f(2) = 5$ で

あり，$A' = \{0, 1, 2\}$ とすると $f(A') = \{1, 3, 5\}$ である．f の像 range(f) は奇数 **O** である．■

例 2.1 および例 2.2 で用いた自然数 n を自然数 $2n+1$ に対応させる写像 f を単に $f : n \longmapsto 2n+1$ と表記しただけでは f の定義域 dom(f) と値域 codom(f) は明確ではない．例えば，f は偶数 n を奇数 $2n+1$ に対応させる偶数から奇数への写像であるかもしれないし，実数 n を実数 $2n+1$ に対応させる実数から実数への写像であるかもしれない．写像の定義域と値域が文脈から明らかな場合にはそれらは明記されないこともあるが，混乱を招かないように注意すべきである．

【例 2.3】「人の名前」は人を定義域とし記号列を値域とする写像と考えることができる．「人の名前」の像は現存する名前の全体である．■

写像 f の定義域と値域がともに集合 A であるとき，f は A 上の写像と呼ばれる．

【例 2.4】 指数関数 e^x は定義域と値域をともに実数 **R** とする **R** 上の写像と考えることができる．指数関数 e^x の像は $\mathbf{R}^+ = \{x \mid x > 0, x \in \mathbf{R}\}$ である．■

写像は数と数の間の対応を表現する場合などは関数と呼ばれることが多い．また，写像が関数と呼ばれる場合には数に対応するいくつかの集合の直積が定義域である場合が多い．一般に，n 個の集合の直積を定義域とする関数は n 変数関数と呼ばれる．定義域が 1 つの集合である場合には 1 変数関数と呼び $f(x)$ と表し，2 つの集合の直積である場合には 2 変数関数と呼び $f(x,y)$ と表す．また，定義域が複数の集合の直積である場合には**多変数関数** (multi-variate function) と呼び，$f(x,y,\ldots)$ と表す．また，定義域と値域がいくつかのブール集合 **B** の直積である場合には**ブール関数** (Boolean function) と呼ばれる．ブール関数については第 5 章と第 7 章で議論される．

我々がよく使う **2 項演算** (binary operation) — 例えば，実数上の加算 + — は $\mathbf{R} \times \mathbf{R}$ から **R** への 2 変数関数である．したがって，写像の表記法にしたがうと $+(2,3)$ と書くべきであるが，見易さのため**中置記法** (infix notation) を採用し，$2+3$ のように関数を表す記号を真中に書くのが普通である．本書も特に断りのない限り四則演算などについては中置記法を採用する．

【例 2.5】 実数上の加算 $+$ は $\mathbf{R} \times \mathbf{R}$ から $\mathbf{R}$ への 2 変数関数 $+ : \mathbf{R} \times \mathbf{R} \to \mathbf{R}$ であり

$$+ : (x, y) \longmapsto x + y \tag{2.1}$$

と表すことができる．式 (2.1) では最初の $+$ は写像を表す記号として，2 番目の $+$ は加算を表す演算子として用いられている． ■

定義域のすべての要素に対して像が定められている対応が関数と定義されるが，必ずしも定義域のすべての要素に像が定義されていない対応を考えることがある．このような対応を**部分関数** (partial function) と呼ぶ．関数は部分関数との違いを明確にしたい場合には**全域関数** (total function) と呼ばれる．部分関数 $p : A \to B$ において $a \in A$ の像 $p(a)$ が未定義であるとき，一般に B に含まれない要素 $\bot$ を用いて $p(a) = \bot$ と表記される．像 $p(a)$ が未定義であるとき $p(a) = \bot$ と定義し，値域を $B \cup \{\bot\}$ と考えることで，全域関数

$$p : A \to B \cup \{\bot\}$$

が得られる．

コーヒーブレイク

高校までの数学的感覚からすれば，部分関数のように値が定義されない関数に違和感を覚えたのではないだろうか．しかし，部分関数は計算可能性に関する**帰納的関数論** (recursion theory) の分野では重要な役割を果たしていることが知られている．また，写像は定義域と値域の間に定義されるが，例 2.4 のように，定義域のどの要素の像でもない要素が値域に含まれるように写像が定義されることがある．なぜ単に写像の像を値域と定義しないのであろうか．このような定義は，写像の像を明確に定義することが困難な場合にその困難を回避するために写像の像を含むように値域を定義する場合や，後で述べる写像の合成を考える場合によくなされる．値域を自由に設定できると便利なのである．もちろん，値域を全く自由に設定できるわけではなく，像は値域の部分集合でなければならないが，像が値域の真部分集合である写像は無意味ではないのである．同様の理由で，ある写像に対し，同じ対応を与えるが定義域や値域が異なる写像を考えることも多い．例えば，実数 $\mathbf{R}$ 上の指数関数 e^x に対して，定義域を $\mathbf{R}^+$ に限った指数関数 e^x や，定義域を $\mathbf{R}$ とし値域を e^x の像と等しい $\mathbf{R}^+$ とした指数関数 e^x である．次節の定義 2.2 からは，これらの写像は異なる写像であり厳密には区別して表記すべきであるが，文脈から明らかな場合には定義域や値域を明示せずに単に e^x と書かれることもある．一方，写像 $f : A \to B$ に対して，定義域や値域が異なる写像を明確に定義したい場合には $f : A' \to B'$ などと表現する．ただし，$A' \subseteq A$ であり，$f(A') \subseteq B' \subseteq B$ である．より正確には写像 $f : A \to B$ に対して，任意の $a' \in A' \subseteq A$ の像が $f(a')$ である A'

から $B'\ (\subseteq B)$ への写像を $f : A' \to B'$ と表現する．

2.1.2 写像の同一性

2つの写像 f と g があったとき，f と g は等しいと言われるのはどのようなときであろうか．ここでは写像の同一性を次のように定義する．

【定義 2.2 (写像の同一性)】 任意の写像 f と g は定義域と値域がそれぞれ等しく，かつ任意の要素の f による像と g による像が等しいとき**等しい** (equal) と呼ばれ $f = g$ と表す．

【例 2.6】 自然数 $\mathbf{N}$ 上の関数

$$f(i) = i(i+2) \pmod 2$$

と，自然数 $\mathbf{N}$ 上の関数

$$g(i) = i^2 \pmod 2$$

は等しい．ただし，自然数 i と正の自然数 n に対し，$i \pmod n$ は i を n で割った余りを表す．■

写像 f と g は，$\mathbf{dom}(f) = \mathbf{dom}(g)$ であり，$\mathbf{codom}(f) = \mathbf{codom}(g)$ であり，任意の $a \in \mathbf{dom}(f)$ に対して $f(a) = g(a)$ であるとき $f = g$ となる．この写像が等しいという定義は，いわば計算結果に着目した定義であって，当然，計算法が違えば，たとえ同じ答を出しても違う写像である，という別の立場もあり得る．しかし，数学では計算された値のみに着目し，その途中経過は無視して判断するのである．

2.1.3 写像の集合

写像は集合と集合の間に定義されたが，写像から集合を定義することもできる．集合の要素は写像でもよいのである．例えば，ある集合からある集合へのすべての写像からなる集合を定義できる．集合 A から集合 B へのすべての写像からなる集合は B^A と表される．この集合は $[A \to B]$ とも表記される．

【定義 2.3 (写像の集合)】 任意の集合 A と B に対し
$$B^A = \{f \mid f : A \to B\}$$
とする.

【例 2.7】 $A = \{1, 2\}$, $B = \{2, 3\}$ とする. このとき $B^A = \{f_0, f_1, f_2, f_3\}$ である. ただし, f_0, f_1, f_2, f_3 はすべて A から B への写像で

$$f_0 : i \longmapsto 2 \qquad f_1 : i \longmapsto i + 1$$
$$f_2 : i \longmapsto 4 - i \qquad f_3 : i \longmapsto 3$$

である. ■

それでは集合 A と集合 B が与えられたとき, A から B への写像が存在するかどうかを考えてみよう. A と B がともに空集合 $\emptyset$ でなければ, A の各要素に対して B の要素を適当に 1 つ対応させれば写像が定義できるので, 写像は明らかに存在する. では, 一方が $\emptyset$ であった場合はどうであろうか. 写像は A の各要素に対して B のある要素を 1 つ対応させなければならないが, A が $\emptyset$ ならば, その対応を与えなければならない要素が存在しない. すなわち, 定義域が $\emptyset$ ならば対応を与えないという写像が存在する. また, 定義 2.2 よりそのような写像はただ 1 つ存在する. では, 値域が $\emptyset$ である場合はどうであろうか. B が $\emptyset$ ならば B は要素を持たないので, どのような $a \in A$ に対しても, B の要素を対応させることができない. したがって, 空でない集合 A から $\emptyset$ への写像は存在しない. もちろん, $A = \emptyset$ であれば B の要素に対応させなければならない A の要素は存在しないので $\emptyset$ から $\emptyset$ への写像がただ 1 つ存在する.

ある集合からある集合への写像が存在するかどうかについて理解できたであろうか. 次の定理に写像全体の集合の要素数について述べる.

定理 2.1 (写像の数)

任意の有限集合 A と空でない任意の有限集合 B に対し

$$\left|B^A\right| = |B|^{|A|}$$
$$\left|\emptyset^B\right| = 0^{|B|} = 0$$
$$\left|A^\emptyset\right| = |A|^0 = 1$$

である.

証明 空でない集合から空集合への写像は存在しないこと，空集合から任意の集合への写像はただ 1 つ存在することは先に示したので，A と B がともに空集合でない場合について示す．A のある要素を B の異なる要素へ対応させる写像は異なる写像であるので，A の要素が B のどの要素に対応しているかに着目して写像を分類する．一般性を失わず，$A = \{a_0, a_1, \ldots, a_{n-1}\}$ とする．まず，a_0 に着目して写像を分類すると，対応する B の要素により写像は $|B|$ 個の集合に分類される．次に，a_1 に着目して写像をさらに分類すると，それぞれの集合の中の写像は $|B|$ 個の集合に分類される．すべての A の要素について分類する操作を繰り返すと集合の数は $|B|^{|A|}$ となり，それぞれの集合には対応する写像がちょうど 1 つ含まれる．したがって，写像全体の集合の要素数は $|B|^{|A|}$ となる． □

任意の有限集合 A と有限集合 B に対する A から B への写像の総数については，130 ページの系 6.3 において順列の考え方を用いて示すこととする.

2.2 写像の合成

集合に対する操作で新たな集合が生成できたように，写像に対する操作で新たな写像を生成することができる．ここでは 2 つの写像から新たな写像を生成する写像の**合成** (composition) を定義する.

【定義 2.4 (写像の合成)】 任意の写像 $f : A \to B$ と任意の写像 $g : B \to C$ に対し，$a \in A$ を $g(f(a)) \in C$ に対応させる写像を f と g の合成写像とし，$g \circ f$ と表す．$g \circ f : A \to C$ であり $g \circ f : a \longmapsto g(f(a))$ である.

【例 2.8】 自然数 $\mathbf{N}$ 上の写像 f と g を

$f : n \longmapsto 2n + 1$

$g : n \longmapsto 2n$

とする．このとき $g \circ f$ と $f \circ g$ はどちらも $\mathbf{N}$ 上の写像であり

$g \circ f : n \longmapsto 4n + 2$

$f \circ g : n \longmapsto 4n + 1$

である.

写像 $f: A \to B$ と写像 $g: B \to C$ が与えられたとき，任意の $a \in A$ に対し $b = f(a) \in B$ が唯一存在し，この b に対し $c = g(b) = g(f(a)) \in C$ が唯一存在する．この a と c の対応を与える写像が f と g の合成写像 $g \circ f$ である．写像 f の値域と写像 g の定義域が異なるとき，すなわち，$\mathbf{codom}(f) \neq \mathbf{dom}(g)$ であるならば，f と g の合成は定義されない[1]．合成写像 $g \circ f$ では，まず写像 f によって要素はある要素と対応させられる．f と g の合成を f と g が与えられる順序で $f \circ g$ と書きたくなるかもしれないが，f と g の合成写像による要素 a の像を $g(f(a))$ と表したときに f と g が現れる順序で $g \circ f$ と表記されることに注意しよう．図 2.2 に写像の合成の概念を図示する．

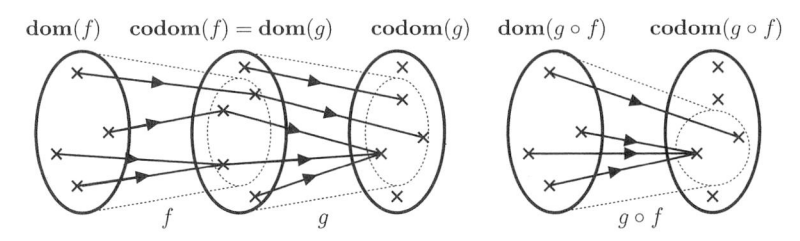

図 2.2 写像 f と g の合成写像 $g \circ f$

例 2.8 で示したとおり，写像 f と写像 g に対して，$g \circ f$ と $f \circ g$ は一般には異なる．さらに，たとえ $g \circ f$ が写像であっても $f \circ g$ は写像とは定義されないかもしれない．すなわち，写像の合成では交換則は成り立たない．しかし，写像の合成は結合則を満たす操作である．

定理 2.2 (合成写像の結合則)

任意の写像 f, g, h に対し，合成写像 $g \circ f$ および $h \circ g$ が定義されるとき
$$h \circ (g \circ f) = (h \circ g) \circ f$$
である．

証明 仮定より合成写像 $g \circ f$ および合成写像 $h \circ g$ が定義されるので，$\mathbf{codom}(f) = \mathbf{dom}(g)$ であり，また $\mathbf{codom}(g) = \mathbf{dom}(h)$ である．

写像 $g \circ f$ の値域は $\mathbf{codom}(g)$ であり，$\mathbf{codom}(g) = \mathbf{dom}(h)$ であるので，写像 $g \circ f$ と写像 h の合成写像 $h \circ (g \circ f)$ は定義される．写像 $g \circ f$ は任意の $a \in \mathbf{dom}(f)$

---

[1] 写像 f の値域 $\mathbf{codom}(f)$ と写像 g の定義域 $\mathbf{dom}(g)$ が異なっても，f の像 $\mathbf{range}(f)$ が $\mathbf{dom}(g)$ の部分集合ならば，すなわち，$\mathbf{range}(f) \subseteq \mathbf{dom}(g)$ ならば，f と g の合成写像 $g \circ f$ は定義されるという考え方もあるが，本書では簡単のため $\mathbf{codom}(f) = \mathbf{dom}(g)$ の場合に限り合成写像 $g \circ f$ が定義されるとする．

を $c = g(f(a)) \in \mathbf{codom}(g) = \mathbf{dom}(h)$ に対応させる．写像 $h \circ (g \circ f)$ においては，写像 h はその c を $d = h(c) \in \mathbf{codom}(h)$ に対応させる．すなわち，写像 $h \circ (g \circ f)$ は，任意の $a \in \mathbf{dom}(f)$ を $d = h(c) = h(g(f(a))) \in \mathbf{codom}(h)$ に対応させる．

同様に写像 $(h \circ g) \circ f$ は定義される．写像 f は任意の $a \in \mathbf{dom}(f)$ を $b = f(a) \in \mathbf{codom}(f) = \mathbf{dom}(g)$ に対応させる．写像 $h \circ g$ はその b を $d = h(g(b)) \in \mathbf{codom}(h)$ に対応させる．すなわち，写像 $(h \circ g) \circ f$ は任意の $a \in \mathbf{dom}(f)$ を $d = h(g(b)) = h(g(f(a))) \in \mathbf{codom}(h)$ に対応させる．

以上により，写像 $h \circ (g \circ f)$ と写像 $(h \circ g) \circ f$ の定義域と値域はそれぞれ等しく，任意の要素のそれら写像による像は等しいことがわかる．したがって，30ページの定義 2.2 より $h \circ (g \circ f) = (h \circ g) \circ f$ となる． □

写像の合成は結合則を満たすため $h \circ (g \circ f)$ や $(h \circ g) \circ f$ は $h \circ g \circ f$ と表されることが多い．$h \circ g \circ f : a \longmapsto h(g(f(a)))$ である．

2.3 様々な写像

この節では写像を類別する基本概念を導入する．

2.3.1 単射

写像は定義域の要素を値域のある要素に対応させるが，対応する値域の要素がすべて異なるような写像を考えることができる．そのような写像を**単射** (injection) と呼ぶ．単射は**一対一** (one-to-one) とも呼ばれる．

【定義 2.5 (単射)】 任意の写像 f は，任意の $a, a' \in \mathbf{dom}(f)$ に対し，$a \neq a'$ であるならば $f(a) \neq f(a')$ であるとき，単射と呼ばれる．

【例 2.9】 実数 $\mathbf{R}$ 上の写像 $f(x) = e^x$ は単射である． ■

【例 2.10】 実数 $\mathbf{R}$ 上の写像 $g(x) = x^3 - x$ は単射でない．例えば $g(0) = g(1)$ である． ■

写像 f が単射であるならば，定義域に属する異なる要素は f により値域に属する異なる要素に対応させられる．図 2.3 に単射の概念を図示する．写像の単射であるという性質は写像の合成において保存される．

2.3　様々な写像　　　　　　　　35

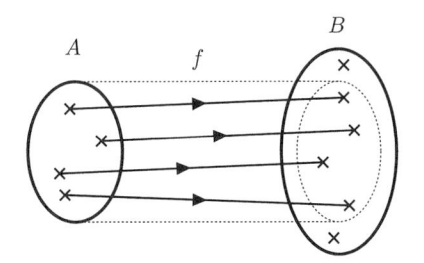

図 **2.3**　単射 $f : A \to B$

定理 2.3 (単射の保存)
合成写像 $g \circ f$ は，写像 f と g が共に単射であるとき，単射である．

[証明]　任意の $a, a' \in \mathbf{dom}(f)$ について，$a \neq a'$ ならば $f(a) \neq f(a')$ である．また，任意の $b, b' \in \mathbf{dom}(g)$ について，$b \neq b'$ ならば $g(b) \neq g(b')$ である．したがって，任意の $a, a' \in \mathbf{dom}(g \circ f) = \mathbf{dom}(f)$ について，$a \neq a'$ ならば $f(a) \neq f(a')$ であり，$f(a) \neq f(a')$ であるならば $g(f(a)) \neq g(f(a'))$ である．したがって，$g \circ f$ は単射である．　　□

この定理の逆は成り立たないが次の性質は成り立つ．

定理 2.4 (単射の性質)
合成写像 $g \circ f$ が単射であるとき，写像 f は単射である．

[証明]　写像 f が単射でないとすると，$f(a) = f(a')$ である異なる $a, a' \in \mathbf{dom}(f)$ が存在するが，$g(f(a)) = g(f(a'))$ となり，合成写像 $g \circ f$ が単射であることに矛盾する．　　□

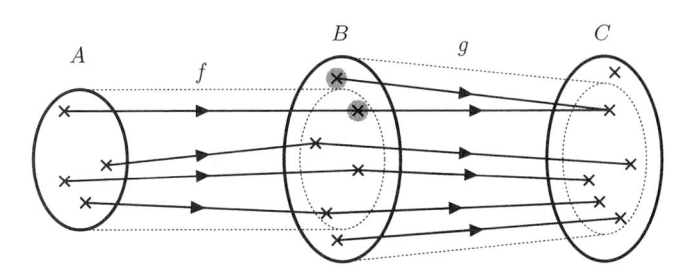

図 **2.4**　単射 $f : A \to B$ と単射でない写像 $g : B \to C$ の合成によって得られる単射 $g \circ f : A \to C$

合成写像 $g \circ f$ が単射であるとき，写像 g は必ずしも単射であるとは限らないことに注意しよう．例えば，図 2.4 では，集合 B の網かけ内の要素の写像 g による像が一致しているので g は単射ではないが，合成写像 $g \circ f$ は単射となっている．

任意の集合に対し，その任意の部分集合からその集合への単射が存在する．

定理 2.5 (部分集合と単射)

任意の集合 A と B に対し，$A \subseteq B$ であるとき A から B への単射が存在する．

証明 A の任意の要素 a を a に対応させる写像を f とする．すなわち，$f : a \longmapsto a$ とすると f は単射である．また，任意の $a \in A$ に対し $a \in B$ であるので，f の値域を B とすると，f は A から B への単射となる． □

また，任意の有限集合について次の定理が明らかに成り立つ．

定理 2.6 (部分集合と要素数)

任意の有限集合 A と B に対し，$A \subseteq B$ であるとき $|A| \leq |B|$ である． □

定理 2.7 (真部分集合と要素数)

任意の有限集合 A と B に対し，$A \subset B$ であるとき $|A| < |B|$ である． □

定理 2.5 と定理 2.6 の系として次の定理が成り立つ．

定理 2.8 (単射と集合の要素数)

任意の有限集合 A と B に対して，A から B への単射が存在するとき，かつこのときに限り $|A| \leq |B|$ である．

証明 $|A| = n$ とし，集合 $A = \{a_0, a_1, \ldots, a_{n-1}\}$ とする．まず，単射 $f : A \to B$ が存在するとし，$|A| \leq |B|$ を示す．一般性を失わず $f : a_i \to b_i$ であるとする．このとき，$\{b_0, b_1, \ldots, b_{n-1}\} \subseteq B$ である．明らかに $|A| = |\{a_0, a_1, \ldots, a_{n-1}\}| = |\{b_0, b_1, \ldots, b_{n-1}\}|$ であり，定理 2.6 より $|\{b_0, b_1, \ldots, b_{n-1}\}| \leq |B|$ であるため，$|A| \leq |B|$ となる．次に，$|A| \leq |B| = m$ とし，単射が存在することを示す．集合 $B = \{b_0, b_1, \ldots, b_{m-1}\}$ とすると，$f : a_i \longmapsto b_i$ は単射である． □

任意の有限集合 A と有限集合 B に対し，A から B への単射はどのくらい存在するであろうか．A から B への単射の総数については，129 ページの定理 6.4 で示すこととする．

2.3.2 全　　　射

値域のすべての要素が定義域の要素から対応させられている写像を考える

ことができる．そのような写像を**全射** (surjection) と呼ぶ．全射は**上への対応** (onto) とも呼ばれる．

【定義 2.6 (全射)】 任意の写像 f は，任意の $b \in \mathbf{codom}(f)$ に対し，$b = f(a)$ を満たす $a \in \mathbf{dom}(f)$ が存在するとき，全射と呼ばれる．

【例 2.11】 実数 $\mathbf{R}$ 上の写像 $f(x) = x^3 - x$ は全射である． ■

【例 2.12】 実数 $\mathbf{R}$ 上の写像 $g(x) = e^x$ は全射でない．例えば，-1 は $\mathbf{R}$ に属するが，g の定義域に属するどの要素の像でもない． ■

写像 f が全射であるならば，値域のすべての要素がある定義域の要素の像となっている．写像 f が全射であることを $\mathbf{range}(f) = \mathbf{codom}(f)$ であると定義することもできる．したがって，$f : \mathbf{dom}(f) \to \mathbf{range}(f)$ は全射となる．図 2.5 に全射の概念を図示する．単射と同様に，全射であるという性質は写像の合成において保存される．

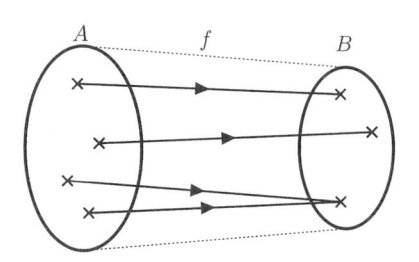

図 2.5 全射 $f : A \to B$

定理 2.9 (全射の保存)

合成写像 $g \circ f$ は，写像 f と g が共に全射であるとき，全射である．

> **証明** 任意の $c \in \mathbf{codom}(g)$ に対し，ある $b \in \mathbf{dom}(g) = \mathbf{codom}(f)$ が存在し $c = g(b)$ である．また，その b に対し，$a \in \mathbf{dom}(f)$ が存在し $b = f(a)$ となっている．したがって，任意の $c \in \mathbf{codom}(g \circ f) = \mathbf{codom}(g)$ に対し，$c = g(b) = g(f(a))$ を満たす $a \in \mathbf{dom}(g \circ f) = \mathbf{dom}(f)$ が存在している．したがって，$g \circ f$ は全射である． □

単射と同様にこの定理の逆は成り立たないが次の性質は成り立つ．

定理 2.10 (全射の性質)

合成写像 $g \circ f$ が全射であるとき，写像 g は全射である．

証明 写像 g が全射でないとすると，ある $c \in \mathbf{codom}(g)$ に対し，$c = g(b)$ を満たす $b \in \mathbf{dom}(g)$ が存在しないため，$c = g(f(a))$ を満たす $a \in \mathbf{dom}(f)$ も存在せず合成写像 $g \circ f$ が全射であることに矛盾する． □

合成写像 $g \circ f$ が全射であるとき，写像 f は必ずしも全射であるとは限らないことに注意しよう．例えば，図 2.6 では，集合 B の網かけ内の要素は写像 f の像ではないので f は全射ではないが，合成写像 $g \circ f$ は全射となっている．

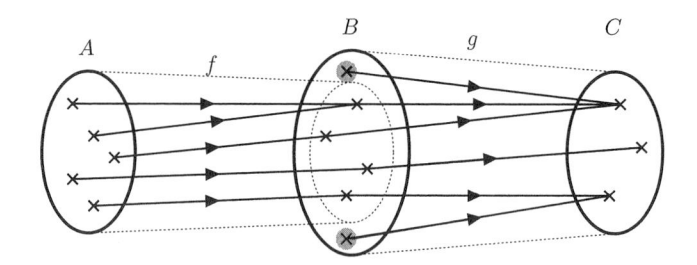

図 2.6 全射でない写像 $f : A \to B$ と全射 $g : B \to C$ の合成によって得られる全射 $g \circ f : A \to C$

単射と同様に全射についても次の定理が成り立つ．

定理 2.11 (部分集合と全射)

任意の集合 A と B に対し，$B \subseteq A$ であるとき A から B への全射が存在する． □

定理 2.12 (全射と集合の要素数)

任意の有限集合 A と B に対して，A から B への全射が存在するとき，かつこのときに限り $|A| \geq |B|$ である． □

任意の有限集合 A と有限集合 B に対し，A から B への全射はどのくらい存在するであろうか．A から B への全射の総数については，157 ページの定理 7.6 で示すこととする．

2.3.3 全単射
(1) 全単射

写像を類別する概念として単射と全射を定義したが，その両方の性質を持つ写像を考えることができる．単射でありかつ全射である写像を**全単射** (bijection) と呼ぶ．全単射は**双射**とも呼ばれる．

【定義 2.7 (全単射)】 任意の写像 f は，単射であり，かつ全射であるとき，全単射と呼ばれる．

【例 2.13】 実数 $\mathbf{R}$ 上の写像 $h(x) = x^3$ は全単射である． ■

図 2.7 に全単射の概念を図示する．全単射は単射でありかつ全射であるので，定理 2.3 と定理 2.9 より次の系が導かれる．

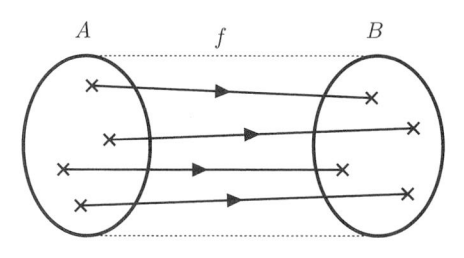

図 2.7 全単射 $f : A \to B$

系 2.1 (全単射の保存)
　合成写像 $g \circ f$ は，写像 f と g が共に全単射であるとき，全単射である． □

同様に定理 2.4 と定理 2.10 より次の系が導かれる．

系 2.2 (全単射の性質)
　合成写像 $g \circ f$ が全単射であるとき，写像 f は単射であり，写像 g は全射である． □

合成写像 $g \circ f$ が全単射であるとき，写像 f は単射であり写像 g は全射であるが，f と g は必ずしも全単射であるとは限らないことに注意しよう．すなわち，図 2.8 に示すように f の像 $\mathbf{range}(f)$ に属さない $\mathbf{codom}(f) = \mathbf{dom}(g)$ に属

する要素が存在してもよく，g によるその要素の像が g による他の要素の像と一致してもよいのである．さらに定理 2.8 と定理 2.12 より次の系が導かれる．

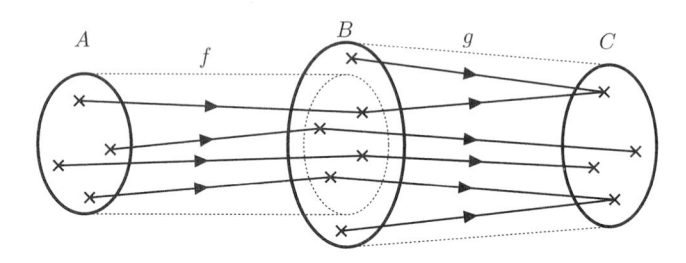

図 2.8 全単射 $g \circ f$ (f は単射，g は全射)

系 2.3 (全単射と集合の要素数)

任意の有限集合 A と B に対して，A から B への全単射が存在するとき，かつこのときに限り $|A| = |B|$ である． □

この系 2.3 は有限集合の持つ性質を述べている．また，系 2.3 は 2 つの有限集合の間に全単射が存在するとき，その 2 つの有限集合の要素数は等しいと定義している，と考えることもできる．一方，無限集合の間には全単射は存在するのであろうか．無限集合は要素数が無限である集合であるが，その無限には違いがあるのであろうか．それら疑問に対しては第 4 章で議論する．また，任意の有限集合 A と有限集合 B に対する A から B への全単射の総数については，129 ページの系 6.1 で示すこととする．

（2） 恒 等 写 像

集合上の写像で任意の要素を自分自身に対応させる写像は**恒等写像** (identity mapping) と呼ばれる．集合 A 上の恒等写像は i_A と表記される．このような写像をわざわざ考える必要はないのではと思うかもしれないが，恒等写像はすべての集合に対して存在する最も基本的で重要な写像の 1 つである．

【定義 2.8 (恒等写像)】 任意の集合 A に対し，A 上の写像

$$i_A : a \longmapsto a$$

は恒等写像と呼ばれる．

任意の集合 A に対して恒等写像 i_A は定義され，i_A は A 上の全単射となる．

定理 2.13 (恒等写像)
　任意の集合 A に対し恒等写像 i_A が存在する．また，i_A は全単射である．□

　写像 $f : A \to B$ と写像 $g : B \to A$ の合成写像 $g \circ f$ は A 上の写像となる．この写像 $g \circ f$ が恒等写像となるとき，f と g はどのような性質を持っているのであろうか．恒等写像は全単射であるので系 2.2 より次の性質が導き出される．

定理 2.14 (恒等写像と単射・全射)
　任意の写像 f と g に対し，合成写像 $g \circ f$ が恒等写像ならば，f は単射であり，g は全射である．

（3）逆 写 像

　写像 $f : A \to B$ は $a \in A$ を $b \in B$ に対応させるが，f が全単射であれば，f を用いて $b \in B$ を $a \in A$ に対応させる写像を定義することができる．すなわち，集合 A から集合 B への全単射 $f : a \longmapsto f(a)$ に対して，B から A への写像 $f^{-1} : f(a) \longmapsto a$ を定義できる．この f^{-1} を f の**逆写像** (inverse mapping) と呼ぶ．

【定義 2.9 (逆写像)】 任意の集合 A から任意の集合 B への全単射

$$f : a \longmapsto f(a)$$

に対して，B から A への写像

$$f^{-1} : f(a) \longmapsto a$$

を f の逆写像と呼ぶ．

【例 2.14】 整数 $\mathbf{Z}$ 上の全単射 f を $f : z \longmapsto z+1$ とする．f の逆写像 f^{-1} は $\mathbf{Z}$ 上の写像であり $f^{-1} : z \longmapsto z-1$ である．■

　図 2.9 に図 2.7 で示した全単射 $f : A \to B$ の逆写像 $f^{-1} : B \to A$ を図示する．定義 2.9 より全単射 f に対し f の逆写像 f^{-1} は一意に定まるが，写像 f が全単射でなければ，f の逆写像は定義されないことに注意しよう．例えば，f が単射でなければ，$f(a) = f(a')$ となる異なる $a, a' \in \mathbf{dom}(f)$ が存在するが，$f^{-1}(f(a)) = a$ とするか $f^{-1}(f(a)) = a'$ とするか決められない．また，f が全射でなければ，$\mathbf{codom}(f)$ に属すが $\mathbf{range}(f)$ に属さない要素 b が存在するが，その b に対して $f^{-1}(b)$ を定義できない．

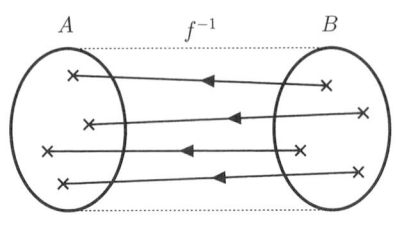

図 2.9　逆写像 $f^{-1}: B \to A$

ここで逆写像と恒等写像の関連について考えよう.

定理 2.15 (逆写像と恒等写像)

任意の全単射 $f: A \to B$ に対し, $f^{-1} \circ f = i_A$ であり, $f \circ f^{-1} = i_B$ である.

> 証明　合成写像 $f^{-1} \circ f$ の定義域および値域はともに A である. また, 定義 2.9 より任意の $a \in A$ に対して $f^{-1}(f(a)) = a$ であり, $f^{-1} \circ f : a \longmapsto a$ となる. したがって, 定義 2.8 より $f^{-1} \circ f = i_A$ となる. また, $f \circ f^{-1}$ の定義域および値域はともに B であり, 同様の議論により $f \circ f^{-1} = i_B$ となる. □

定理 2.14 と定理 2.15 の系として逆写像は全単射であることがわかる.

定理 2.16 (逆写像の性質)

任意の全単射 $f: A \to B$ に対し, f の逆写像 f^{-1} は B から A への全単射である.

> 証明　定義 2.9 より f の逆写像 f^{-1} は B から A への写像である. 定理 2.15 より $f^{-1} \circ f$ は恒等写像であり, 定理 2.14 より f^{-1} は全射となる. また, 同様に $f \circ f^{-1}$ は恒等写像であるので, f^{-1} は単射となる. すなわち, f^{-1} は全単射である. □

定理 2.16 より, f^{-1} は全単射であるため f^{-1} の逆写像が定義できる. 写像 f の逆写像 f^{-1} の逆写像は f である.

定理 2.17 (逆写像の逆写像)

任意の全単射 f に対し, $(f^{-1})^{-1} = f$ である. □

（4）置　　換

ある集合からある集合への単射でありかつ全射である写像は全単射であるが, ある有限集合上の写像が全単射であるとき, その写像を集合の**置換** (permutation) と呼ぶ.

【定義 2.10 (置換)】 任意の有限集合上の全単射は置換と呼ばれる．

【例 2.15】 $A = \{0, 1, 2, 3\}$ とし $\pi(0) = 1, \pi(1) = 0, \pi(2) = 2, \pi(3) = 3$ とすると，写像 $\pi : A \to A$ は A 上の全単射であり A の置換である．置換 π は

$$\pi = \begin{pmatrix} 0 & 1 & 2 & 3 \\ 1 & 0 & 2 & 3 \end{pmatrix} \tag{2.2}$$

とも表記される．式 (2.2) では，上段と下段はそれぞれ置換の定義域と値域に対応し，上段の要素の像はその直下の下段の要素であることを示す．

例 2.15 の置換 π では，要素 0 と要素 1 のみを置き換えている．このような 2 つの要素のみを置き換える置換を**互換** (transposition) と呼ぶ．要素 a_i と要素 a_j を置き換える互換は $(a_i\ a_j)$ と略記される．したがって，例 2.15 では $\pi = (0\ 1)$ と略記できる．また，互換は要素 a_i を要素 a_j に置き換え，a_j を要素 a_i に置き換えていると考えることができる．この互換の一般化である，集合の中のいくつか要素を選び，それら要素を順に球撞きのように置き換え，選んだ最後の要素を最初の要素に置き換える置換を**巡回置換** (cyclic permutation) と呼ぶ．例えば，要素 a_0 を要素 a_1 に，a_1 を a_2 に，…，a_{i-1} を a_0 に置き換える置換である．このような巡回置換は $(a_0\ a_1\ a_2 \cdots a_{i-1})$ と略記される．したがって，$(a_1\ a_2 \cdots a_{i-1}\ a_0)$ も同じ巡回置換を表す．

置換の性質をいくつか定理としてまとめる．任意の有限集合 A に対し A の置換は存在し，それら A の置換を合成すると A の置換が得られる．

定理 2.18 (置換の性質)
任意の有限集合 A に対し，恒等写像 i_A は A の置換である． □

定理 2.19 (置換の性質)
任意の有限集合 A とその任意の置換 π_1 と π_2 に対し，$\pi_2 \circ \pi_1$ は A の置換である． □

置換は写像であるので，定理 2.2 より置換の合成では結合則が成り立つ．しかし，交換則は置換の合成に対しても成り立たない．

【例 2.16】 $A = \{0, 1, 2, 3\}$ とし，A 上の置換 π_1 と π_2 をそれぞれ $\pi_1 = (0\ 1)$，$\pi_2 = (0\ 1\ 2\ 3)$ とすると

$$\pi_2 \circ \pi_1 = \begin{pmatrix} 0 & 1 & 2 & 3 \\ 2 & 1 & 3 & 0 \end{pmatrix} = (0\ 2\ 3)$$

であり

$$\pi_1 \circ \pi_2 = \begin{pmatrix} 0 & 1 & 2 & 3 \\ 0 & 2 & 3 & 1 \end{pmatrix} = (1\ 2\ 3)$$

である (図 2.10 参照).

(a) $\pi_2 \circ \pi_1$ (b) $\pi_1 \circ \pi_2$

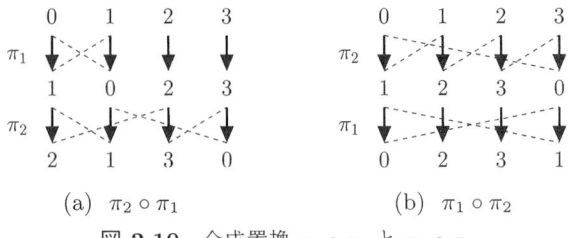

図 **2.10** 合成置換 $\pi_2 \circ \pi_1$ と $\pi_1 \circ \pi_2$

ある置換と恒等写像を合成するとその置換と同じ置換となる．また，置換は全単射であるので逆写像が定義できる．置換の逆写像を逆置換と呼ぶ．置換と逆置換を合成すると恒等写像となる．

定理 2.20 (置換の性質)

任意の有限集合 A と A 上の置換 π に対し，$\pi \circ i_A = i_A \circ \pi = \pi$ である． □

定理 2.21 (逆置換)

任意の有限集合 A と A 上の置換 π に対し，$\pi \circ \pi^{-1} = \pi^{-1} \circ \pi = i_A$ となる逆置換 π^{-1} が存在する． □

置換は集合の要素の間に順序を与えることで，組を定義する写像であると考えることもできる．異なる置換は異なる組に対応する．6.2 節では集合の要素間に順序を与えて得られる組や，集合からいくつかの要素を選択する組合せについて議論する．

2.4 写像と集合

本節では，写像と集合との関連，および単射と全射との関連について述べる．

2.4.1 全単射と同型

集合 A と B が等しいとき，41 ページの定理 2.13 より A 上の恒等写像は全単射であるので，A から B への全単射が存在する．逆に，集合 A と B の間に全単射 f が存在するとき，A に含まれない B の要素が存在しても，逆に B に含まれない A の要素が存在しても構わないため，A と B は必ずしも等しくはない．しかし，A と B は含まれる要素の名前が異なるなど表面的には異なって見えるが，本質的には同じ集合であると考えることもできる．これは全単射 f により，A の要素 a の名前を $f(a)$ と付け替える操作を A のすべての要素に対して行なうことで，B と等しい集合を簡単に得られるという事実に対応する．すなわち，集合 A と B の間に全単射 f が存在するとき，A と B を同一視 (identify) できるのである．2 つの集合の間に全単射が存在するとき，それら集合は同型 (isomorphic) であると呼ばれる．

【定義 2.11 (同型)】 任意の集合 A と B に対し，A から B への全単射が存在するとき，A と B を同型であると呼び $A \cong B$ と表す．

2 つの集合が同型であるとき，それら 2 つの集合は必ずしも等しくはないが，名前を付け替えると同じ集合が得られるという意味においてそれらは同一視できる集合である．

2.4.2 単射と全射の対応

写像が単射である，あるいは全射であるという性質は，それぞれ独立して存在するようにも思われるが，実はそれらは互いに密接に関連している．

定理 2.22 (単射と全射)
任意の空でない集合 A と B に対して，A から B に単射が存在する，かつそのときに限り B から A に全射が存在する．

証明　まず，集合 A から集合 B への単射があるとき，B から A への全射があることを示す．A から B への単射を f とする．このとき，任意の $b \in \mathbf{range}(f)$

に対して,$b = f(a)$ となる $a \in A$ が一意に定まる.そこで,B から A への写像 g を $g : b = f(a) \longmapsto a$ と定義する.このとき,任意の $a \in A$ に対して,$a = g(b)$ を満たす $b \in B$ が存在する.すなわち,g は全射である.ただし,$b \notin \mathbf{range}(f)$ である要素に対して,対応が定義されていないので,g の定義は不完全である.そこで,A から要素を 1 つ選び出し,その要素を a_0 と置き,$b \notin \mathbf{range}(f)$ である要素に対して $g : b \longmapsto a_0$ とする.A は空集合でないため,a_0 を選び出すことができる (図 2.11 参照).以上により,全射 $g : B \to A$ の存在が示された.

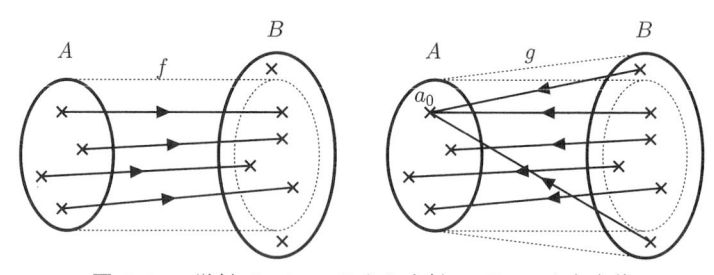

図 **2.11** 単射 $f : A \to B$ から全射 $g : B \to A$ を定義

次に,B から A に全射 g があるとしよう.このとき,任意の $a \in A$ に対し,a を像とする B の要素の集合 $S(a) = \{b \mid a = g(b)\}$ を考える.g は全射であるので,任意の $a \in A$ に対し,$S(a)$ は空でない.そこで,各 $S(a)$ から要素 b を 1 つ選びだし,$f(a) = b$ と置く.$a \neq a'$ ならば,$S(a) \cap S(a') = \emptyset$ であり,写像 f は A から B への単射となる (図 2.12 参照). □

任意の集合 A と B に対して,A から B に単射が存在し,また B から A に単射が存在するとき,A から B への全単射が存在することがシュレーダー・バーンシュタインの定理 (Schröder-Bernstein's theorem) として知られている.

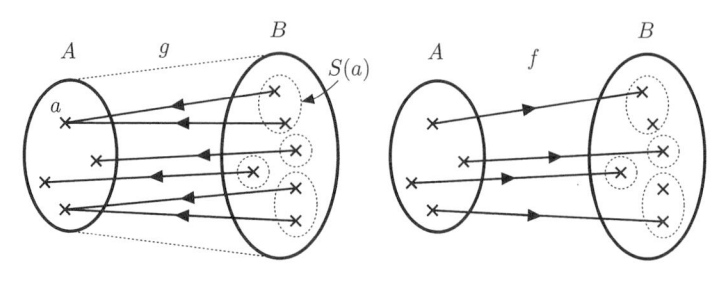

図 **2.12** 全射 $g : B \to A$ から単射 $f : A \to B$ を定義

定理 2.23 (単射と全単射)

任意の集合 A と B に対して，A から B に単射が存在し，かつ B から A に単射が存在するとき，A から B に全単射が存在する． □

この定理は A と B が有限集合であれば簡単に示すことができる．すなわち，A と B が有限集合であれば，36 ページの定理 2.8 より，$|A| \leq |B|$ であり $|B| \leq |A|$ であるため，$|A| = |B|$ となる．したがって，40 ページの系 2.3 より A から B に全単射が存在することがわかる．事実，A と B が有限集合ならば A から B への単射と B から A への単射はともに全単射でなくてはならない．しかし，A と B が無限集合であるとき，それら写像は必ずしも全単射ではない．例えば，自然数 $\mathbf{N}$ から偶数 $\mathbf{E}$ への写像 $f : n \longmapsto 4n$ は単射であるが全単射ではない．また，$\mathbf{E}$ から $\mathbf{N}$ への写像 $g : n \longmapsto n$ は単射であるが全単射ではない．したがって，A から B への全単射が存在するかどうかは必ずしも自明ではない．実際には 2 つの単射から全単射の存在を示すことができるが，その証明は少々繁雑になるためここでは省略する．ちなみに $\mathbf{N}$ から $\mathbf{E}$ へも全単射 $h : n \longmapsto 2n$ が存在するが，単射 $f : n \longmapsto 4n$ と単射 $g : n \longmapsto n$ から存在が示される全単射とは異なっている．

2.4.3 写像と集合の対応

写像は集合と集合の間に定義される対応ではあるが，写像と集合は独立な概念である．しかし，写像は集合として表現でき，逆に集合は写像として表現できる．

まず，写像は集合として表現できることを示す．我々は実関数が与えられたとき，平面にそのグラフを書くことでその関数の様々な性質を感じることができる．このとき我々は実関数 f を定義域の要素 x とその像 $f(x)$ の順序対 $(x, f(x))$ の集合として扱い，その順序対が点の XY 座標を表すと考え平面上に書いているのである．この考え方を一般の写像に対しても適用することで，写像を集合として表現できる．

定義域 A から値域 B への写像 f は f の**グラフ** (graph) と呼ばれる A の要素と B の要素の対からなる集合 $\mathbf{graph}(f)$ で表現できる．

【**定義 2.12** (写像のグラフ)】 任意の写像 $f : A \to B$ に対し，f のグラフ $\mathbf{graph}(f)$ を $\mathbf{graph}(f) = \{(a, b) \mid a \in A, b \in B, b = f(a)\}$ とする．

【例 2.17】 $A = \{1, 2\}$, $B = \{2, 3\}$ とし，A から B への写像 f を $f : i \longmapsto i + 1$ とする．このとき $\mathbf{graph}(f) = \{(1, 2), (2, 3)\}$ である．■

写像 f に対してそのグラフ $\mathbf{graph}(f)$ が定義されるが，$\mathbf{graph}(f)$ を用いて f を再現することができる．写像のグラフの要素から写像が再現できることを，より正確に述べてみよう．写像 $f : A \to B$ のグラフ $\mathbf{graph}(f)$ は，単に直積集合 $A \times B$ の部分集合であるが，

- 任意の $a \in A$ に対し，$(a, b) \in \mathbf{graph}(f)$ となる $b \in B$ が存在する，
- 任意の $a \in A$ と任意の $(a, b_1), (a, b_2) \in \mathbf{graph}(f)$ に対し，$b_1 = b_2$ が成立する，

という2つの性質を持つ．すなわち，任意の $a \in A$ に対し，$(a, b) \in \mathbf{graph}(f)$ を満たす $b \in B$ はちょうど1つ存在する．そこで，写像 $g : A \to B$ を，$g(a) = b$，ただし，$(a, b) \in \mathbf{graph}(f)$ であるように定める．このとき，$f = g$ となり，$\mathbf{graph}(f)$ から f が再現できることがわかる．

次に，集合は写像として表現できることを示す．集合に対し，要素がその集合に含まれるか否かを表現する**特性関数** (characteristic function) と呼ばれる写像 $\chi(a)$ を定義する．特性関数は集合に含まれない要素に対しても対応を与えるが，これは暗黙のうちに全体集合が仮定されていることを意味する．

【定義 2.13 (特性関数)】 任意の集合 A の特性関数 χ_A を

$$\chi_A(a) = \begin{cases} 1 & (a \in A \text{ の場合}) \\ 0 & (\text{その他}) \end{cases}$$

とする．

【例 2.18】 全体集合を $S = \{0, 1, 2, 3\}$ とし，$A = \{1, 2\}$ とする．このとき $\chi_A(1) = \chi_A(2) = 1$ であり，$\chi_A(0) = \chi_A(3) = 0$ である．■

集合 A はその特性関数を用いて $A = \{a \mid \chi(a) = 1\}$ と定義できる．すなわち，集合の特性関数が与えられたならば，その集合は再現できる．また，集合 A の補集合 $\overline{A}$ の特性関数は $\chi_{\overline{A}}(a) = 1 - \chi_A(a)$ となり，集合 A と B の共通部分集合 $A \cap B$ の特性関数は $\chi_{A \cap B}(a) = \chi_A(a) \cdot \chi_B(a)$ となるなど，集合演算の結果を特性関数の代数的計算で定めることもできる．

コーヒーブレイク

集合 A からブール集合 $\mathbf{B}$ への写像 $f: A \to \mathbf{B}$ を考えよう．このとき，f は A のある部分集合 A' の特性関数となり，A から $\mathbf{B}$ への f とは異なる写像は A' とは異なる部分集合の特性関数となる．また，A の任意の部分集合の特性関数は A から $\mathbf{B}$ への写像である．したがって，A から $\mathbf{B}$ へのすべての写像の集合 $\mathbf{B}^A$ は A のすべての部分集合の特性関数の集合となる．A が有限集合ならば，31 ページの定理 2.1 により，A から $\mathbf{B}$ への写像の数は $|\mathbf{B}|^{|A|} = 2^{|A|}$ となる．これは 7 ページの定理 1.5 で示した，有限集合 A には $2^{|A|}$ 個の異なる部分集合が存在することに対応する．また，A のすべての部分集合の特性関数の集合が $\mathbf{B}^A$ と表現されることと，A のべき集合が 2^A と表現されることも対応する．

演 習 問 題

2.1 次の写像は，単射か，全射か，全単射か，またそのいずれでもないか，を理由をもって示せ．
   (a) $f_1 : \mathbf{N} \to \mathbf{Z},\ n \longmapsto n-1$
   (b) $f_2 : \mathbf{Z} \to \mathbf{Z},\ n \longmapsto n-1$
   (c) $f_3 : \mathbf{N} \to \{0,1\},\ n \longmapsto n \pmod{2}$

2.2 次の条件を満たす写像の例を与えよ．
   (a) 単射ではあるが全射ではない $\mathbf{Z}$ から $\mathbf{Z}$ への写像
   (b) 全射ではあるが単射ではない $\mathbf{Z}$ から $\mathbf{Z}$ への写像

2.3 以下に示す集合から集合への写像の数はいくつか答えよ．
   (a) 集合 $\{a,b,c\}$ から集合 $\{a,b\}$ への写像
   (b) 集合 $\{\{a,b,c\}\}$ から集合 $\{a,b\}$ への写像
   (c) 空集合から空集合への写像
   (d) 空集合から空でない集合 A への写像
   (e) 空でない集合 A から空集合への写像

2.4 以下に示す写像と写像の合成写像を求めよ．
   (a) $f : \mathbf{E} \to \mathbf{N}, 2n \longmapsto n+1$ と $g : \mathbf{N} \to \mathbf{N} \times \mathbf{N}, n \longmapsto (n+1, 2n)$
   (b) $f : \mathbf{Z} \to \mathbf{N}, n \longmapsto |n|$ と $g : \mathbf{N} \to \mathbf{B}, n \longmapsto n+1 \pmod{2}$

2.5 以下に示す写像の逆写像を求めよ．
   (a) $f : \mathbf{Z} \to \mathbf{Z}, n \longmapsto n+1$
   (b) $g : \mathbf{R} \to \mathbf{R}, x \longmapsto x^3$

2.6 集合 A と B の対称差 $A \triangle B$ を $A \triangle B = (A \setminus B) \cup (B \setminus A)$ と定義する.
$$\chi_{A \triangle B}(x) = \chi_A(x) + \chi_B(x) \pmod{2}$$
を用いて
$$(A \triangle B) \triangle C = A \triangle (B \triangle C)$$
を示せ.

2.7 任意の有限集合 A と B に対して，A から B への全射が存在するとき，かつこのときに限り $|A| \geq |B|$ であることを示せ.

2.8 集合 A と 2 項演算 ∘ からなる 2 つ組 $(A, \circ)$ は

　　i) $a, b \in A$ であるとき $a \circ b \in A$ である (演算 ∘ が A 上で閉じている全域関数 $\circ : A \times A \to A$)

　　ii) 任意の $a, b, c \in A$ に対し, $(a \circ b) \circ c = a \circ (b \circ c)$ である (演算 ∘ に結合則が成立)

とき**半群** (semigroup) と呼ばれる. 以下の 2 つ組は半群でないことを示せ.

(a) 奇数の集合 **O** と加算 + からなる 2 つ組 $(\mathbf{O}, +)$
(b) 自然数の集合 **N** と減算 − からなる 2 つ組 $(\mathbf{N}, -)$
(c) 有限集合の集合族 $\mathcal{F}$ と差集合演算 \ からなる 2 つ組 $(\mathcal{F}, \setminus)$

2.9 集合 A と A 上の 2 項演算 $\circ : A \times A \to A$ からなる半群 $(A, \circ)$ は

　　iii) 任意の $a \in A$ に対し, $a \circ e = e \circ a = a$ (演算 ∘ に単位元が存在)

となる**単位元** (unity, identity) と呼ばれる $e \in A$ が存在するとき**単位半群** (monoid) と呼ばれ, また

　　iv) 任意の $a, b \in A$ に対し, $a \circ b = b \circ a$ である (演算 ∘ に交換則が成立)

とき**可換** (commutative) であると呼ばれる. 以下の 2 つ組は可換単位半群であることを示せ. また, 単位元を示せ.

(a) 偶数の集合 **E** と加算 + からなる 2 つ組 $(\mathbf{E}, +)$
(b) 有限集合の集合族 $\mathcal{F}$ と和集合演算 ∪ からなる 2 つ組 $(\mathcal{F}, \cup)$

2.10 集合 A と A 上の 2 項演算 ∘ からなる単位半群 $(A, \circ)$ の単位元を e とする. $(A, \circ)$ は

　　v) 任意の $a \in A$ に対し, $a \circ b = b \circ a = e$ (演算 ∘ に逆元が存在)

となる**逆元** (inverse) と呼ばれる $b \in A$ が存在するとき**群** (group) と呼ばれる. 以下の 2 つ組が群であることを示せ. また, 単位元と逆元を示せ.

(a) 整数の集合 **Z** と加算 + からなる 2 つ組 $(\mathbf{Z}, +)$
(b) 有限集合 A 上のすべての全単射からなる集合 (置換の集合) B と写像の合成演算 ∘ からなる 2 つ組 $(B, \circ)$

2.11 $A = \{0, 1, 2, 3\}$ に対し，A 上の置換の集合 $P = \{\pi_0, \pi_1, \pi_2, \pi_3\}$ を考える．ただし，置換の合成演算を $\circ$ とし，$\pi_0 = i_A$，$\pi_1 = (0\ 1) \circ (2\ 3)$，$\pi_2 = (0\ 2) \circ (1\ 3)$，$\pi_3 = (0\ 3) \circ (1\ 2)$ とする．

(a) A 上の置換 $\pi_2 \circ \pi_1$ を求めよ．

(b) $(P, \circ)$ は群であることを示せ (このような群を**置換群** (permutation group) という)．この群の単位元，および，各元に対する逆元を示せ．

(c) 3つの元からなる A 上の置換の集合 P' で $(P', \circ)$ が群とならない P' を1つ示せ．また，群とならない理由も記せ．

(d) 3つの元からなる A 上の置換の集合 P'' で $(P'', \circ)$ が群となる P'' を1つ示せ．

3 関　　　係

　関係は写像と同様に物事の対応を表現する方法の一種であり,「もの」と「もの」の間にその関係が成り立つかどうかを決める操作である．数学においても様々な関係が定義されるが，我々に一番馴染みのある関係は等号「=」で表現される「等しい」という関係であり，次に不等号「<」で表現される「より小さい」という関係であろう．関係は写像とは異なり,「もの」に対しその関係が成り立つ「もの」が複数存在することがある．関係は写像を一般化した概念である．関係は友人関係，親子関係など数学に限らず使われている．本節では関係について，その代表的な例とともに学ぶ．

3.1 関　　　係

3.1.1 関係の定義

　学生とその学期に開講されている講義との間には，その学生はその講義を履修している，履修していないという対応が存在する．このような「もの」と「もの」との対応を**関係** (relation) という．すなわち，ある学生 s が講義 l_1 と l_2 を履修しているが講義 l_3 は履修していないとき,「s と l_1」と「s と l_2」は「履修講義である」という関係にあるが,「s と l_3」はその関係にない．関係は写像とは異なり，学生 s が講義 l_1 と l_2 との間で「履修講義である」という関係にあるように，ある「もの」に対応する「もの」は 1 つとは限らない．複数存在するかもしれないし，1 つも存在しないかもしれない．

　関係は写像と同様に定義域と値域と呼ばれる 2 つの集合の間に定義される．関係 R の定義域が集合 A であり値域が集合 B であるとき，R は A の要素に B の要素を対応させる．このような R は A から B への関係と言われる．図 3.1 に関係の概念を図示する．

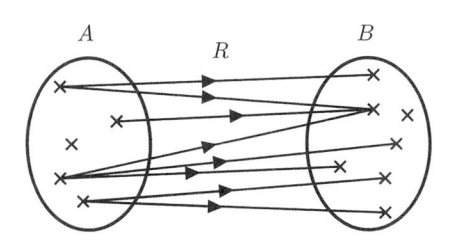

図 **3.1** 集合 A から集合 B への関係 $R: A \to B$

集合 A から集合 B への関係は A の要素と B の要素がその関係にあるかどうかを定義する．集合 A から集合 B への関係は，その関係にある A の要素と B の要素の順序対の集合，すなわち，直積 $A \times B$ の部分集合で表すことができる．

【定義 **3.1** (関係)】 任意の集合 A から任意の集合 B への関係 R は，直積 $A \times B$ の部分集合であり

$$R: A \to B$$

と表される．$a \in A$ が $b \in B$ と関係 R であるとき，すなわち $(a,b) \in R$ であるとき $R(a,b)$ と表す．

【例 **3.1**】 $A = \{1,2\}$, $B = \{2,3\}$ に対し，A から B への「より小さい」という関係 $<$ は $<: A \to B$ と表され

$$< = \{(1,2),(1,3),(2,3)\}$$

となる．また，$<(1,2)$, $<(1,3)$, $<(2,3)$ であるが $\not<(2,2)$ である．すなわち，「1 と 2」,「1 と 3」,「2 と 3」は「より小さい」という関係にあるが,「2 と 2」は「より小さい」という関係にない.「1 は 2 より小さい」が「2 は 2 より小さくはない」のである．また，B から A への「より小さい」という関係 $<: B \to A$ は $< = \emptyset$ となる． ■

関係は定義域の要素に値域の要素を対応させる操作であるが，写像も定義域の要素を値域の要素に一意に対応させる操作であり関係の一種である．関係は定義域と値域の要素の間に定義されるが，関連する「もの」が 2 つであるので 2 項関係 (binary relation) とも呼ばれる．以下では 2 項関係を一般化した n 項関係も定義するが，単に関係といった場合には普通は 2 項関係を意味する．ま

た，2 項関係 R の場合，四則演算などで中置記法を用いるのと同様の理由で，$R(a,b)$ と書く代わりに，aRb と書くことも多い．例えば，例 3.1 の $<(0,1)$ は普通 $0 < 1$ と書かれる．したがって，多少混乱するかもしれないが，

$$R = \{(a,b) \mid R(a,b)\}$$

もしくは

$$R = \{(a,b) \mid aRb\}$$

と表現することも可能である．この場合，左辺の R は関係 R にある順序対からなる集合を表し，右辺の R は関係 R を表す記号である．また，例 3.1 からわかるように，集合 A から集合 B への関係と B から A への関係は一般には異なる．また，A から B への関係は，単に A と B の関係と呼ばれたり，$A \times B$ 上の関係と呼ばれたりするが，A と B の順序を無視してはならない．

2 項関係を一般化し，n 個の集合の間に関係を定義できる $(n \geq 1)$．n 個の集合の間に定義される関係を **n 項関係**（n-ary relation）と呼ぶ．n 個の集合 $A_0, A_1, \ldots, A_{n-1}$ の間に定義される関係 R は直積集合 $A_0 \times A_1 \times \cdots \times A_{n-1}$ の部分集合であり，$A_0 \times A_1 \times \cdots \times A_{n-1}$ 上の n 項関係と呼ばれる．$(a_0, a_1, \ldots, a_{n-1}) \in A_0 \times A_1 \times \cdots \times A_{n-1}$ が $(a_0, a_1, \ldots, a_{n-1}) \in R$ であるとき，$(a_0, a_1, \ldots, a_{n-1})$ は関係 R にあると言い，$R(a_0, a_1, \ldots, a_{n-1})$ と表現する．1 つの集合に対しても関係，すなわち 1 項関係は定義される．

【例 3.2】 「偶数である」や「奇数である」は自然数の部分集合を表す 1 項関係である．「リンゴである」は果物のリンゴであるような部分集合を表す 1 項関係である． ∎

1 項関係は部分集合を表し，形容詞，形容動詞に相当する．

集合 $A_0, A_1, \ldots, A_{n-1}$ の間に定義される関係 R は，$A_0 = A_1 = \cdots = A_{n-1} = A$ のとき，A 上の n 項関係と呼ばれる．

【例 3.3】 年月日 YMD は自然数 $\mathbf{N}$ 上の 3 項関係である．YMD$(2007, 1, 1)$ であるが，YMD$(2007, 1, 32)$ ではない． ∎

集合 A 上の 2 項関係は単に A 上の関係と呼ばれることが多い．また，写像は写像のグラフで表現されることを 2.4.3 節で紹介したが，集合上の 2 項関係も集合上の 2 項関係のグラフで表現されることを第 8 章で紹介する．集合上の 2 項関係は非常に重要な関係であり，集合上の 2 項関係のグラフは単にグラフ

と呼ばれることも多く，集合上の2項関係のグラフに関してグラフ理論が発展した．

3.1.2 関係の同一性

関係はいくつかの集合の間に，それら集合の直積の部分集合として定義される．n 個の集合の間に定義される n 項関係は n-組からなる集合となる．関係は同じ集合の間に定義され，かつ，n-組からなる集合が等しいとき等しいと定義される．

【定義 3.2 (関係の同一性)】 任意の関係 R と S は，同じ集合上の関係で $R = S$ であるとき，等しい (equal) とする．

3.2 関係の合成

3.2.1 合成の定義

孫の子供はひ孫となるなど，関係と関係がつながることで新たな関係が作られる．ここでは写像の合成と同様に，2つの関係から新たな関係を生成する関係の合成 (composition) を定義する．

【定義 3.3 (関係の合成)】 任意の関係 $R: A \to B$ と任意の関係 $S: B \to C$ に対し，$(a,b) \in R$ であり $(b,c) \in S$ であるような $b \in B$ が存在する $a \in A$ と $c \in C$ を対応させる関係を R と S の合成関係とする．
$$S \circ R : A \to C$$
であり
$$S \circ R = \left\{ (a,c) \ \middle| \ \begin{array}{c} R(a,b) \text{ かつ } S(b,c) \text{ である} \\ b \in B \text{ が存在する} \end{array} \right\}$$
である．

【例 3.4】 $A = \{1, 2\}$，$B = \{2, 3\}$，$C = \{2, 3, 4\}$ に対し，$R: A \to B$ と

$S : B \to C$ を $R = \{(1,2), (1,3), (2,3)\}$ とし $S = \{(2,3), (2,4), (3,4)\}$ とする (図 3.2 参照). このとき $S \circ R : A \to C$ は $S \circ R = \{(1,3), (1,4), (2,4)\}$ となる. ∎

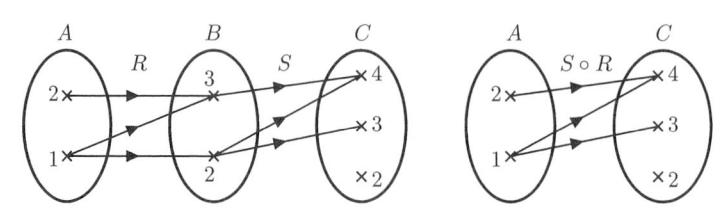

図 3.2 関係 R と関係 S の合成関係 $S \circ R$

集合 A から集合 B への関係 R と集合 B から集合 C への関係 S から関係の合成により, A から C への関係 $S \circ R$ が作られる. 写像の合成と同様に関係 S と関係 R に対し, $S \circ R$ と $R \circ S$ は一般には異なる. さらに, たとえ $S \circ R$ が関係であったとしても $R \circ S$ は関係とは定義されないかもしれない. すなわち, 関係の合成では交換則は成り立たない. しかしながら, 写像の合成と同様に関係の合成においても結合則が成り立つ.

定理 3.1 (合成関係の結合則)
任意の関係 R, S, T に対し, 合成関係 $S \circ R$ および $T \circ S$ が定義されるとき
$$T \circ (S \circ R) = (T \circ S) \circ R$$
である. □

この定理の証明を演習問題 3.4 とする. 関係の合成は結合則を満たすため $T \circ (S \circ R)$ や $(T \circ S) \circ R$ は $T \circ S \circ R$ と表されることが多い.

3.2.2 関係のべき乗

集合 A 上の関係 R に対し, 合成関係 $R \circ R$ が定義できる. このとき, この関係は A 上の関係となる. 一般に, 集合 A 上の関係 R を何回か合成して得られる関係は A 上の関係となる. そのような関係を R の**べき乗** (power) と呼ぶ. ある集合上の関係 R を n 回合成して得られる関係を R^n と書く ($n \geq 2$). また $R^0 = \{(a,a) \mid a \in A\}$ と定義し, $R^1 = R$ と定義する.

3.2 関係の合成

【定義 3.4 (関係のべき乗)】 集合 A 上の関係 R および 2 以上の自然数 n に対し

$$R^0 = \{(a,a) \mid a \in A\}$$
$$R^1 = R$$
$$R^n = \overbrace{R \circ R \circ \cdots \circ R}^{n}$$

とする.

【例 3.5】 集合 $A = \{0,1,2,3\}$ 上の関係 R を $R = \{(0,2),(1,2),(2,3)\}$ とする. このとき

$$R^0 = \{(0,0),(1,1),(2,2),(3,3)\}$$
$$R^1 = R$$
$$R^2 = \{(0,3),(1,3)\}$$
$$R^3 = R^4 = \cdots = \{\}$$

となる. 図 3.3 にこれら関係を表す**グラフ** (graph) を示す. グラフでは集合の要素を点 (vertex) に対応させ, 関係にある要素に対応する点と点を**辺** (edge) で結ぶ. このとき, 辺は点の順序対で示され, 向きを持つため**有向辺** (directed edge) とも呼ばれ, グラフは**有向グラフ** (directed graph) とも呼ばれる. ■

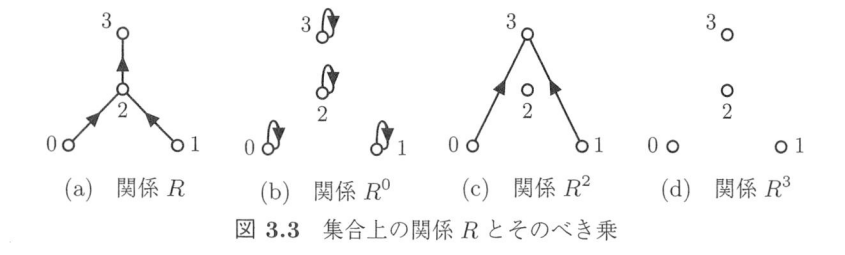

(a) 関係 R　　(b) 関係 R^0　　(c) 関係 R^2　　(d) 関係 R^3

図 **3.3** 集合上の関係 R とそのべき乗

関係の合成では結合則が成り立つが, 関係のべき乗の定義より関係のべき乗の合成ではさらに次の性質が成り立つ.

定理 3.2 (関係のべき乗の合成の性質)
任意の集合 A 上の任意の関係 R と任意の自然数 $n \in N$ に対し，$R^n \circ R^0 = R^0 \circ R^n = R^n$ である． □

定理 3.3 (関係のべき乗の合成の交換則)
任意の集合 A 上の任意の関係 R と任意の自然数 $n, m \in N$ に対し，$R^n \circ R^m = R^m \circ R^n$ である． □

集合 A 上の関係 R に対し R^1 と R^2 と和集合 $R^1 \cup R^2$ は A 上の関係となる．一般に R のべき乗の和集合は A 上の関係となる．R のべき乗の和集合である 2 つの A 上の関係 R^+ と R^* を次のように定義する．R^+ は R の推移的閉包 (transitive closure) と呼ばれ，R^* は R の反射的推移的閉包 (reflective transitive closure) と呼ばれるが，その理由は次節で明らかになる．

【定義 3.5 (推移的閉包，反射的推移的閉包)】 集合 A 上の関係 R に対し，A 上の関係 R^+ と R^* を

$$R^+ = \bigcup_{n \in \mathbf{N} \setminus \{0\}} R^n = R^1 \cup R^2 \cup R^3 \cup \cdots$$
$$R^* = \bigcup_{n \in \mathbf{N}} R^n = R^0 \cup R^1 \cup R^2 \cup R^3 \cup \cdots$$

とする．

【例 3.6】 集合 $A = \{0, 1, 2, 3\}$ 上の関係 R を $R = \{(0, 2), (1, 2), (2, 3)\}$ とする．このとき $R^+ = \{(0, 2), (0, 3), (1, 2), (1, 3), (2, 3)\}$ であり，$R^* = R^0 \cup R^+$ である (図 3.4 参照)． ■

【例 3.7】 自然数 $\mathbf{N}$ 上の関係 $\succ_1$ を $\succ_1 = \{(n, m) \mid n = m + 1\}$ と定義する．$n \succ_1 m$ であるとき，n は m より 1 だけ大きい．すなわち，自然数 $\mathbf{N}$ 上の関係 $\succ_1$ は「1 だけ大きい」という関係である．このとき

$$\succ_1^+ = \{(n, m) \mid n > m\}$$

であり，

$$\succ_1^* = \{(n, m) \mid n \geq m\}$$

(a) 関係 R^+ (b) 関係 R^*

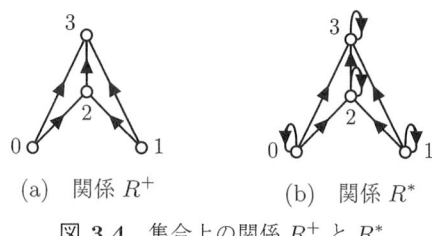

図 **3.4** 集合上の関係 R^+ と R^*

である．すなわち，$\succ_1^+$ は「より大きい」という関係 $>$ となり，$\succ_1^*$ は「より大きいか等しい」という関係 $\geqq$ となる．■

3.3 様々な関係

様々な場面で集合上の関係が定義される．この節では集合上の関係を類別する基本概念を導入する．

3.3.1 反射律，対称律，反対称律，推移律

まず集合上の関係に対して定義される代表的な性質について定義する．

(1) 反 射 律

集合上の関係は集合内の要素の間に関係が成り立つかどうかを定義するが，任意の要素に対してその要素との間で常に関係が成り立つような関係を定義できる．そのような集合上の関係は**反射的** (reflective) であると呼ばれる．また，反射的である関係は**反射律** (reflectivity) を満たすともいわれる．

【定義 3.6 (反射)】 任意の集合 A 上の任意の関係 R は，任意の $a \in A$ に対し，$R(a,a)$ であるとき，反射的であると呼ばれる．

【例 3.8】 集合上の関係 R に対し R^0 は反射的である．定義 3.4 より，任意の $a \in A$ に対し $R^0(a,a)$ である．■

集合 A 上の反射律を満たす関係 R では，任意の $a \in A$ に対し必ず $R(a,a)$ となるが，もちろん異なる $a, b \in A$ に対し $R(a,b)$ となってもよい．

（2） 対 称 律

集合上の関係で，ある要素 a と b の間に関係が成り立つときは，b と a の間にも必ず関係が成り立つような関係を定義できる．そのような集合上の関係は**対称的** (symmetric) であると呼ばれる．また，対称的である関係は**対称律** (symmetry) を満たすともいわれる．

【定義 3.7 (対称)】 任意の集合 A 上の任意の関係 R は，任意の $a, b \in A$ に対し，$R(a, b)$ であるならば $R(b, a)$ であるとき，対称的であると呼ばれる．

【例 3.9】 知人関係は対称的である．A 氏が B 氏の知人であれば B 氏は A 氏の知人である． ■

集合 A 上の対称律を満たす関係 R では，任意の $a, b \in A$ に対し，$R(a, b)$ ならば $R(b, a)$ であり，かつ $R(b, a)$ ならば $R(a, b)$ であるので，$R(a, b)$ と $R(b, a)$ の両方が成り立つか，もしくは，両方が成り立たないのいずれかとなる．

（3） 反 対 称 律

集合上の関係で，対称的な関係とは逆に，異なる要素 a と b の間に関係が成り立つときは，b と a の間には関係が成り立たないような関係を定義できる．そのような集合上の関係は**反対称的** (anti-symmetric) であると呼ばれる．また，反対称的である関係は**反対称律** (anti-symmetry) を満たすともいわれる．

【定義 3.8 (反対称)】 任意の集合 A 上の任意の関係 R は，任意の $a, b \in A$ に対し，$R(a, b)$ でありかつ $R(b, a)$ であるならば $a = b$ であるとき，反対称的であると呼ばれる．

【例 3.10】 集合族上の「部分集合である」という関係である包含関係 $\subseteq$ は反対称的である．集合 A と B に対し，$A \subseteq B$ でありかつ $B \subseteq A$ であるならば，6 ページの定義 1.5 より $A = B$ となる． ■

集合 A 上の反対称律を満たす関係 R では，任意の $a \in A$ に対し，$R(a, a)$ は成り立っても $R(a, a)$ は成り立たなくてもよい．異なる $a, b \in A$ に対しては，

$R(a,b)$ か $R(b,a)$ のいずれか一方が成り立つか,もしくは,どちらも成り立たない.

（4） 推　移　律

集合上の関係で,要素 a と b の間に関係が成り立ち,さらに要素 b と c の間に関係が成り立つとき,a と c の間にも必ず関係が成り立つような関係を定義できる.そのような集合上の関係は**推移的** (transitive) であると呼ばれる.また,推移的である関係は**推移律** (transitivity) を満たすともいわれる.

【定義 3.9 (推移)】　任意の集合 A 上の任意の関係 R は,任意の $a, b, c \in A$ に対し,$R(a,b)$ でありかつ $R(b,c)$ であるならば $R(a,c)$ であるとき,推移的であると呼ばれる.

【例 3.11】　実数 **R** 上の「より小さい」という関係 < は推移的である.$x < y$ であり $y < z$ であれば $x < z$ となる. ■

推移律を満たす関係 R においても,任意の $a, b \in A$ に対し,$R(a,b)$ と $R(b,a)$ のどちらも成り立たないことがある.

（5） 閉　　　　包

ここで,集合上の関係が,先に定義したような性質を持つかどうか考えよう.集合上の関係 R がある性質を持たないとき,R にいくつか順序対を追加することでその性質を持つ関係を定義できることがある.関係 R に最も少ない順序対を追加して得られる性質 $\mathcal{P}$ を持つ関係を R の **$\mathcal{P}$-閉包** ($\mathcal{P}$-closure) という.

【定義 3.10 (閉包)】　任意の関係 R に対し,R を部分集合として含み,かつある性質 $\mathcal{P}$ を持つ最小の関係を R の $\mathcal{P}$-閉包と呼ぶ.

関係 S が関係 R の $\mathcal{P}$-閉包であるとき $R \subseteq S$ であり,S は性質 $\mathcal{P}$ を持つが,R を含む S のすべての真部分集合 S' ($R \subseteq S' \subset S$) が性質 $\mathcal{P}$ を持たない.

ここでは,まず,推移的であるという性質を持つ最小の関係である推移的閉包に関する定理を示す.

定理 3.4 (推移的閉包)

任意の集合 A 上の任意の関係 R に対し，R^+ は R の推移的閉包である．

証明 まず，R^+ は推移律を満たすことを示す．任意の $(a,b) \in R^+$ と $(b,c) \in R^+$ に対し，正の自然数 n と m が存在し $(a,b) \in R^n$ であり $(b,c) \in R^m$ である．したがって，$(a,c) \in R^m \circ R^n = R^{n+m} \subseteq R^+$ である．すなわち，R^+ は推移律を満たす．次に，R を含む R^+ の任意の真部分集合 S' を考える ($R \subseteq S' \subset R^+$)．このとき，$R^+$ には含まれるが S' に含まれない要素が存在する．そのような要素の中で，n が最小である R^n に属する要素を $(a,c) \notin S'$ とする．このとき，任意の R^m ($m<n$) の要素は S' に含まれる．また，$R \subseteq S'$ より $n>1$ であり $R^n = R \circ R^{n-1}$ であるので，$(a,b) \in R^{n-1}$ かつ $(b,c) \in R$ を満たす b が存在する．すなわち，$(a,b) \in S'$ かつ $(b,c) \in S'$ であるが，仮定より $(a,c) \notin S'$ であり，S' は推移律を満たさない．したがって，R^+ は推移的という性質を持つ R を含む最小の関係，すなわち，R の推移的閉包である． □

同様に反射的であり推移的であるという性質を持つ最小の関係である反射的推移的閉包に関する定理を証明することができる．

定理 3.5 (反射的推移的閉包)

任意の集合 A 上の任意の関係 R に対し，R^* は R の反射的推移的閉包である． □

この定理の証明を演習問題 3.5 とする．関係 R は反射的であるとき R^0 を部分集合として持つ．また，推移的であるとき R^+ を部分集合として持つ．したがって，R^* は R を含み反射的であり推移的であるという性質を持つ最小の関係となる．

関係の推移的閉包は，友達の友達はまた友達，というように関係の連鎖を追い，すべての関係者を集める．例えば，親子関係の推移的閉包は先祖関係になる．推移的閉包には自分自身が関係者として含まれるとは限らないが，反射的推移的閉包には自分自身も関係者として含まれる．

3.3.2 同値関係と同値類

等号「=」の一般化であり，特に重要な関係の 1 つである同値関係 $\equiv$ について説明する．

（1）同 値 関 係

集合上の関係は前節で定義した 4 つの性質のうち以下の 3 つの性質を満たすとき**同値関係** (equivalence relation) と呼ばれる．関係が $\equiv$ と表記されたとき，

その関係は同値関係であることを意味している．

【定義 3.11 (同値関係)】 任意の集合 A 上の任意の関係 $\equiv$ は，任意の $a, b, c \in A$ に対し

- $a \equiv a$ （反射律，reflexivity）
- $a \equiv b$ ならば $b \equiv a$ （対称律，symmetry）
- $a \equiv b$ かつ $b \equiv c$ ならば $a \equiv c$ （推移律，transitivity）

を満たすとき，同値関係と呼ばれる．

【例 3.12】 自然数 $\mathbf{N}$ 上の関係 $\sim_n$ $(n \geq 1)$ を

$$\sim_n = \{(i, j) \mid i = j \pmod{n}\}$$

とする．ただし，$i = j \pmod{n}$ は i を n で割った余りと j を n で割った余りが等しいことを表す．このとき，関係 $\sim_n$ は同値関係である．関係 $\sim_n$ は「n で割った余りが等しい」という関係である．関係 $\sim_n$ が同値関係であることを示す．まず，任意の $a \in \mathbf{N}$ に対し，明らかに「a を n で割った余り」と「a を n で割った余り」は等しいので，$a \sim_n a$ であり関係 $\sim_n$ は反射律を満たす．また，任意の $a, b \in \mathbf{N}$ に対し，$a \sim_n b$ ならば，「a を n で割った余り」と「b を n で割った余り」は等しいので，「b を n で割った余り」と「a を n で割った余り」は等しいため $b \sim_n a$ であり，関係 $\sim_n$ は対称律を満たす．さらに，任意の $a, b, c \in \mathbf{N}$ に対し，$a \sim_n b$ かつ $b \sim_n c$ ならば，「a を n で割った余り」と「b を n で割った余り」は等しく，「b を n で割った余り」と「c を n で割った余り」は等しいため，「a を n で割った余り」と「c を n で割った余り」はやはり等しい．すなわち，$a \sim_n c$ であり，関係 $\sim_n$ は推移律を満たす．したがって，関係 $\sim_n$ は，反射律，対称律，推移律を満たすので同値関係である． ■

集合上の関係の反射的推移的閉包は反射律と推移律を満たす関係であったが，同値関係はさらに対称律を満たす関係である．

ここでは代表的な同値関係の 1 つを紹介する．45 ページの定義 2.11 では集合 A と B の間に全単射が存在するとき，A と B は同型であると呼ばれると定義したが，この 2 つの集合が同型であるという概念は集合族上の関係であり同

値関係である．

定理 3.6 (同型関係)

任意の集合族上の同型関係 $\cong$ は同値関係である．

証明 任意の集合 A に対し，41 ページの定理 2.13 より恒等写像 i_A が存在し，i_A は集合 A 上の全単射である．したがって，$A \cong A$ であるので，同型関係 $\cong$ は反射律を満たす．また，任意の集合 A と B に対し，$A \cong B$ であるとき，A から B への全単射 f が存在する．このとき，42 ページの定理 2.16 より，f の逆写像 f^{-1} は B から A への全単射であり，$B \cong A$ となる．すなわち，$A \cong B$ であるとき $B \cong A$ であり，同型関係 $\cong$ は対称律を満たす．さらに，任意の集合 A, B, C に対し，$A \cong B$ であり $B \cong C$ であるとき，A から B への全単射 f および B から C への全単射 g が存在する．このとき A から C への写像 $g \circ f$ が定義できる．39 ページの系 2.1 より，$g \circ f$ は全単射であるので，$A \cong C$ であり，同型関係 $\cong$ は推移律を満たす．したがって，同型関係 $\cong$ は反射律, 対称律, 推移律を満たすので同値関係である． □

同値関係 $\equiv$ は等号 $=$ の一般化である．等号 $=$ は，普通，実数や自然数など数が等しいことを表し，$2 + 3 = 5$ などと用いられる．一方，同値関係 $\equiv$ では反射律が成り立つので $a \equiv a$ などとなるが，異なる a と b に対しても $a \equiv b$ と定義されることもある．等号関係 $=$ が成り立つのは自分自身だけであるが，同値関係 $\equiv$ が成り立つのは自分自身だけとは限らず，異なる要素であってもある性質に関して「等しい」という関係を持つ要素の間に成り立つのである．集合族上の同型関係 $\cong$ は全単射が存在する集合の間に成り立ち，それらは集合は同一視できる集合であったことを思い出して欲しい．同じように 2 つの要素が同値関係にあるとき，2 つの要素は必ずしも等しくはないが，その関係に関しては同一視できる要素であると考えることができる．

（2）同 値 類

集合上の同値関係を用いることで，ある性質に関して「等しい」という関係を持つ要素からなる**同値類** (equivalence class) と呼ばれる新たな集合を作り出すことができる．

【**定義 3.12** (同値類)】 任意の集合 A 上の任意の同値関係 $\equiv$ と任意の $a \in A$ に対し，$a \equiv b$ であるすべての b からなる集合を，同値関係 $\equiv$ による a の同値類と呼び $[a]_\equiv$ と表す．

3.3 様々な関係

【例 3.13】 例 3.12 で定義した自然数 $\mathbf{N}$ 上の同値関係 $\sim_2$ の 0 の同値類 $[0]_{\sim_2}$ は $[0]_{\sim_2} = \{0, 2, 4, \ldots\}$ である．また，1 の同値類 $[1]_{\sim_2}$ は $[1]_{\sim_2} = \{1, 3, 5, \ldots\}$ である．さらに

$$[0]_{\sim_2} = [2]_{\sim_2} = [4]_{\sim_2} = \cdots = \mathbf{E}$$
$$[1]_{\sim_2} = [3]_{\sim_2} = [5]_{\sim_2} = \cdots = \mathbf{O}$$

である． ■

集合 A 上の同値関係 $\equiv$ と $a \in A$ に対し，$[a]_\equiv = \{b \in A \mid a \equiv b\}$ である．また，a は同値類 $[a]_\equiv$ の**代表元** (representative) と呼ばれる．以後，同値関係 $\equiv$ が文脈から明らかな場合には a の同値類を単に $[a]$ と記す．同値類は次のような性質を持っている．

定理 3.7 (同値類の性質)

任意の集合 A 上の任意の同値関係と任意の $a, a' \in A$ に対し，$[a] = [a']$ または $[a] \cap [a'] = \emptyset$ である．

証明 A 上の同値関係を $\equiv$ とする．$[a]$ と $[a']$ に共通の要素がなければ定理を満たすので，$[a]$ と $[a']$ に共通の要素が存在するとき，$[a] = [a']$ であることを示す．共通の要素を $b \in [a] \cap [a']$ とする．このとき，任意の $c \in [a]$ は $[a']$ に属することを示す．$b \in [a] \cap [a']$ より，$a \equiv b$ かつ $a' \equiv b$ である．$a \equiv b$ と対称律より，$b \equiv a$ となる．$a' \equiv b$ と $b \equiv a$ と推移律より，$a' \equiv a$ となる．$c \in [a]$ より，$a \equiv c$ である．$a' \equiv a$ と $a \equiv c$ と推移律より，$a' \equiv c$ となり，$c \in [a']$ となる．したがって，$[a] \subseteq [a']$ となる．同様に任意の $c' \in [a']$ は $[a]$ に属することを示すことができ，$[a'] \subseteq [a]$ となる．したがって，6 ページの定義 1.5 より $[a] = [a']$ である． □

定理 3.7 の証明では反射律を用いていない．これは関係が同値関係でなくとも，対称律と推移律を満たせば定理 3.7 は成立することを意味する．では，同値関係において反射律の果たす役割は何であろうか．

対称律と推移律を満たすが，反射律を満たさない集合 A 上の関係 R について，任意の $a \in A$ に対して集合 $[a]' = \{b \mid R(a, b)\}$ を定義しよう．また，ある $a \in A$ に対しては反射律を満たさない，すなわち，$(a, a) \notin R$ であるとする．すると，定義より $a \notin [a]'$ である．では $a \in [b]'$ となるような $b \in A$ は存在するだろうか．存在すると仮定すると，$R(b, a)$ であり，対称律を満たすことから $R(a, b)$ である．さらに，推移律を満たすことから $R(a, a)$ となり矛盾する．したがって，a はどの集合にも属さないことになる．しかし，関係が同値関係で

あれば，任意の $a \in A$ に対して反射律を満たすため，同値類 $[a]$ の代表元 a は $[a]$ に属する．

この考察と定理 3.7 を合わせると，集合上の同値関係により，集合は同値類からなる集合族に分割されることがわかる．

定理 3.8 (同値類による分割)
　任意の集合 A 上の任意の同値関係により，A は異なる同値類に分割される．
□

集合 A が A 上の同値関係によって異なる同値類 $[a_0], [a_1], \ldots, [a_{n-1}]$ に分割されるとき，$A' = \{a_0, a_1, \ldots, a_{n-1}\}$ とすると，A' は A の部分集合で
- $A = \bigcup_{a_i \in A'} [a_i]$ かつ
- 任意の異なる $a_i, a_j \in A'$ に対し $[a_i] \cap [a_j] = \emptyset$

となる．すなわち，$\{[a_0], [a_1], \ldots, [a_{n-1}]\}$ は A の分割である．

【例 3.14】　例 3.12 で定義した自然数 $\mathbf{N}$ 上の同値関係 $\sim_2$ による同値類は偶数 $\mathbf{E}$ と奇数 $\mathbf{O}$ であり，$\mathbf{N}$ は $\mathbf{E}$ と $\mathbf{O}$ に分割される．

集合上の同値関係により集合は異なる同値類に分割されるが，逆に，集合の分割により同値関係を定義することもできる．集合 A の $A_0, A_1, \ldots, A_{n-1}$ への分割が与えられたとしよう．このとき，A 上の関係 R を
$$R = \{(a,b) \mid \text{ある } i \in \mathbf{N}_n \text{ に対し } a \in A_i \text{ かつ } b \in A_i \text{ である}\}$$
と定義すると，R は A 上の同値関係となる．また，このように定義された R による異なる同値類への分割は $A_0, A_1, \ldots, A_{n-1}$ となる．

【例 3.15】　偶数 $\mathbf{E}$ と奇数 $\mathbf{O}$ を異なる同値類とする $\mathbf{N}$ 上の同値関係は例 3.12 で定義した自然数 $\mathbf{N}$ 上の同値関係 $\sim_2$ と等しい．

ある同値類に属する要素は共通の性質を持っており，代表元で代表させることができる．そこで，**商集合** (quotient set) をすべての同値類からなる集合族と定義する．

【定義 3.13 (商集合)】　任意の集合 A 上の任意の同値関係 $\equiv$ に対し，$\equiv$ による A の同値類からなる集合を，A の $\equiv$ による商集合と呼び $A_{/\equiv}$ と表す．

3.3 様々な関係 67

【例 3.16】 例 3.12 で定義した自然数 $\mathbf{N}$ 上の同値関係 $\sim_2$ の商集合 $\mathbf{N}_{/\sim_2}$ は $\mathbf{N}_{/\sim_2} = \{\mathbf{E}, \mathbf{O}\}$ である. ∎

集合 A 上の同値関係 $\equiv$ に対し, $A_{/\equiv} = \{[a] \mid a \in A\}$ である. 任意の $a, b \in A$ に対し, $a \equiv b$ ならば $[a] = [b]$ であり, $\{[a], [b]\} = \{[a]\}$ となることに注意しよう.

$a \in A$ をその同値類 $[a]$ に対応させる集合 A から商集合 $A_{/\equiv}$ への写像は全射であり, **標準的な全射** (canonical surjection) と呼ばれる.

商集合を用いる例として, 自然数の直積集合上の同値関係による商集合と整数の集合が同型であることを示そう.

【例 3.17】 $\mathbf{N} \times \mathbf{N}$ 上の関係 $\sim$ を
$$\sim = \{((n, m), (n', m')) \mid n - m = n' - m'\}$$
と定義する. すなわち, 自然数の順序対は差が等しいとき関係 $\sim$ にあるとする. 関係 $\sim$ は, 反射律, 対称律, 推移律を満たすので同値関係であり同値類 $[(n, m)]$ が定義できる. 同値類 $[(n, m)]$ は差が $n - m$ と等しい自然数の順序対 (n', m') からなる無限集合である. $\mathbf{N} \times \mathbf{N}$ 上の同値関係 $\sim$ による商集合 $\mathbf{N} \times \mathbf{N}_{/\sim}$ から整数 $\mathbf{Z}$ への写像 f を
$$f : [(n, m)] \longmapsto n - m$$
とする. このとき f は全単射であり $\mathbf{N} \times \mathbf{N}_{/\sim}$ は $\mathbf{Z}$ と同型である. すなわち, $\mathbf{N} \times \mathbf{N}_{/\sim}$ と $\mathbf{Z}$ は同一視できるのである. ∎

──── コーヒーブレイク ────

例 3.17 では $\mathbf{N} \times \mathbf{N}$ 上の同値関係 $\sim$ による商集合 $\mathbf{N} \times \mathbf{N}_{/\sim}$ が整数 $\mathbf{Z}$ と同型であり, $\mathbf{Z}$ と $\mathbf{N} \times \mathbf{N}_{/\sim}$ は同一視できることを示した. ここではさらに $\mathbf{Z}$ 上で用いられる加算や減算などの演算が, $\mathbf{N}$ 上の加算を使って定義できることを示そう.

$\mathbf{N} \times \mathbf{N}$ 上の同値関係 $\sim$ による同値類 $[(n_1, m_1)]$ と $[(n_2, m_2)]$ に対し, 加算と減算をそれぞれ
$$[(n_1, m_1)] + [(n_2, m_2)] = [(n_1 + n_2, m_1 + m_2)]$$
$$[(n_1, m_1)] - [(n_2, m_2)] = [(n_1 + m_2, m_1 + n_2)]$$
と定義する. この定義における $n_1 + n_2$ などの $+$ は $\mathbf{N}$ 上の加算である. 注意しなければならないのは, 同じ同値類に対する加算や減算の結果が代表元の取り方によらず, 一意に定まらなければならないことである. つまり, 加算ならば任意の $(n'_1, m'_1) \in [(n_1, m_1)]$ 及び $(n'_2, m'_2) \in [(n_2, m_2)]$

に対し，$[(n_1+n_2, m_1+m_2)] = [(n'_1+n'_2, m'_1+m'_2)]$ が成立することを確認する必要がある．この定義では代表元の取り方によらず結果が一意に定まっている．すなわち，商集合 $\mathbf{N} \times \mathbf{N}/_\sim$ 上の加算と減算が，$\mathbf{N}$ 上の加算を使って定義されているのである．これは $\mathbf{N} \times \mathbf{N}/_\sim$ と $\mathbf{Z}$ は同型であるので，$\mathbf{Z}$ 上の加算と減算が $\mathbf{N}$ 上の加算を使って定義されたことを意味する．

同値類を考えることにより，加算が定義された自然数 $\mathbf{N}$ の体系から加算と減算の両方を持つ整数 $\mathbf{Z}$ の体系を構成することができた．同じく適切に工夫された同値類を考えることにより，$\mathbf{Z}$ から有理数 $\mathbf{Q}$ の体系，$\mathbf{Q}$ から実数 $\mathbf{R}$ の体系を構築できる．

3.3.3 順序関係と整列

同値関係と同様に，代表的な関係である**順序関係** (order) について説明しよう．第 7 章で説明する数学的帰納法においては自然数の順序関係が利用されるなど，順序関係は数学ひいてはコンピュータサイエンスにとって身近な存在である．

（1） 半順序関係

順序関係の基礎となる**半順序関係** (partial order) について定義する．

【定義 3.14 (半順序関係)】 任意の集合 A 上の任意の関係 $\preceq$ は，任意の $a, b, c \in A$ に対し

- $a \preceq a$ （反射律，reflexivity）
- $a \preceq b$ かつ $b \preceq a$ ならば $a = b$ （反対称律，anti-symmetry）
- $a \preceq b$ かつ $b \preceq c$ ならば $a \preceq c$ （推移律，transitivity）

を満たすとき，半順序関係と呼ばれる．

【例 3.18】 すべての正の自然数からなる集合を $\mathbf{N}^+$ とすると，$\mathbf{N}^+$ 上の「割り切る」という因数関係は半順序関係である．「i は j を割り切る」を $i \mid j$ と表記することとする．任意の自然数 $i \in \mathbf{N}^+$ に対し，i は i を割り切るので $i \mid i$ であり因数関係 $\mid$ は反射律を満たす．任意の自然数 $i, j \in \mathbf{N}^+$ に対し，$i \mid j$ であるとき，ある自然数 a に対して $j = ai$ となる．したがって，$i \mid j$ であり $j \mid i$ であるとき，ある自然数 a と a' に対し $j = ai$ となり $i = a'j$ となる．このとき，$j = ai = aa'j$ であり，$a = a' = 1$ であることがわかる．すなわち，$i = j$ であ

り因数関係 | は反対称律を満たす．さらに，$i \mid j$ であり $j \mid k$ であるとき，ある自然数 a と a' に対し $j = ai$ となり $k = a'j$ となる．したがって，$k = a'j = a'ai$ となり，i は k を割り切るので $i \mid k$ であり，因数関係 | は推移律を満たす．したがって，因数関係 | は，反射律，反対称律，推移律を満たすので半順序関係である． ■

【例 3.19】 集合族上の「部分集合である」という関係である包含関係 $\subseteq$ は半順序関係である．任意の集合 A に対し，6 ページの定理 1.2 より $A \subseteq A$ であり，関係 $\subseteq$ は反射律を満たす．また，60 ページの例 3.10 で示したように任意の集合 A と B に対し，$A \subseteq B$ でありかつ $B \subseteq A$ であるならば $A = B$ であり，関係 $\subseteq$ は反対称律を満たす．さらに，任意の集合 A, B, C に対し，$A \subseteq B$ かつ $B \subseteq C$ ならば，6 ページの定理 1.3 より $A \subseteq C$ であり，関係 $\subseteq$ は推移律を満たす．したがって，関係 $\subseteq$ は，反射律，反対称律，推移律を満たすので半順序関係である． ■

【例 3.20】 自然数 $\mathbf{N}$ 上の「より小さい」という関係 $<$ は半順序関係ではない．任意の自然数 i と j に対し，$i < j$ でありかつ $j < i$ であることはないため反対称律を満たし，$i < j$ でありかつ $j < k$ であれば $i < k$ であり推移律を満たすが，$i \not< i$ であり反射律を満たさない． ■

半順序関係は同値関係の対称律の代わりに，反対称律を満たす関係である．半順序関係は不等号「$\leq$」の一般化であり，2 つの要素の間に順序をつける．しかし，すべての要素の間に順序をつけるとは限らない．例えば，例 3.19 で示したとおり集合族上の包含関係 $\subseteq$ は半順序関係であるが，5 ページの例 1.7 で示したように $\{1,2\} \not\subseteq \{2,3\}$ であり $\{2,3\} \not\subseteq \{1,2\}$ である．

集合 A 上の半順序関係 $\preceq$ において，A の要素 a と b は，$a \preceq b$ であり a と b の間に $a \preceq x \preceq b$ となる a と b とは異なる要素 $x \in A$ が存在しないとき，a は b の**子** (child) と呼ばれ，b は a の**親** (parent) と呼ばれる．この A 上の半順序関係 $\preceq$ は親子関係を図示した**ハッセ図** (Hasse diagram) で表現できる．

【例 3.21】 集合 $\mathbf{N}_3 = \{0, 1, 2\}$ のべき集合 $2^{\mathbf{N}_3}$ 上の包含関係 $\subseteq$ を表すハッセ図を図 3.5 に示す． ■

（2） 全順序関係

集合 A 上の半順序関係 $\preceq$ を考えよう．このとき，任意の $a, b \in A$ に対し，$a \preceq b$ もしくは $b \preceq a$ が成立するとき，半順序関係 $\preceq$ によって a と b は**比較可**

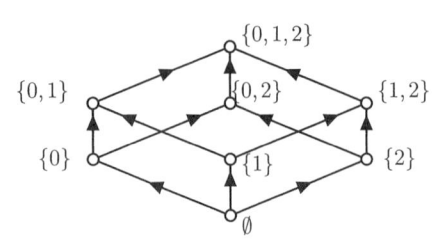

図 3.5 包含関係 ⊆ のハッセ図

能 (comparable) であるという．任意の 2 つの要素が比較可能である半順序関係を**全順序関係** (total order) と呼ぶ．全順序関係は**線形順序関係** (linear order) とも呼ばれる．

【定義 3.15 (全順序関係)】 任意の集合 A 上の任意の半順序関係 $\preceq$ は，任意の $a, b \in A$ に対し，$a \preceq b$ であるかまたは $b \preceq a$ であるとき，全順序関係と呼ばれる．

【例 3.22】 自然数 $\mathbf{N}$ 上の「より小さいか等しい」という関係 $\leq$ は，反射律，反対称律，推移律を満たすため半順序関係であり，また，任意の 2 つの要素が比較可能であるので全順序関係である． ■

【例 3.23】 集合族上の「部分集合である」という関係である包含関係 ⊆ は例 3.19 で示したとおり半順序関係であるが，全順序関係ではない．たとえば，$\{1, 2\} \not\subseteq \{2, 3\}$ であり $\{2, 3\} \not\subseteq \{1, 2\}$ である． ■

（3） 整　列

半順序関係 $\preceq$ が定義されている集合 A を**半順序集合** (partially ordered set) と呼び $(A, \preceq)$ と表記する．半順序集合 $(A, \preceq)$ において，任意の要素 $a, b \in A$ は，$a \preceq b$ でありかつ $a \neq b$ であるとき，「a は b より小さい (b は a より大きい)」と順序付けられる．このとき，A は $\preceq$ により順序付けられたと呼ばれる．また，$\preceq$ が全順序関係であるとき，$(A, \preceq)$ を**全順序集合** (totally ordered set) と呼ぶ．全順序集合は，**線形順序集合** (linearly ordered set) あるいは**鎖** (chain) とも呼ばれる．

半順序集合 $(A, \preceq)$ を考える．このとき，A の部分集合 B に対し，要素 $a_0 \in B$ は，a_0 と比較可能な a_0 より小さい要素が B に存在しないとき，B で**極小** (minimal) であると呼ばれる．このとき，a_0 を $\preceq$ による B の極小元と呼ぶ．また，a_0 が B のどの要素とも比較可能であって，a_0 より小さい要素が B に存在しないとき，B で**最小** (minimum) であると呼ばれる．このとき，a_0 を $\preceq$ による B の最小元と呼ぶ．A の空でない任意の部分集合が $\preceq$ による最小元を持つとき，A は $\preceq$ に関して**整列** (well-ordered) していると呼ばれる．集合 A が半順序関係 $\preceq$ に関して整列しているとき，A の任意の 2 つの要素からなる集合も最小元を持つ．したがって，A の任意の 2 つの要素は比較可能であり，$\preceq$ は全順序関係であることがわかる．

【**例 3.24**】 自然数 $\mathbf{N}$ は全順序関係 $\leq$ に関して整列しているが，全順序関係 $\geq$ に関して整列していない．整数 $\mathbf{Z}$ は $\leq$ に関しても $\geq$ に関しても整列していない． ∎

根本的な疑問として，任意の集合を整列させられるかという疑問が湧く．ここでは証明はしないが，すべての集合は整列させられることが知られている．これを集合の整列可能性と言う．

――――― コーヒーブレイク ―――――

半順序関係 $\preceq$ により順序付けられた集合を A とする．このとき A の部分集合 B に対し，B の $\preceq$ による極小元は複数あるかもしれないが，$\preceq$ による最小元は存在するとすれば唯一である．また，$\preceq$ が全順序関係ならば極小元と最小元は等しい．極小と最小の定義において，「小さい」を「大きい」に，「極小」を「極大」に，「最小」を「最大」に入れ換えることにより**極大** (maximal) と**最大** (maximum) が定義されるが，極大元と最大元についても同様である．順序付けられた集合に極小元や最小元が存在するとは限らない．関係 $\leq$ により順序付けられた自然数 $\mathbf{N}$ には最小元 0 が存在するが，関係 $\leq$ により順序付けられた整数 $\mathbf{Z}$ にも，実数 $\mathbf{R}$ にも最小元は存在しない．もちろん，集合に極小元や最小元が存在するかは順序付けを与える順序関係に依存する．例えば，$\mathbf{N}$ を関係 $\geq$ によって順序付けると，$\mathbf{N}$ には最大元 0 が存在するが最小元は存在しない．

演習問題

3.1 自然数 $\mathbf{N}$ 上の関係 R を「3 で割った余りが等しい」とし関係 S を「より小さい」とする．

(a) 合成関係 $S \circ R$ はどのような関係か述べよ．

(b) 合成関係 $R \circ S$ はどのような関係か述べよ．

3.2 $R = \{(a,b),(b,d),(c,b),(d,e)\}$ を集合 $A = \{a,b,c,d,e\}$ 上の関係 $R : A \to A$ とする．以下の関係を要素を列挙する方法で示せ．また，それぞれの関係が同値関係，半順序関係，全順序関係であるか否か示せ．

 (a) R^0 (b) R^2 (c) R^3

 (d) R^4 (e) R^+ (f) R^*

3.3 自然数 $\mathbf{N}$ 上の関係 R を $R = \{(n,m) \mid |n-m| = 3\}$ とする．関係 R^* はどのような関係となるか述べよ．

3.4 関係の合成において結合則が満たされることを示せ (定理 3.1 を証明せよ)．

3.5 集合上の任意の関係 R に対して，R^* が反射的推移的閉包であることを示せ (定理 3.5 を証明せよ)．

3.6 集合上の任意の関係 R に対して，$S = \{R^i \mid i \in \mathbf{N}\}$ と関係の合成演算 $\circ$ からなる 2 つ組 $(S, \circ)$ が可換単位半群であることを示せ．

3.7 集合 A 上の置換の集合 P と写像の合成演算 $\circ$ からなる 2 つ組 $(P, \circ)$ が置換群であるとする．このとき A 上の関係 $\sim_\mathrm{P}$ を

$$\sim_\mathrm{P} = \{(a,b) \mid a, b \in A, \pi(a) = b \text{ となる置換} \pi \in P \text{ が存在する}\}$$

とする．$\sim_\mathrm{P}$ が同値関係であることを示せ．

3.8 自然数 $\mathbf{N}$ 上の関数全体からなる集合を S とする．任意の $f, g \in S$ に対して，$\mathbf{N}$ 内の有限個の要素を除き $f(n) = g(n)$ が成立するとき，$f \sim_\mathrm{F} g$ とする $(n \in \mathbf{N})$．

 (a) S 上の関係 $\sim_\mathrm{F}$ が同値関係であることを示せ．

 (b) S 上の関係 $\sim_\mathrm{F}$ による f の同値類を $[f]$ とする．また，$\mathbf{N}$ 内の有限個の要素を除き $f(n) \leq g(n)$ が成立するとき，$[f] \preceq_\mathrm{F} [g]$ と定義する $(n \in \mathbf{N})$．商集合 $S/_{\sim_\mathrm{F}}$ 上の関係 $\preceq_\mathrm{F}$ が半順序関係であることを示せ．

4 無限

クロネッカー (Leopold Kronecker, 1823-1891) は「自然数は神が与えたものであり，その他は人の業である」と言った．数学は多種多様な集合を扱うが，最も根本的な集合は自然数 $\mathbf{N}$ であろう．また，数の使い方には，重量が 10kg とか温度が 23 度など「量」を表す場合と，成績が 1 番，2 番，など「順序」を表す場合の 2 通りがある．我々が日常使う数はどちらも有限であり，比喩的に「無限の彼方」などと言う程度である．しかし，集合論を用いると量も順序も無限まで拡大できる．コンピュータサイエンスの世界は無限という考えと無縁であると思われるかもしれない．しかし，プログラムの作り方を間違えると，ループを延々と繰り返し，実行が永遠に終らないなど，コンピュータサイエンスは無限と隣合わせである．以下では，集合の同型の概念に基づき無限集合を定義し，また，集合論における最も重要な概念の 1 つであり，数の無限への一般化である濃度を導入するとともに，自然数 $\mathbf{N}$ と他の集合との関係を明らかにする．

4.1 無限集合

すべての自然数からなる集合 $\mathbf{N}$ は明らかに無限集合であり，$\{0,1,2\}$ などは有限集合である．無限集合と有限集合の違いはどこにあるのだろうか．$\mathbf{N}$ と同じく偶数 $\mathbf{E}$ も無限集合である．無限集合と有限集合の違いは $\mathbf{N}$ と $\mathbf{E}$ が共通して持ち，$\{0,1,2\}$ が持たない性質に反映されているだろう．そのような性質を集合とそのある真部分集合との関係に着目して探してみよう．

自然数 $\mathbf{N}$ に対し，$\mathbf{N}$ の真部分集合である $\mathbf{N}'$ を次のように定義する．

$$\mathbf{N}' = \mathbf{N} \setminus \{0\} = \{1, 2, \ldots\}$$

このとき $\mathbf{N}$ から $\mathbf{N}'$ への全単射 $f : n \longmapsto n+1$ が存在する．同様に，偶数 $\mathbf{E}$

から $\mathbf{E}$ のある真部分集合 $\mathbf{E}'$ への全単射が存在する．集合から集合への全単射が存在するとき，その 2 つの集合は 45 ページの定義 2.11 において，同型であると定義された．すなわち，$\mathbf{N}$ とその真部分集合 $\mathbf{N}'$ は同型であり，$\mathbf{E}$ とその真部分集合 $\mathbf{E}'$ は同型である．一方，2 つの有限集合の間に全単射が存在するのは 40 ページの系 2.3 よりその集合の要素数が等しい場合である．したがって，有限集合 A の真部分集合 A' の要素数は A の要素数よりも必ず小さいので，A から A' への全単射は存在しない．すなわち，A とその真部分集合 A' は同型ではない．そこで**無限集合** (infinite set) を次のように定義する．

【定義 4.1 (無限集合)】 任意の集合はそのある真部分集合と同型であるとき無限集合と呼ばれる．

【例 4.1】 実数 $\mathbf{R}$ は無限集合である．実数 $\mathbf{R}$ からその真部分集合である開区間 $(0,1) = \{x \in \mathbf{R} \mid 0 < x < 1\}$ への全単射

$$f : x \longmapsto \frac{1}{1 + e^{-x}}$$

が存在する．$\mathbf{R}$ はその真部分集合である開区間 $(0,1)$ と同型である． ■

集合 A は $A \cong A'$ でありかつ $A' \subset A$ である集合 A' が存在するとき無限集合と定義された．当然，この定義によっても $\mathbf{N}$ と $\mathbf{E}$ は無限集合と定義される．集合が無限集合でなければ**有限集合** (finite set) と呼ぶ．

【定義 4.2 (有限集合)】 任意の集合は無限集合でないとき有限集合と呼ばれる．

本書が与える無限集合の定義は，我々の直観的な無限集合の定義とは異なる．しかしそれら定義は互いに矛盾しないことが次の例題から明らかになる．

【例題 4.1】 ある真部分集合と同型である集合の要素には限りがないことを示せ．

【解答】 集合 A がそのある真部分集合と同型であるとする．このとき，45 ページの定義 2.11 より A からその真部分集合への全単射 f が存在し，その真部分集

合は f による A の像 $f(A)$ と一致する (図 4.1 参照). ここで, 集合 A と A の像 $f(A)$ の差集合を A_0 とすると, $A_0 = A \setminus f(A)$ であり, A_0 は仮定より空ではない. また, A_0 の f による像 $f(A_0)$ は

$$f(A_0) = f(A \setminus f(A)) = f(A) \setminus f(f(A))$$

であるので空でなく, A_0 と互いに素であることが分かる. 同様に $f(A_0)$ の f による像 $f(f(A_0))$ は

$$f(f(A_0)) = f(f(A)) \setminus f(f(f(A)))$$

であるので空でなく, $f(A_0)$, A_0 と互いに素であることが分かる. これを繰り返すと空でなくかつ互いに素である集合の系列

$$A_0, f(A_0), f(f(A_0)), \ldots$$

が得られる. この系列中の各集合は少なくとも 1 つの要素を含んでいるのでそれら集合から要素を 1 つずつ選ぶことができる. それら選んだ要素はすべて A の要素で互いに異なるので A の要素には限りがないことがわかる. □

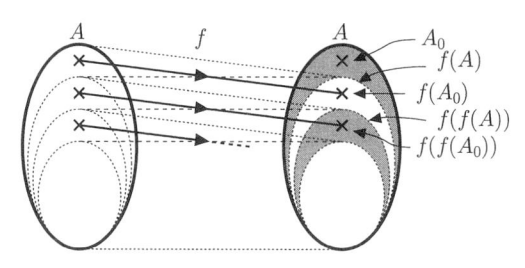

図 **4.1** 集合 A からその真部分集合への全単射 $f : A \to f(A)$

4.2 集合の濃度

有限集合と無限集合の違いを明らかにしたところで, 集合の要素数について改めて考えよう. 一般に有限集合の要素数はすべて自然数で表せる[1]. それでは無限集合の要素数はどのように表したらよいであろうか. 我々は無限を表す記号として ∞ を知っているので, 無限集合の要素数を単に ∞ と定義することも可能である. しかし, 集合論では有限集合の要素数やその大小関係の持つ性

---

[1] 無限集合でない集合を有限集合と定義したのでこのことは自明ではない.

質に着目し，無限集合の要素数やその大小関係を議論する．

40ページの系 2.3 では有限集合 A と B の要素数が等しいとき，A から B への全単射が存在することを示した．このとき 45 ページの定義 2.11 により A と B は同型と呼ばれる．そこで要素数の概念を無限にまで拡張した概念を集合族上の同型関係 $\cong$ を用いて定義する．

集合族上の同型関係 $\cong$ は 64 ページの定理 3.6 で示したように同値関係である．したがって，集合族に対して関係 $\cong$ による同値類を考えることができる．この同値類が**濃度** (cardinality) と呼ばれる要素数を無限にまで拡張した概念である．

【定義 4.3 (濃度)】 集合族上の同型関係 $\cong$ による同値類を濃度と呼び，集合 A の濃度 $[A]_\cong$ を $|A|$ と表す．

集合族上の同型関係 $\cong$ による集合 A の同値類には A と同型である集合族に含まれるすべての集合が含まれる．すなわち，A の濃度は A と同型関係にある集合からなる集合である．理解が難しい概念ではあるが，集合族に含まれる集合が同型関係にある集合からなる同値類に分割されることが重要である．

有限集合の集合族 $\mathcal{F}$ 上の同型関係 $\cong$ による商集合 $\mathcal{F}_{/\cong}$ から自然数 $\mathbf{N}$ への写像を $f : |\mathbf{N}_i| \longmapsto i$ とする．このとき $f(|\mathbf{N}_0|) = f(|\{\}|) = 0$, $f(|\mathbf{N}_3|) = f(|\{0, 1, 2\}|) = 3$ などとなる．もちろん，濃度の表現は代表元によらず，例えば，$\{3, 5, 7\} \cong \mathbf{N}_3$ であるので，$f(|\{3, 5, 7\}|) = 3$ でもある．このとき，有限集合 A の濃度 $|A|$ は f により A の要素数と等しい自然数に対応することがわかる．また，要素数が異なる集合の濃度は異なる自然数に対応し，任意の自然数 i に対して対応する集合 $\mathbf{N}_i$ が存在するため，f は全単射であることがわかる．したがって，$\mathcal{F}_{/\cong}$ と $\mathbf{N}$ は同型であり同一視できる．f は有限集合 A の濃度 $|A|$ を A の要素数に対応させており，この対応により，有限集合においてはその濃度はその集合の要素数と同一視できるのである．第 1 章では有限集合 A の要素数を $|A|$ と表記したが，これは有限集合においてその集合に含まれる要素の数を濃度と同一視できるからであったのである．濃度は有限集合の要素数を無限集合にまで一般化した概念であるといえる．無限集合の濃度を無限の濃度，有限集合の濃度を有限の濃度と言う．

それでは無限集合の濃度について考えよう．有限集合である 5 未満の自然数 $\mathbf{N}_5$ と 5 未満の偶数 $\mathbf{E}_5$ は同型ではない．また，$\mathbf{E}_5 \subset \mathbf{N}_5$ であり，36 ページの定理 2.7 より $|\mathbf{E}_5| < |\mathbf{N}_5|$ となる．しかし，無限集合である自然数 $\mathbf{N}$ と偶数 $\mathbf{E}$ は $\mathbf{E} \subset \mathbf{N}$ であるが，それらの濃度は等しいのである．

定理 4.1 (自然数と偶数の濃度)

$$|\mathbf{N}| = |\mathbf{E}|$$

証明 $\mathbf{N}$ から $\mathbf{E}$ への全単射 $f : n \longmapsto 2n$ が存在するので定義 2.11 より $\mathbf{N} \cong \mathbf{E}$ である．したがって，定義 4.3 より $|\mathbf{N}| = |\mathbf{E}|$ となる． □

この定理は有限集合の性質を良く知っている我々の直観には反するが，有限集合と無限集合の性質の違いの 1 つである．

それでは濃度の大小について考えよう．有限集合においては集合 A から集合 B に単射があるとき $|A| \leq |B|$ であることを，36 ページの定理 2.8 で示した．この性質を用いて濃度の大小を定義する．

【定義 4.4 (濃度の大小)】
任意の集合 A と B に対し，A から B に単射があるとき $|A| \preceq_\mathrm{c} |B|$ と定義し，A は B より濃度が低いと呼び，B は A より濃度が高いと呼ぶ．

この定義は濃度の代表元の取り方によらない．すなわち，$|A| \preceq_\mathrm{c} |B|$ であるならば，$A \cong A'$ である集合 A' から $B \cong B'$ である集合 B' へ単射が存在し $|A'| \preceq_\mathrm{c} |B'|$ となる (演習問題 4.1 参照)．また，集合 A から集合 B に全射があるとき，45 ページの定理 2.22 より集合 B から集合 A に単射が存在するので $|B| \preceq_\mathrm{c} |A|$ となる．

定理 4.2 (濃度の性質)
集合の濃度上の関係 $\preceq_\mathrm{c}$ は半順序関係である．

証明 任意の集合 A に対して，41 ページの定理 2.13 より A から A には全単射が存在するため，$|A| \preceq_\mathrm{c} |A|$ である．したがって，関係 $\preceq_\mathrm{c}$ は反射律を満たす．任意の集合 A と B に対して，$|A| \preceq_\mathrm{c} |B|$ かつ $|B| \preceq_\mathrm{c} |A|$ ならば，47 ページの定理 2.23 より A から B には全単射が存在する．したがって，45 ページの定義 2.11 より $A \cong B$ である．また，濃度の定義より $|A| = |B|$ となる．したがって，関係 $\preceq_\mathrm{c}$ は反対称律を満たす．任意の集合 A, B, C に対して，$|A| \preceq_\mathrm{c} |B|$

かつ $|B| \preceq_C |C|$ ならば，35 ページの定理 2.3 より A から C に単射が存在し，$|A| \preceq_C |C|$ となる．したがって，関係 $\preceq_C$ は推移律を満たす．関係 $\preceq_C$ は反射律，反対称律，推移律を満たすので，半順序関係である． □

関係 $\preceq_C$ は半順序関係であるが，さらに任意の 2 つの濃度が関係 $\preceq_C$ によって比較可能であることが知られている．すなわち，関係 $\preceq_C$ は全順序関係であることが知られている．また，有限集合に対して濃度を低い順に書き並べると，対応させた自然数は $0 \preceq_C 1 \preceq_C 2 \preceq_C \cdots$ と小さい順に整列することになる．これは自然数の上の全順序関係 $\leq$ と一致するので，以降，集合が有限集合であろうが無限集合であろうが，$|A| \preceq_C |B|$ を $|A| \leq |B|$ と表現することとする．また，$|A| \leq |B|$ かつ $|A| \neq |B|$ のとき $|A| < |B|$ と表現する．

ここで集合とその部分集合の濃度について考えよう．36 ページの定理 2.6 では，任意の有限集合に対し，その部分集合の要素数は元の集合の要素数以下であることを述べた．このことは無限集合に対しても拡張することができる．

定理 4.3 (部分集合と要素数)

任意の集合 A と B に対し，$A \subseteq B$ であるとき $|A| \leq |B|$ である．

証明 36 ページの定理 2.5 より，A から B への単射が存在する．したがって，定義 4.4 より，$|A| \leq |B|$ となる． □

一方，定理 2.7 では，有限集合の真部分集合の要素数は元の集合の要素数とは異なることを述べたが，このことは無限集合に対しては必ずしも成り立たないことに注意しなければならない．例えば，定理 4.1 で示したとおり，$\mathbf{N} \subset \mathbf{E}$ であるが $|\mathbf{N}| = |\mathbf{E}|$ であるからである．

4.3 可算と非可算

有限集合の濃度は無限に存在するが，無限集合の濃度は唯一なのか，有限なのか，それとも無限に存在するのであろうか．まず，自然数 $\mathbf{N}$ の濃度について考えよう．自然数 $\mathbf{N}$ と同型である無限集合は $\mathbf{N}$ との間に全単射が存在するので，その全単射によりすべての要素に自然数で順序を付けられる．したがって，自然数 n が割り当てられた要素を全単射により特定することができる．また，永遠に終わることはないが，その順序にしたがって要素を書き並べることができる．したがって，そのような集合は数えられる集合である．そこで自然数 $\mathbf{N}$ の濃度を**可算無限** (countably infinite) と呼ぶ．

【定義 4.5 (可算無限)】 自然数 $\mathbf{N}$ の濃度を**可算無限** (countably infinite) と呼び $\aleph_0$ で表す.

自然数の濃度 $\aleph_0$ はアレフゼロと読む. 可算無限 $\aleph_0$ はどの無限の濃度より大きくはない最小の無限の濃度である. すなわち, どのような無限集合も自然数 $\mathbf{N}$ を部分集合として含むのである.

定理 4.4 (可算無限)

可算無限 $\aleph_0$ は最小の無限の濃度である.

証明 任意の無限集合 S に対して $\aleph_0 \leq |S|$ であることを示す. まず, S の要素を順に書き並べることを考える. 言い換えれば, まだ順序が付けられていない S の要素に 0 から順に自然数の順序を与える. S は無限集合であるので, 定義 4.1 より S は S と同型である真部分集合を持ち, 例題 4.1 で示したようにその要素には限りがない. したがって, 任意の自然数 n に対してまだ順序が割り当てられていない S の要素が存在するので, そのような要素の 1 つに n を順序として割り当てることができる. このようにして S の要素に順序を与えたとき, 任意の自然数に対してその順序を持つ S の要素が存在し, 異なる自然数は S の異なる要素に順序として与えられている. 順序が付けられていない S の要素は存在するかもしれないが, この順序付けは自然数 $\mathbf{N}$ から S への単射を与える. したがって, 定義 4.4 より $\aleph_0 = |\mathbf{N}| \leq |S|$ である. すなわち, $\aleph_0$ はどの無限の濃度より大きくないことがわかる. □

可算無限 $\aleph_0$ と有限の濃度を合わせて**高々可算**と呼び, 高々可算でない濃度は**非可算** (uncountable) と呼ぶ. また, 濃度が $\aleph_0$ である集合を**可算無限集合** (countably infinite set) と呼び, 濃度が高々可算である集合を**可算集合** (countable set) と呼び, 濃度が非可算である集合を**非可算集合** (uncountable set) と呼ぶ. 可算集合はすべての要素を順に書き並べることができる集合であり, 非可算集合はすべての要素を順に書き並べることができない集合である.

それでは非可算集合は存在するのであろうか. 例えば, 自然数 $\mathbf{N}$ の直積 $\mathbf{N} \times \mathbf{N}$ は非可算集合だろうか. $\mathbf{N}$ から $\mathbf{N} \times \mathbf{N}$ への単射は

$$f : n \longmapsto (n, 0)$$

など, その存在は簡単に示すことができる. さらに $\mathbf{N} \times \mathbf{N}$ から $\mathbf{N}$ への単射も

$$g : (i, j) \longmapsto \frac{(i+j)(i+j+1)}{2} + i$$

が存在する．したがって，47 ページの定理 2.23 より $\mathbf{N}$ と $\mathbf{N} \times \mathbf{N}$ の間には全単射が存在する．実際，写像 g は $\mathbf{N} \times \mathbf{N}$ から $\mathbf{N}$ への全単射である．したがって，$\mathbf{N} \times \mathbf{N}$ は $\mathbf{N}$ と同型であり可算集合であることがわかる．同様に $\mathbf{N} \times \mathbf{N} \times \mathbf{N}$ なども $\mathbf{N}$ と同型であり可算集合である．

このような例から考えると非可算集合など存在しないようにも思われるが，非可算集合の存在がカントールの**対角線論法** (diagonalization) により証明されている．実数 $\mathbf{R}$ の濃度は可算無限より真に高く，すべての実数を書き並べることはできないのである．

定理 4.5 (非可算)

$$|\mathbf{N}| < |\mathbf{R}|$$

証明 明らかに $\mathbf{N}$ から $\mathbf{R}$ への単射があるので $|\mathbf{N}| \leqq |\mathbf{R}|$ が成立する．したがって，$|\mathbf{R}| \leqq |\mathbf{N}|$ ではないことを示せばよいが，これは定義 4.4 より $\mathbf{R}$ から $\mathbf{N}$ への単射が存在しないことを示せばよい．$\mathbf{R}$ から $\mathbf{N}$ への単射が存在しないことを示すためには，45 ページの定理 2.22 より $\mathbf{N}$ から $\mathbf{R}$ への全射が存在しないこと示せばよい．そのため $\mathbf{N}$ から $\mathbf{R}$ への全射が存在すると仮定して矛盾を導く．

$\mathbf{N}$ から $\mathbf{R}$ への全射 f' が存在すると仮定する．また，$\mathbf{R}$ と開区間 $(0,1)$ は例 4.1 で示したとおり同型であり $\mathbf{R}$ から開区間 $(0,1)$ への全射 f'' が存在する．したがって，$\mathbf{N}$ から開区間 $(0,1)$ への合成写像 $f = f'' \circ f'$ が定義でき，37 ページの定理 2.9 より f は全射となる．我々はこの f の存在から矛盾を導く．

実数は 0 から 9 までの自然数 $\mathbf{N}_{10}$ と小数点を表す「.」をアルファベット集合とする無限の長さの記号列として表記される．これを実数の **10 進小数表示** (decimal fractional representation) と呼ぶ．この 10 進小数表示では，実数は必ずしも唯一の記号列で表されるとは限らず，$0.11000\cdots$ のようにある桁からずっと 0 が続く場合には $0.10999\cdots$ とも表示できるなど，ある実数には 2 通りの表示法が存在することがある．ここでは実数に 2 通りの表示法がある場合には 0 が続く表示形式を採用することで，すべての実数が唯一の 10 進小数表示を持つようにする．この表示法を **10 進小数一意表示** (canonical decimal fractional representation) と呼ぶ．この 10 進小数一意表示ではある桁からずっと 9 が続くことはない．また，$0.00000\cdots$ は開区間 $(0,1)$ に含まれず，$0.99999\cdots$ の 10 進小数表示は $1.00000\cdots$ であり，こちらも開区間 $(0,1)$ には含まれない．

ここで任意の自然数 n に対して，$f(n)$ の 10 進小数一意表示を

$$f(n) = 0.m_0^{(n)} m_1^{(n)} m_2^{(n)} \cdots m_i^{(n)} \cdots$$

とする．ただし，任意の自然数 $i \in \mathbf{N}$ に対して，$m_i^{(n)}$ は f によって定められ

る n 番目の実数の小数点以下 $i+1$ 桁目の数であり，$m_i^{(n)} \in \mathbf{N}_{10}$ である．次に $f(n)$ を表 4.1 のように並べる．

表 4.1　区間 $(0,1)$ に属する実数の 10 進小数一意表示の列挙

$$
\begin{array}{rcl}
f(0) & = & 0.m_0^{(0)} m_1^{(0)} m_2^{(0)} \cdots m_i^{(0)} \cdots \\
f(1) & = & 0.m_0^{(1)} m_1^{(1)} m_2^{(1)} \cdots m_i^{(1)} \cdots \\
f(2) & = & 0.m_0^{(2)} m_1^{(2)} m_2^{(2)} \cdots m_i^{(2)} \cdots \\
& \vdots & \\
f(i) & = & 0.m_0^{(i)} m_1^{(i)} m_2^{(i)} \cdots m_i^{(i)} \cdots \\
& \vdots & \\
\end{array}
$$

この表 4.1 の対角線上の数字 $m_i^{(i)}$ $(i \in \mathbf{N})$ に注目して，以下のように k_i を定める．

$$
k_i = \begin{cases} 1 & (m_i^{(i)} = 2 \text{ の場合}) \\ 2 & (\text{その他}) \end{cases}
$$

このようにすると

$$
x' = \sum_{i=0}^{\infty} k_i \cdot 10^{-(i+1)}
$$

は区間 $(0,1)$ に属する実数である．また，

$0.k_0 k_1 k_2 \cdots k_i \cdots$

はある桁からずっと 9 が続くことはない x の 10 進小数一意表示である．したがって，f が全射であることより，$f(n) = x'$ となる自然数 n が存在する．このとき，x' の小数点 $n+1$ 桁目は $m_n^{(n)}$ であり，それは k_n と一致しなければならない．しかし，k_i の作り方から，すべての自然数 i について，$k_i \neq m_i^{(i)}$ が成立しており，矛盾が生じる．ゆえに $\mathbf{N}$ から区間 $(0,1)$ への全射はない．したがって $\mathbf{N}$ から $\mathbf{R}$ への全射は存在せず，$\mathbf{R}$ から $\mathbf{N}$ への単射は存在しない．　　□

集合の整列可能性より実数 $\mathbf{R}$ もある全順序関係に関して整列させることはできる．しかし，この定理により実数の濃度は非可算である，すなわち，すべての実数に自然数で順序を付け，その順序にしたがって実数を書き並べることはできないことが分かるのである．それではどの程度の非可算であるのであろうか．

定理 4.6 (実数の濃度)

$$|\mathbf{R}| = |2^{\mathbf{N}}|$$

証明 $\mathbf{R}$ は区間 $[0,1) = \{x \mid 0 \leqq x < 1, x \in \mathbf{R}\}$ と同型である (演習問題 4.7 参照). したがって, $|[0,1)| = |2^{\mathbf{N}}|$ を示すことができれば, $|\mathbf{R}| = |2^{\mathbf{N}}|$ が証明できる. そこで $|[0,1)| \leqq |2^{\mathbf{N}}|$ であり, $|2^{\mathbf{N}}| \leqq |[0,1)|$ であることを示すために, 区間 $[0,1)$ から $2^{\mathbf{N}}$ への単射が存在すること, また, $2^{\mathbf{N}}$ から区間 $[0,1)$ への単射が存在することを示す.

最初に区間 $[0,1)$ から $2^{\mathbf{N}}$ への単射が存在することを示す. まず, 定理 4.5 の証明で導入した 10 進小数一意表示を真似て, 区間 $[0,1)$ の 2 進小数一意表示を導入し, 実数 $x \in [0,1)$ の 2 進小数一意表示を $0.m_0 m_1 m_2 \cdots m_i \cdots$ とする. ただし, 任意の自然数 $i \in \mathbf{N}$ に対して $m_i \in \mathbf{N}_2$ である. この x の 2 進小数一意表示に対し, 集合 $S_x = \{i \mid m_i = 1\}$ を定義する. このとき S_x は $\mathbf{N}$ の部分集合であり $2^{\mathbf{N}}$ の要素である. また, 異なる実数 x は異なる集合 S_x に対応する. したがって, この対応 $x \longmapsto S_x$ は区間 $[0,1)$ から $2^{\mathbf{N}}$ への単射となる.

次に, $2^{\mathbf{N}}$ から $[0,1)$ への単射が存在することを示す. 任意の $\mathbf{N}$ の部分集合 A に対して, 実数 x を以下のように定義する.

$$k_i = \begin{cases} 1 & (i \in A \text{ の場合}) \\ 0 & (\text{その他}) \end{cases}$$

$$x = \sum_{i=0}^{\infty} k_i \cdot 10^{-(i+1)}$$

このとき $x \in [0,1)$ であり, 異なる $\mathbf{N}$ の部分集合 A は異なる実数 x に対応する. したがって, この対応 $A \longmapsto x$ は $2^{\mathbf{N}}$ から $[0,1)$ への単射となる. □

定理 4.5 で $|\mathbf{N}| < |\mathbf{R}|$ を示したので, 定理 4.6 と合わせて $|\mathbf{N}| < |2^{\mathbf{N}}|$ となる. これは偶然ではなく一般的に成立することである. すなわち, ある集合の濃度はその集合のべき集合の濃度よりも真に小さいのである.

定理 4.7 (べき集合の濃度)

任意の集合 A に対して, $|A| < |2^A|$ が成立する.

証明 写像 $f : a \longmapsto \{a\}$ は A から 2^A への単射であるので, $|A| \leqq |2^A|$ である. 2^A から A への単射が存在しないことを示す. 2^A から A への単射が存在しないことを示すためには, 45 ページの定理 2.22 より A から 2^A への全射が存在しないことを示せばよい. そのため A から 2^A への全射が存在すると仮定して矛盾を導く.

A から 2^A への全射 g が存在すると仮定する．このとき，A の要素 a の像 $g(a)$ は A の部分集合となるが，像に自分自身が含まれない A の要素からなる集合を X とする．すなわち，$X = \{a \mid a \notin g(a)\}$ とする．X は A の部分集合であり g は全射であるため，$g(a') = X$ となる $a' \in A$ が存在する．このとき，$a' \in X$ ならば X の定義により $a' \notin X$ でなければならない．一方，$a' \notin X$ ならば同じく X の定義により $a' \in X$ でなければならない．これはどちらにしても矛盾する．したがって，A から 2^A への全射は存在しない．したがって，2^A から A への単射が存在しないことがわかる． □

この定理により，無限は多種多様であって，可算無限より高い濃度がいくらでも，それこそ無限個あることが分かる．

コーヒーブレイク

自然数 **N** と実数 **R** は代表的な可算集合と非可算集合である．自然数と実数の関係はデジタルとアナログの関係であり，離散と連続の関係でもある．実数は連続体とも呼ばれる．**N** と **R** の濃度は異なり **R** の濃度は **N** の濃度より真に大きいことを定理 4.5 で示したが，**N** の濃度より真に大きく **R** の濃度より真に小さい濃度を持つ集合は存在するのであろうか．この疑問に対して，カントールはそのような集合は存在しないと予想した．この予想は**連続体仮説** (continuum hypothesis) と呼ばれる．この連続体仮説は現在の数学では証明することもできず，否定することもできないことが知られている．また，無限集合の濃度はそのべき集合の濃度よりも真に小さいことを定理 4.7 で示したが，その間の濃度を持つ無限集合は存在しないという**一般連続体仮説** (generalized continuum hypothesis) も同様に証明することも否定することもできないことが知られている．

演習問題

4.1 任意の集合 A と B に対し，A から B に単射があるとき，A と同型である集合から B と同型である集合へ単射が存在することを示せ (77 ページの定義 4.4 参照)．

4.2 有理数の集合 **Q** の濃度が可算無限であることを示せ．

4.3 実数の濃度が非可算無限であることを示した定理 4.5 の対角線論法による証明と同様の方法で，有理数の集合 **Q** の濃度が非可算無限であることを証明できない理由を説明せよ．

4.4 (a) 互いに素な有限個の有限集合の和集合の濃度は有限であることを示せ．
    (b) 互いに素な可算無限個の可算無限集合の和集合の濃度は可算無限であることを示せ．
    (c) 互いに素な有限個の非可算集合の和集合の濃度は非可算であることを示せ．

4.5 任意の可算無限集合について答えよ．

(a) 互いに素な有限個 (2 個以上) の可算無限集合に分割できることを示せ．
(b) 互いに素な可算無限個の有限集合に分割できることを示せ．
(c) 互いに素な可算無限個の可算無限集合に分割できることを示せ．

4.6 実数の集合 **R** について答えよ．
(a) 互いに素な可算無限個の非可算集合に分割できることを示せ．
(b) 互いに素な非可算個の可算無限集合に分割できることを示せ．

4.7 実数の集合 **R** と区間 $[0,1) = \{x \mid 0 \leq x < 1\}$ は同型であることを示せ (82 ページの定理 4.6 の証明).

4.8 次の集合が可算集合でないことを示せ．
(a) **N** から **N** への関数全体の集合．
(b) **N** から **N** への部分関数全体の集合．
(c) **N** から $\{0,1\}$ への関数全体の集合．
(d) **N** から **N** への単調増加関数全体の集合．
(任意の要素 f は $f(0) \leq f(1) \leq \cdots \leq f(n) \leq f(n+1) \leq \cdots$ を満たす)

5

論 理

　数学的議論の中では，議論は定義された用語と記法に基づき論理的に進められる．本節では数学的議論に欠かせない論理の基本事項を学ぶ．

5.1 命題論理

　我々が普段使っている言葉使いの中の論理的な表現に関わる部分を取り出し洗練することで論理の世界が発展した．本節では命題論理を直観的に説明する．命題論理は論理回路と呼ばれる回路により物理的に実現可能な論理であり，コンピュータの設計・構築の基礎となるものである．

5.1.1 命題の定義

　命題論理 (propositional logic) は，命題 (proposition) を基本とし，命題を形式的に扱う論理体系である．命題とは**真** (true) か**偽** (false) であることが判断できる文である．

【定義 5.1 (命題)】　命題は真であるか偽であるか判断できる文である．

【例 5.1】　「くじら」は命題ではない．「くじらは哺乳類か」のような疑問文も真であるか偽であるか判断できない文であり命題ではない．　■

【例 5.2】　「くじらは哺乳類である」は命題であり，これは真である．　■

【例 5.3】　「日本の首都は札幌である」は命題である．この命題は未来のある時点で真となるかもしれないが，現在は偽である．　■

【例 5.4】　「x は 2 である」は命題である．x がどのようなものか明らかでないので，この命題の真偽を定めることはできない．この命題の真偽は x の値に

よって定まる．x が $1+1$ であればこの命題は真であり，x が 3 であればこの命題は偽である．

5.1.2　命題の同一性と必要十分条件

2つの命題 α と β に対して，α が真であるときは常に β は真であるとしよう．このとき α と β は「α が真であるならば β は真である」という関係にある．この命題の間に定義される関係を**含意** (implication) と呼ぶ．また，このとき，α を含意の**先件** (antecedant) と呼び，β を含意の**後件** (consequence) と呼ぶ．

【**定義 5.2 (含意)**】　任意の命題 α と β に対して，α が真であるならば β は真であるとき $\alpha \Rightarrow \beta$ と表現する．また，$\beta \Leftarrow \alpha$ とも表現する．

【**例 5.5**】　命題「x は 2 である」と命題「x^2 は 4 である」をそれぞれ α と β とする．このとき α が真であるときは $x=2$ であるので，$x^2=4$ となり β は真となる．したがって，$\alpha \Rightarrow \beta$ である．

任意の命題 α と β に対して $\alpha \Rightarrow \beta$ であるとき，先件 α が真であるための条件を考えよう．α が真であれば β が真であるため，β が偽であることは α が偽であることを意味する．もちろん β が真であっても α が真であるとは限らない．したがって，α が真であるためには，β が真であることは必ずしも十分ではないが，β が真であることが必要である．そのため $\alpha \Rightarrow \beta$ であるとき，後件 β (が真であること) は先件 α (が真であるため) の**必要条件** (necessary condition) であるという．

同じく，$\alpha \Rightarrow \beta$ であるとき，後件 β が真となるための条件を考えよう．α が真であるならば β は真であるが，たとえ α が偽であっても β が真であることがある．すなわち，β が真であるためには，α が真であることは必ずしも必要ではないが，α が真であることは十分である．そのため $\alpha \Rightarrow \beta$ であるとき，先件 α (が真であること) は後件 β (が真であるため) の**十分条件** (sufficient condition) であるという．

【**例 5.6**】　例 5.5 で述べたとおり，命題「x は 2 である」と命題「x^2 は 4 である」をそれぞれ α と β とすると $\alpha \Rightarrow \beta$ である．β が偽であるとき $x^2 \neq 4$ であり $x \neq 2$ であるので α は偽となる．したがって，α が真であるためには，

β は真であることが必要であり, β(が真であること) は α(が真であるため) の必要条件となる. また, α が真であるとき $x = 2$ であり $x^2 = 4$ であるので β は真となるが, $x = -2$ で α が偽であるときも β は真となる. したがって, β が真であるためには, α は真であることは十分であり, α(が真であること) は β(が真であるため) の十分条件となる. ■

2つの命題 α と β に対して, α が真であるときは常に β は真であり, さらに α が真であるのは β が真であるときに限るとしよう. このとき α と β は「α が真であるとき, かつそのときに限り β は真である」という関係にある. この命題の間に定義される「かつそのときに限り」という関係は, 反射律, 対称律, 推移律を満たす同値関係であり, この命題の間に定義される関係を**同値** (equivalence) と呼ぶ.

【定義 5.3 (同値)】 任意の命題 α と β に対して, α が真である, かつそのときに限り β が真であるとき $\alpha \longleftrightarrow \beta$ と表現する.

関係 $\longleftrightarrow$ である命題の真偽値は常に一致する. そこで命題の同一性を次のように定義する.

【定義 5.4 (命題の同一性)】 任意の命題 α と β は, $\alpha \longleftrightarrow \beta$ であるとき**同値である** (equivalent) と呼ばれる.

2つの命題 α と β に対して, $\alpha \longleftrightarrow \beta$ であるとする. このとき α が真であるとき β は真であるので $\alpha \Rightarrow \beta$ である. また, β が真であるとき α は真であるので $\beta \Rightarrow \alpha$ である. したがって, α は β の必要条件であり, また, 十分条件である. そのため, α(が真であること) は β(が真であるため) の**必要十分条件** (necessary and sufficient condition) であるという. もちろん, β(が真であること) は α(が真であるため) の**必要十分条件**である.

【例 5.7】 命題 α が命題 β の必要十分条件であることは, α と β が同値であることと同値である. このことは

「命題 α は命題 β の必要十分条件である」$\longleftrightarrow (\alpha \longleftrightarrow \beta)$

と表現できる.

同値関係 $\iff$ である命題は同値である (等しい) ので, 命題を定義する場合に $\iff$ の左辺に定義する命題を書き, 右辺にその命題が真であるための必要十分条件を書くことも多い.

本書では, 既に2つの命題 α と β が等しいことをいくつか定理として示してきたが, その証明では $\alpha \Rightarrow \beta$ であることと, $\beta \Rightarrow \alpha$ であることを示したことを思い出して欲しい. これは $\alpha \Rightarrow \beta$ でありかつ $\beta \Rightarrow \alpha$ であるとき, $\alpha \iff \beta$ となるからである.

定理 5.1 (必要十分条件)

任意の命題 α と β に対し, $\alpha \iff \beta$ であるための必要十分条件は $\alpha \Rightarrow \beta$ でありかつ $\beta \Rightarrow \alpha$ であることである.

証明 先に述べたとおり, $\alpha \iff \beta$ であるとき, α が真であるとき β は真であるので $\alpha \Rightarrow \beta$ であり, β が真であるとき α は真であるので $\beta \Rightarrow \alpha$ である.

そこで $\alpha \Rightarrow \beta$ でありかつ $\beta \Rightarrow \alpha$ であるとき, $\alpha \iff \beta$ であることを示す. $\alpha \Rightarrow \beta$ でありかつ $\beta \Rightarrow \alpha$ であるとしよう. このとき $\alpha \Rightarrow \beta$ であるので α が真であるとき β は真となる. また α が偽であるとき β が真であるとすると, $\beta \Rightarrow \alpha$ であり β が真であるとき α は真であるので矛盾する. したがって, α が真であるときに限り β は真となる. したがって, $\alpha \iff \beta$ となる. □

命題の間に定義される同値であるという関係は同値関係であった. 含意関係は, 明らかに反射律, 推移律を満たすが, この定理から反対称律も満たすことがわかり, 半順序関係であることがわかる.

コーヒーブレイク

命題 α が命題 β の必要十分条件であることを英語ではしばしば「α if and only if β」と表現する. これは「α if β」と「α only if β」を合わせた表現である.「α if β」は「β(が真) ならば α(は真)」であり α は β の必要条件であることを意味する.「α only if β」は「α(が真) であるのは β(が真) に限る」すなわち「α(が真) ならば β(が真)」であり α は β の十分条件であることを意味する.

5.1.3 命題論理式と論理結合子

集合から集合を生成する演算により集合の世界が豊かになっていたが, 命題に対しても, 命題から命題を作る方法が豊富にあり, 論理の世界を豊かにして

いる．命題論理の世界では，命題を**命題論理式** (propositional formula) と呼ばれる式により表す．

(1) 命題論理式

命題を表す命題論理式は，基本的な命題を**命題変数** (propositional variable) とよばれる記号で表現し，それらを**論理結合子** (logical connectives) と呼ばれる記号により結合することで得られる．論理結合子は，日常語では「ではない」や「ならば」などの言葉に対応する．論理結合子は命題論理式を結合し新たな命題論理式を生成する．このとき命題変数も命題論理式と考える．

以下，本節では基本的な論理結合子を紹介する．

(2) 論理積 ($\wedge$)

2つの命題を日常語の「かつ」で結合すると新たな命題が得られる．2つの命題を結合してこのような命題を生成する論理結合子を**論理積** (and) と呼ぶ．論理積は**連言** (conjunction) とも呼ばれる．

【定義 5.5 (論理積)】 任意の命題 α と β に対し，命題 α と命題 β の論理積は $\alpha \wedge \beta$ と表される．

【例 5.8】 命題「くじらは哺乳類である」と命題「日本の首都は札幌である」をそれぞれ α と β とすると，$\alpha \wedge \beta$ は命題「くじらは哺乳類であり，かつ，日本の首都は札幌である」である．

(3) 論理和 ($\vee$)

2つの命題を日常語の「または」で結合すると新たな命題が得られる．2つの命題を結合してこのような命題を生成する論理結合子を**論理和** (or) と呼ぶ．論理和は**選言** (disjunction) とも呼ばれる．

【定義 5.6 (論理和)】 任意の命題 α と β に対し，命題 α と命題 β の論理和は $\alpha \vee \beta$ と表される．

【例 5.9】 命題「くじらは哺乳類である」と命題「日本の首都は札幌である」をそれぞれ α と β とすると，$\alpha \vee \beta$ は命題「くじらは哺乳類であるか，または，

日本の首都は札幌である」である．

(4) 否 定 (¬)

命題に日常語の「でない」を結合すると新たな命題が得られる．このような命題を生成する論理結合子を**否定** (not) と呼ぶ．

【定義 5.7 (否定)】 任意の命題 α に対し，命題 α の否定は $\neg\alpha$ と表される．

【例 5.10】 命題「くじらは哺乳類である」を α とすると，$\neg\alpha$ は命題「くじらは哺乳類ではない」である．

命題 α の否定は $\overline{\alpha}$ と表現されることもある．

(5) 含 意 (⇒)

2 つの命題を日常語の「ならば」で結合すると新たな命題が得られる．2 つの命題を結合してこのような命題を生成する論理結合子を**含意** (implication) と呼ぶ．

【定義 5.8 (含意)】 任意の命題 α と β に対し，命題 α と命題 β の含意は $\alpha \Rightarrow \beta$ と表される．また，$\beta \Leftarrow \alpha$ とも表される．

【例 5.11】 命題「くじらは哺乳類である」と命題「日本の首都は札幌である」をそれぞれ α と β とすると，$\alpha \Rightarrow \beta$ は命題「くじらが哺乳類ならば，日本の首都は札幌である」である．

86 ページの定義 5.2 では，先件 α が真であるならば後件 β は真であるという命題の間に定義される含意関係 ➡ を定義したが，新たな命題を生成する論理結合子としての含意 ⇒ では，例 5.11 のように必ずしも含意関係にない 2 つの命題を含意で結合して新たな命題を得ることもある．関係としての含意と論理結合子としての含意の違いに注意しよう．

(6) 同 値 (⇔)

2 つの命題を日常語の「かつ，そのときに限り」で結合すると新たな命題が得られる．2 つの命題を結合してこのような命題を生成する論理結合子を**同値** (equivalence) と呼ぶ．

【定義 5.9 (同値)】 任意の命題 α と β に対し，命題 α と命題 β の同値は $\alpha \Leftrightarrow \beta$ と表される．

【例 5.12】 命題「くじらは哺乳類である」と命題「日本の首都は札幌である」をそれぞれ α と β とすると，$\alpha \Leftrightarrow \beta$ は命題「くじらが哺乳類であるとき，かつそのときに限り，日本の首都は札幌である」である．∎

87 ページの定義 5.3 では命題の間の同値関係 $\longleftrightarrow$ が定義されたが，新たな命題を生成する論理結合子としての同値 $\Leftrightarrow$ では，含意と同様に必ずしも同値関係にない 2 つの命題を結合して新たな命題を得ることもある．関係としての同値と論理結合子としての同値の違いに注意しよう．

（7）ま と め

本節で紹介した論理結合子を表 5.1 にまとめる．

表 5.1 論理結合子

論理結合子	記法	対応する日常語
論理積 (連言)	$\alpha \wedge \beta$	α かつ β
論理和 (選言)	$\alpha \vee \beta$	α または β
否定	$\neg \alpha$	α でない
含意	$\alpha \Rightarrow \beta$	α ならば β
含意	$\alpha \Leftarrow \beta$	β ならば α
同値	$\alpha \Leftrightarrow \beta$	α かつそのときに限り β

一般の式と同様に，命題論理式では複数の論理結合子が用いられることがあり，結合の順序は括弧を用いて示される．しかし，論理結合子の結合力は $\neg$ が最も強く，$\vee$ と $\wedge$ が 2 番目で等しく，$\Rightarrow$, $\Leftarrow$, $\Leftrightarrow$ が最も弱いと定義されるため，結合の順序が明らかな場合には省略されることがある．

【例 5.13】 命題論理式 $(\neg \alpha) \Rightarrow (\beta \vee \gamma)$ は $\neg \alpha \Rightarrow \beta \vee \gamma$ と表すことができる．∎

5.2 命題の解釈と論理演算

いくつかの命題変数がいくつかの論理結合子で結合されることで様々な命題論理式ができるが，命題論理式の表す命題は真であるのであろうか，それとも偽であるのであろうか．

5.2.1 命題の解釈

命題が真であるのか偽であるのかを明らかにすることを命題を**解釈** (interpretation) するという．命題がとる真または偽の値を**真理値** (truth value) といい，真を true の頭文字をとって T で，偽を false の頭文字をとって F で表す．命題がとる真理値からなる集合 $\{T, F\}$ はブール集合 $\mathbf{B} = \{0, 1\}$ と同型である．そこで T を 1 に対応させ，F を 0 に対応させ表現することも多い．以下では，真理値 T を 1 に対応させ，F を 0 に対応させ表現する．

命題は命題変数や命題論理式で表現される．命題変数や命題論理式の真理値をそれらが表す命題の真理値とする．命題論理式の真理値は，命題論理式に含まれる命題変数の真理値に関わらず一意に定まる場合もあるが，命題変数が解釈される，すなわち，その真理値が明らかになれば定めることができる．したがって，命題論理式の真理値は，命題変数の真理値のブール関数として表すことができる．このとき，そのブール関数の定義域は命題変数の真理値の直積であり，値域は命題論理式の真理値である．このブール関数において論理結合子は演算子の役割を果たす．以下では論理結合子を演算子とみなした場合の論理結合子の働きについて説明する．

論理結合子は命題論理式を結合し新たな命題論理式を生成する．このとき新たに生成された命題論理式の真理値は，結合された命題論理式の真理値のブール関数となる．このブール関数は結合された命題論理式の真理値の組合せに対して生成された命題論理式の真理値を対応させた**真理値表** (truth table) により表すことができる．より複雑な命題論理式の真理値表は，論理結合子の真理値表を利用して作成することができ，命題変数の真理値が与えられれば命題論理式の真理値が明らかになる．

5.2.2 論理積 (∧)

命題 α と β が論理積により結合され得られた命題 $\alpha \wedge \beta$ の真理値は α の真

理値と β の真理値の組合せによって定まる．論理積に対応する演算 $\wedge$ は，α の真理値に対応するブール集合 $\{1,0\}$ と β の真理値に対応するブール集合 $\{1,0\}$ の直積から $\alpha \wedge \beta$ の真理値に対応するブール集合 $\{1,0\}$ への写像であるブール関数 $\wedge : \{1,0\}^2 \longrightarrow \{1,0\}$ である．命題 $\alpha \wedge \beta$ の真理値は，α と β の真理値が共に真であるとき真となり，それ以外の場合には偽となる．表 5.2 に論理積の真理値表を示す．

表 5.2 論理積の真理値表

α	β	$\alpha \wedge \beta$
0	0	0
0	1	0
1	0	0
1	1	1

【例 5.14】 命題「くじらは哺乳類である」と命題「日本の首都は札幌である」をそれぞれ α と β とすると，α は真であり β は偽であるので $\alpha \wedge \beta$ 「くじらは哺乳類であり，かつ，日本の首都は札幌である」は偽である． ■

論理積の定義から次の定理が成り立つ．これら定理が成り立つことは，命題変数の真偽のすべての組合せに対し，同値関係 $\Longleftrightarrow$ で結合されている左右の命題の真理値が常に一致することから確かめることができる．

定理 5.2 (論理積のべき等則)
　任意の命題 α に対し，$\alpha \wedge \alpha \Longleftrightarrow \alpha$ である．　　　□

定理 5.3 (論理積の交換則)
　任意の命題 α と β に対し，$\alpha \wedge \beta \Longleftrightarrow \beta \wedge \alpha$ である．　　　□

定理 5.4 (論理積の結合則)
　任意の命題 α, β, γ に対し，$(\alpha \wedge \beta) \wedge \gamma \Longleftrightarrow \alpha \wedge (\beta \wedge \gamma)$ である．　　　□

論理積演算では結合則が成り立つため，演算順序を表す括弧は省略することができる．したがって $(\alpha \wedge \beta) \wedge \gamma$ や $\alpha \wedge (\beta \wedge \gamma)$ は単に $\alpha \wedge \beta \wedge \gamma$ と表されるこ

とが多い. また, 2つの命題の論理積を一般化し, n 個の命題 $\alpha_0, \alpha_1, \ldots, \alpha_{n-1}$ ($n \geq 0$) の論理積を $\bigwedge_{i \in \mathbf{N}_n} \alpha_i$ と表す. すなわち

$$\bigwedge_{i \in \mathbf{N}_n} \alpha_i = \alpha_0 \wedge \alpha_1 \wedge \cdots \wedge \alpha_{n-1}$$

である.

5.2.3 論理和 ($\vee$)

命題 α と β が論理和により結合され得られた命題 $\alpha \vee \beta$ の真理値は α の真理値と β の真理値の組合せによって定まる. 論理和に対応する演算 $\vee$ は, 論理積と同様にブール集合の直積 $\{1,0\}^2$ からブール集合 $\{1,0\}$ への写像であるブール関数 $\vee : \{1,0\}^2 \longrightarrow \{1,0\}$ である. 命題 $\alpha \vee \beta$ の真理値は, α と β の真理値が共に偽であるとき偽となり, それ以外の場合には真となる. 表 5.3 に論理和 $\vee$ の真理値表を示す.

表 5.3 論理和 $\vee$ の真理値表

α	β	$\alpha \vee \beta$
0	0	0
0	1	1
1	0	1
1	1	1

【例 5.15】 命題「くじらは哺乳類である」と命題「日本の首都は札幌である」をそれぞれ α と β とすると, α は真であり β は偽であるので $\alpha \vee \beta$ 「くじらは哺乳類であるか, または, 日本の首都は札幌である」は真である. ■

論理和の定義より次の定理が明らかに成り立つ.

定理 5.5 (論理和のべき等則)

任意の命題 α に対し, $\alpha \vee \alpha \Longleftrightarrow \alpha$ である. □

定理 5.6 (論理和の交換則)

任意の命題 α と β に対し, $\alpha \vee \beta \Longleftrightarrow \beta \vee \alpha$ である. □

定理 5.7 (論理和の結合則)

任意の命題 α, β, γ に対し, $(\alpha \vee \beta) \vee \gamma \Longleftrightarrow \alpha \vee (\beta \vee \gamma)$ である. □

論理和においては結合則が成り立つため，結合の順序を表す括弧は省略することができる．したがって $(\alpha\lor\beta)\lor\gamma$ や $\alpha\lor(\beta\lor\gamma)$ は単に $\alpha\lor\beta\lor\gamma$ と表されることが多い．また，2 つの命題の論理和を一般化し，n 個の命題 $\alpha_0, \alpha_1, \ldots, \alpha_{n-1}$ $(n \geq 0)$ の論理和を $\bigvee_{i\in \mathbf{N}_n} \alpha_i$ と表す．すなわち

$$\bigvee_{i\in \mathbf{N}_n} \alpha_i = \alpha_0 \lor \alpha_1 \lor \cdots \lor \alpha_{n-1}$$

である．

――― コーヒーブレイク ―――

論理和 $\lor$ を日常語で表現すると「または」となるが，日常語の「α または β」には 2 つの用法があるので注意が必要である．1 つは α のこともある，β のこともある，そして両方のこともあるという意味で使う場合である．例えば，映画館で「帽子を被っている人またはマスクをしている人は入場禁止」と書いてあったら，帽子を被っている人，マスクをしている人，そして帽子を被りかつマスクをしている人も入場禁止である．他方は，α か β のどちらか一方を意味する場合である．例えば，喫茶店でケーキセットを頼むとき，「ケーキセットにはコーヒーまたは紅茶が付きます」と言われれば，普通コーヒーか紅茶の一方のみが付くことを意味している．前者のように両方の同時選択を許容する「または」を**非排他的論理和** (inclusive OR)，後者のように片方の選択肢しか許さない「または」を**排他的論理和** (exclusive OR) と呼ぶ．数学や論理学で用いる論理和 $\lor$ は日常語の「または」に対応させてはいるが，常に前者の非排他的論理和を意味することに注意しよう．

5.2.4 否定 ($\lnot$)

命題 α の否定により得られた命題 $\lnot\alpha$ の真理値は α の真理値によって定まる．否定に対応する演算 $\lnot$ は，α の真理値に対応するブール集合 $\{1, 0\}$ から $\lnot\alpha$ の真理値に対応するブール集合 $\{1, 0\}$ への写像であるブール関数 $\lnot : \{1, 0\} \longrightarrow \{1, 0\}$ である．命題 $\lnot\alpha$ の真理値は，α の真理値が真であるとき偽となり，偽であるとき真となる．表 5.4 に否定 $\lnot\alpha$ の真理値表を示す．

表 5.4 否定の真理値表

α	$\lnot\alpha$
0	1
1	0

【例 5.16】 命題「くじらは哺乳類である」を α とすると，α は真であり $\lnot\alpha$

「くじらは哺乳類ではない」は偽である．

否定の定義から明らかに次の定理が成り立つ．

定理 5.8 (否定の性質)
任意の命題 α に対し，$\neg(\neg\alpha) \Longleftrightarrow \alpha$ である．

否定は最も優先度の高い演算と定義されるので，否定が他の演算より先に適用されることを示す括弧は省略されることが多い．例えば，$(\neg\alpha)\vee\beta$ は $\neg\alpha\vee\beta$ と括弧を省略して表すことができる．しかし，$\neg(\alpha\vee\beta)$ の場合には括弧は省略できない．

5.2.5 含意 ($\Rightarrow$)

命題 α と β が含意により結合され得られた命題 $\alpha \Rightarrow \beta$ の真理値は α の真理値と β の真理値の組合せによって定まる．含意に対応する演算 $\Rightarrow$ は，ブール集合の直積 $\{1,0\}^2$ からブール集合 $\{1,0\}$ への写像であるブール関数 $\Rightarrow: \{1,0\}^2 \longrightarrow \{1,0\}$ である．命題 $\alpha \Rightarrow \beta$ の真理値は，α と β がともに真であるか，または，α が偽であるときに真となり，それ以外は偽となる．表 5.5 に含意の真理値表を示す．

表 5.5 含意の真理値表

α	β	$\alpha \Rightarrow \beta$
0	0	1
0	1	1
1	0	0
1	1	1

【例 5.17】 命題「くじらは哺乳類である」と命題「日本の首都は札幌である」をそれぞれ α と β とすると，α は真であり β は偽である．このとき $\alpha \Rightarrow \beta$「くじらが哺乳類ならば，日本の首都は札幌である」は偽である．また，$\beta \Rightarrow \alpha$「日本の首都が札幌ならば，くじらは哺乳類である」は真である．

【例 5.18】 命題「日本の首都が札幌ならば，6 は素数である」は真である．

含意演算では交換則と結合則は成り立たない．しかし，含意演算では証明でよく用いられる**対偶則** (contraposition) が成り立つ．

定理 5.9 (対偶則)

任意の命題 α と β に対し，$\alpha \Rightarrow \beta \Longleftrightarrow \neg\beta \Rightarrow \neg\alpha$ である． □

コーヒーブレイク

含意 $\Rightarrow$ を日常語で表現すると「ならば」となり，命題論理式 $\alpha \Rightarrow \beta$ は日常語では「α ならば β」となる．しかし，日常語では，普通，先件と後件の間には何らかの関係があり，先件が真である場合についてのみ全体の命題の真偽を考え，先件が偽である場合について全体の命題の真偽を考えることはない．そのため，命題論理式 $\alpha \Rightarrow \beta$ の真理値は日常語の「α ならば β」の直観的意味と合わない場合がある．命題論理式 $\alpha \Rightarrow \beta$ の真理値は，先件 α が真のときは，後件 β が真ならば全体の命題は真となり，β が偽ならば全体の命題は偽となる．ここは日常語の直感的意味と合致し誰でも納得できるであろう．一方，α が偽であるときは，β の真偽に関わらず全体の命題が真となる．すなわち，例 5.18 で示したように α を命題「日本の首都が札幌である」とし，β を命題「6 は素数である」としたとき，$\alpha \Rightarrow \beta$「日本の首都が札幌ならば 6 は素数である」は真となるが，これは日常語の直観的意味と合わないように感じられる．しかし，我々は $\beta \Rightarrow \neg\alpha$「6 が素数ならば日本の首都は札幌ではない」と $\neg\beta \Rightarrow \neg\alpha$「6 が素数でないならば日本の首都は札幌ではない」は共に真であるという直観も持ち合わせているであろう．すなわち，$\neg\alpha$ が真ならば，すなわち α が偽ならば $\neg\beta \Rightarrow \neg\alpha$ は β の真偽に関わらず真であると感じる．この直感に定理 5.9 で示した対偶則 ($\neg\beta \Rightarrow \neg\alpha$ が真ならば $\alpha \Rightarrow \beta$ も真であること) を合わせて考えると，命題論理式 $\alpha \Rightarrow \beta$ は α が偽であるときは，β の真偽に関わらず全体の命題が真となること，が導き出されるのでこれは認めざるを得ない．逆に言うとこの定義は，論理記述の一貫性を保つために必要な処置であり，数学的，論理学的議論の中では「日本の首都が札幌ならば 6 は素数である」は奇妙かもしれないが真である命題となるのである．

5.2.6 同 値 ($\Leftrightarrow$)

命題 α と β が同値により結合され得られた命題 $\alpha \Leftrightarrow \beta$ の真理値は α の真理値と β の真理値の組合せによって定まる．同値に対応する演算 $\Leftrightarrow$ は，ブール集合の直積 $\{1,0\}^2$ からブール集合 $\{1,0\}$ への写像であるブール関数 $\Leftrightarrow: \{1,0\}^2 \longrightarrow \{1,0\}$ である．命題 $\alpha \Leftrightarrow \beta$ の真理値は，α と β がともに真であるかともに偽であるとき真となり，それ以外は偽となる．表 5.6 に同値の真理値表を示す．

【例 5.19】 命題「くじらは哺乳類である」と命題「日本の首都は札幌である」をそれぞれ α と β とすると，α は真であり β は偽であるので $\alpha \Leftrightarrow \beta$「くじらが哺乳類であるとき，かつそのときに限り，日本の首都は札幌である」は偽である． ∎

表 5.6 同値の真理値表

α	β	$\alpha \Leftrightarrow \beta$
0	0	1
0	1	0
1	0	0
1	1	1

【例 5.20】 命題「日本の首都が札幌である，かつそのときに限り，6 は素数である」は真である．

同値演算では交換則と結合則が成り立つ．

定理 5.11 (同値の交換則)

任意の命題 α と β に対し，$\alpha \Leftrightarrow \beta \Longleftrightarrow \beta \Leftrightarrow \alpha$ である． □

定理 5.11 (同値の結合則)

任意の命題 α, β, γ に対し，$(\alpha \Leftrightarrow \beta) \Leftrightarrow \gamma \Longleftrightarrow \alpha \Leftrightarrow (\beta \Leftrightarrow \gamma)$ である． □

同値演算においては結合則が成り立つため，結合の順序を表す括弧は省略することができる．したがって，$(\alpha \Leftrightarrow \beta) \Leftrightarrow \gamma$ や $\alpha \Leftrightarrow (\beta \Leftrightarrow \gamma)$ は単に $\alpha \Leftrightarrow \beta \Leftrightarrow \gamma$ と表されることが多い．

――― コーヒーブレイク ―――

3 つの命題 α, β, γ に対し，$\alpha \Longleftrightarrow \beta$ であり $\beta \Longleftrightarrow \gamma$ であるとしよう．このとき関係 $\Longleftrightarrow$ は同値関係であるので $\alpha \Longleftrightarrow \gamma$ となる．すなわち，α, β, γ の真理値が常に一致する．このことは $\alpha \Longleftrightarrow \beta \Longleftrightarrow \gamma$ と表現することができる．それではこの 3 つの命題の真理値が常に一致するという命題は命題論理式 $\alpha \Leftrightarrow \beta \Leftrightarrow \gamma$ で表現されるであろうか．命題論理式 $\alpha \Leftrightarrow \beta \Leftrightarrow \gamma$ は，3 つの命題がすべて真であるとき真となる．しかし，2 つの命題が偽で残りの 1 つの命題が真であるときにも真となる．すなわち命題論理式 $\alpha \Leftrightarrow \beta \Leftrightarrow \gamma$ は α, β, γ の真理値が常に一致するという命題を表さない．3 つの命題 α, β, γ の真理値が常に一致するという命題は例えば $(\alpha \Leftrightarrow \beta) \wedge (\beta \Leftrightarrow \gamma)$ と表記されなければならないのである．命題の同値関係 $\Longleftrightarrow$ と同値演算 $\Leftrightarrow$ は非常に似ているが区別して用いなければならないのである．

5.2.7 まとめ

ここまで命題結合子に対応する演算の真理値表を示しその性質を示してきた．表 5.7 にそれら真理値表をまとめる．

表 5.7　論理演算の真理値表

α	$\neg\alpha$
0	1
1	0

α	β	$\alpha\wedge\beta$	$\alpha\vee\beta$	$\alpha\Rightarrow\beta$	$\alpha\Leftrightarrow\beta$
0	0	0	0	1	1
0	1	0	1	1	0
1	0	0	1	0	0
1	1	1	1	1	1

命題は命題論理式で表現することができる．その真理値表は命題結合子に対応する演算の真理値表から作ることができる．命題論理式が複数の命題変数を複数の命題結合子で結合して得られているとき，その命題論理式の真理値表は，命題結合子の結合の順序にしたがい，部分の命題論理式の真理値表から順に作成することで得られる．

【例 5.21】　表 5.8 に命題論理式 $(\alpha\vee\beta)\wedge\neg(\alpha\wedge\beta)$ の真理値表を示す．■

表 5.8　$(\alpha\vee\beta)\wedge\neg(\alpha\wedge\beta)$ の真理値表

α	β	$\alpha\vee\beta$	$\alpha\wedge\beta$	$\neg(\alpha\wedge\beta)$	$(\alpha\vee\beta)\wedge\neg(\alpha\wedge\beta)$
0	0	0	0	1	0
0	1	1	0	1	1
1	0	1	0	1	1
1	1	1	1	0	0

どのような複雑な命題論理式でも真理値表を作成することは可能である．しかし，命題変数が n 個あれば 2^n 通りの命題変数の真理値の組合せに対して命題論理式の真理値を計算しなければならず，命題変数の数が多い場合に真理値表を作成するのは実際的ではない．

5.3　命題論理の性質

5.3.1　同値変形

命題は命題論理式で表現されるがその表現方法は一意ではなく，同じ命題を様々な命題論理式で表現することができる．言い換えれば，命題論理式を同値な命題論理式に変形できる．この命題論理式を同値な命題論理式に変形する操

作を同値変形と呼ぶ．既に同値変形の例として，いくつかの論理結合子では交換則や結合則が成り立つことを定理として示したが，その他の同値変形の例を定理としてまとめる．

集合の共通部分集合演算と和集合演算の間では，分配則，吸収則，ド・モルガンの法則が成り立つが，命題論理においてもそれらは成り立つ．

定理 5.12 (論理積と論理和の分配則)

任意の命題 α, β, γ に対し

$$\alpha \wedge (\beta \vee \gamma) \iff (\alpha \wedge \beta) \vee (\alpha \wedge \gamma)$$

$$\alpha \vee (\beta \wedge \gamma) \iff (\alpha \vee \beta) \wedge (\alpha \vee \gamma)$$

である． □

定理 5.13 (論理積演算と論理和演算の吸収則)

任意の命題 α と β に対し，$\alpha \wedge (\alpha \vee \beta) \iff \alpha \vee (\alpha \wedge \beta) \iff \alpha$ である． □

定理 5.14 (ド・モルガンの法則 (命題))

任意の命題 α と β に対し

$$\neg(\alpha \wedge \beta) \iff \neg\alpha \vee \neg\beta$$

$$\neg(\alpha \vee \beta) \iff \neg\alpha \wedge \neg\beta$$

である． □

命題の含意関係と同値関係の関係に関する 88 ページの定理 5.1 を命題演算に関する定理として言い換えると次のようになる．

定理 5.15 (同値と含意)

任意の命題 α と β に対し，$\alpha \Leftrightarrow \beta \iff (\alpha \Rightarrow \beta) \wedge (\beta \Rightarrow \alpha)$ である． □

含意と同値はそれぞれ論理和演算，論理積演算，否定演算を用いて表現することもできる．

定理 5.16 (含意と同値)

任意の命題 α, β に対し

$$\alpha \Rightarrow \beta \iff \neg\alpha \vee \beta$$

$$\alpha \Leftrightarrow \beta \iff (\alpha \wedge \beta) \vee (\neg\alpha \wedge \neg\beta)$$

である． □

5.3.2 標　準　形

　命題論理式が与えられたときその真理値表を得ることができることは前節までに説明したが，逆に真理値表が与えられたとき命題論理式を得ることはできるであろうか．任意の真理値表に対し，真理値がその真理値表と常に一致する命題論理式を得ることはできるが，そのことを示すために，まず，命題論理式の**標準形** (normal form) を導入する．一般に，ある対象に対してある観点から一意の表現を与える表現方法を標準形という．様々な対象に対して様々な標準形が用いられている．命題論理式に対してもいくつかの標準形が用いられる．

　命題変数 α の肯定形 α，及び，否定形 $\neg\alpha$ を**リテラル** (literal) といい，リテラルを論理和で結合した命題論理式を**節** (clause) という．節を論理積で結合した命題論理式を**和積形** (conjunctive form, product of sums) という．また，和積形の命題論理式は，各節がすべての論理変数のリテラルをちょうど 1 つ含むとき，**和積標準形** (conjunctive normal form) と呼ばれる．和積標準形は**論理積標準形**とも呼ばれる．任意の命題は和積標準形で表現でき，命題変数の順序を定めればその表現が一意に定まる．

　和積標準形はその命題の真理値表を用いて次のように得ることができる．

1. 命題の真理値が 0 である命題変数のある真理値の組合せに着目する．その組合せにおいて真である命題変数に対しては否定形のリテラルを，偽である命題変数に対しては肯定形のリテラルを論理和で結合し節とする．
2. 同様に命題の真理値が 0 である命題変数の真理値のすべての組合せに対して節を作る．
3. 生成されたすべての節を論理積で結合する．

ある真理値の組合せに対して生成した節は，命題変数の真理値のその組合せの場合だけ真理値が 0 となり他の組合せの場合には真理値が 1 となる命題論理式である．それらを論理積で結合した命題論理式は，すべての節の真理値が 1 である場合には真理値が 1 となり，それ以外の場合には真理値が 0 となるため，命題を表現する命題論理式であることがわかる．

【**例 5.22**】　例 5.21 で用いた命題論理式 $(\alpha \lor \beta) \land \neg(\alpha \land \beta)$ を表 5.8 に示されている真理値表を用いて和積標準形で表現しよう．命題論理式の真理値が 0 となるのは，命題変数 α と β の真理値がともに 0 である場合と，ともに 1 である場合である．それらに対応する節 $\alpha \lor \beta$ と節 $\neg\alpha \lor \neg\beta$ を論理積で接続した

命題論理式 $(\alpha \vee \beta) \wedge (\neg \alpha \vee \neg \beta)$ が和積標準形である．■

　和積形と和積標準形の定義において，論理和と論理積を入れ替えた表現を**積和形** (disjunctive form, sum of products)，**積和標準形** (disjunctive normal form) と呼ぶ．積和標準形は**論理和標準形**とも呼ばれる．積和形や積和標準形によっても任意の論理関数が表現できることが知られている．この場合には命題論理式の真理値が 1 である命題変数の真理値のすべての組合せに着目し，すべての論理変数のリテラルを論理積で接続し，それらを論理和で接続する．

【例 5.23】 例 5.21 で用いた命題論理式 $(\alpha \vee \beta) \wedge \neg(\alpha \wedge \beta)$ の論理和標準形は $(\neg \alpha \wedge \beta) \vee (\alpha \wedge \neg \beta)$ である．■

　命題論理式を和積標準形や積和標準形に同値変形することができるが，真理値表を作成するのと同様に変数が多い場合には，命題論理式に含まれる論理和の系列や論理積の系列の長さが長くなる可能性があり，やはり実際的ではない．そのため，与えられた命題論理式を真理値表を作成することなく和積形に同値変形することも多い．次の手順で命題論理式は和積形に同値変形できる．

1. 命題論理式から $\Rightarrow, \Leftarrow, \Leftrightarrow$ を取り除く．
2. 命題論理式における否定 $\neg$ の結合の順序をできる限り繰り上げる (否定 $\neg$ をできる限り命題論理式の内側に移動する)．また，$\neg(\neg \alpha)$ を α に置き換える．
3. 命題論理式における論理積 $\wedge$ の結合の順序をできる限り繰り下げる (論理積 $\wedge$ をできる限り命題論理式の外側に移動する)．

定理 5.16 に示す同値変形により，$\Rightarrow, \Leftarrow, \Leftrightarrow$ を取り除くことができる．定理 5.14 に示す同値変形により，例えば $\neg(\alpha \wedge \beta)$ を $\neg \alpha \vee \neg \beta$ と置き換えることで，否定 $\neg$ の結合の順序を繰り上げることができる．また，定理 5.8 に示す同値変形により，$\neg(\neg \alpha)$ を α に置き換えることができる．さらに定理 5.12 に示す同値変形により，例えば $\alpha \vee (\beta \wedge \gamma)$ を $(\alpha \vee \beta) \wedge (\alpha \vee \gamma)$ と置き換えることで，論理積 $\wedge$ の結合の順序を繰り下げることができる．このようにして得られた命題論理式は和積形となっている．また，最後のステップ 3 で論理積 $\wedge$ の代わりに論理和 $\vee$ の順序を繰り下げることで積和形の命題論理式を得ることもできる．

【例 5.24】 命題論理式 $\alpha \Rightarrow \neg(\alpha \vee (\beta \wedge \neg\gamma))$ は以下のように和積形に同値変形される．

$$\alpha \Rightarrow \neg(\alpha \vee (\beta \wedge \neg\gamma))$$
$$\Longleftrightarrow \neg\alpha \vee \neg(\alpha \vee (\beta \wedge \neg\gamma))$$
$$\Longleftrightarrow \neg\alpha \vee (\neg\alpha \wedge \neg(\beta \wedge \neg\gamma))$$
$$\Longleftrightarrow \neg\alpha \vee (\neg\alpha \wedge (\neg\beta \vee \gamma))$$
$$\Longleftrightarrow (\neg\alpha \vee \neg\alpha) \wedge (\neg\alpha \vee \neg\beta \vee \gamma)$$

また，定理 5.5 より $\neg\alpha \vee \neg\alpha \Longleftrightarrow \neg\alpha$ であるので $\neg\alpha \wedge (\neg\alpha \vee \neg\beta \vee \gamma)$ と表すこともできる． ■

命題に対する演算の集合は，どのような命題もその集合に含まれる演算を用いて表現できるとき，すなわちどのようなブール関数も表現できるとき，**完全** (complete) であると呼ばれる．例えば，すべての命題は和積標準形で表現できるので，集合 $\{\vee, \wedge, \neg\}$ は完全である．また，定理 5.14 より，論理積 $\wedge$ は論理和 $\vee$ と否定 $\neg$ で表現でき，論理和 $\vee$ は論理積 $\wedge$ と否定 $\neg$ で表現できるので，集合 $\{\vee, \neg\}$ や集合 $\{\wedge, \neg\}$ もそれぞれ完全である．

――――――| コーヒーブレイク |――――――

論理学の分野では，和積形や積和形を利用することが多く単なる和積形や積和形を論理和標準形や論理積標準形と呼ぶことが多いので注意が必要である．

5.3.3 論理回路

命題論理は**論理回路** (logic circuit) と呼ばれる回路により物理的に実現可能な論理である．論理回路では，命題の真理値を回路のある部分の電位に対応させる．回路の電位は実数値をとるが，論理回路では十分に高い電位を真に対応させ，十分に低い電位を偽に対応させる．論理回路は，入力に応じて出力が変化する回路で，入力に応じて出力が変化する論理演算に対応する基本的な**回路素子** (circuit element) を配線で接続することで構成される．

例えば，論理積は **AND** ゲート (AND gate) と呼ばれる回路素子で，論理和は **OR** ゲート (OR gate) と呼ばれる回路素子で，否定は **NOT** ゲート (NOT gate) と呼ばれる回路素子で実現される．図 5.1 に AND ゲート，OR ゲート，NOT ゲートを示す回路記号を示す．

104   5 論理

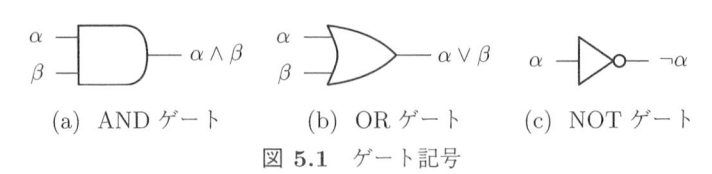

(a) AND ゲート   (b) OR ゲート   (c) NOT ゲート

図 5.1　ゲート記号

　論理演算の真理値表を利用して命題論理式の真理値表を作成するように，命題論理式の論理演算を対応する回路素子で置き換え，回路素子の入出力を配線で接続することで，命題論理式は命題の真偽を入力とし命題の真偽を出力とする論理回路として実現できる．

【例 5.25】　図 5.2 に命題論理 $(\alpha \wedge \beta) \vee (\neg \alpha \wedge \gamma)$ の論理回路による実現例を示す．

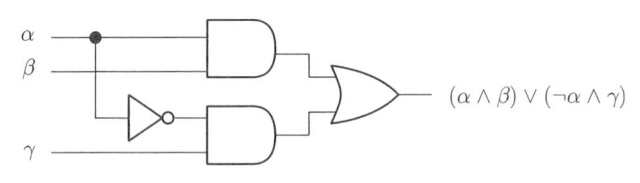

図 5.2　命題論理 $(\alpha \wedge \beta) \vee (\neg \alpha \wedge \gamma)$ の回路実現

　ここで紹介した AND ゲートと OR ゲートの入力数は 2 である．しかし，論理積や論理和では結合則が成り立つので，回路規模を削減するために，入力数が 3 以上の AND ゲートや OR ゲートを用いることもある．本書では 2 入力 1 出力の AND ゲートと OR ゲート，および 1 入力 1 出力の NOT ゲートを基本の回路素子として用いている．

―――― コーヒーブレイク ――――

　基本的な回路素子は入力に応じて開閉するスイッチ (switch) を用いて実現できる．図 5.3 に否定に対応する回路素子である **NOT** ゲート (NOT gate) をスイッチを用いて実現した例を示す．図 5.3 に示す NOT ゲートにおいて，VDD は常に高電位であり，GND は常に低電位である．また，IN は NOT ゲートの入力，OUT は出力である．この NOT ゲートでは，入力が高電位の場合，スイッチ A は閉じスイッチ B が開き出力は低電位となる．一方，入力が低電位の場合，スイッチ A は開きスイッチ B が閉じ出力は高電位となる．このように入力と出力の電位の高低が入れ替わっており，IN に命題 α に対応する信号を入力として与えると，OUT に命題 $\neg \alpha$ に対応する信号が出力として得られ，命題論理の否定を実現していることがわかる．他の命題論理の演算も同様にスイッチ

5.3 命題論理の性質

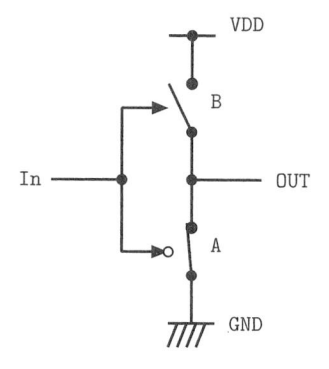

図 5.3 NOT ゲート

を用いた回路素子で実現できる．

5.3.4 加算器の論理回路実現

ここでは命題論理を論理回路で実現する例として加算演算を取り上げる．まず，自然数を 2 進数で表現する．一般に i 桁の n 進数は $a_{i-1}, a_{i-2}, \ldots, a_1, a_0 \in \mathbf{N}_n$ に対して

$$a_{i-1}a_{i-2}\ldots a_1 a_0$$

と表示され自然数

$$\sum_{k=0}^{i-1} a_k n^k = a_{i-1} n^{i-1} + a_{i-2} n^{i-2} + \cdots + a_1 n^1 + a_0 n^0$$

を表す．2 進数は $a_{i-1}, a_{i-2}, \ldots, a_1, a_0 \in \mathbf{N}_2$ に対して，$a_{i-1}a_{i-2}\ldots a_1 a_0$ と表示され自然数

$$\sum_{k=0}^{i-1} a_k \cdot 2^k = a_{i-1} \cdot 2^{i-1} + a_{i-2} \cdot 2^{i-2} + \cdots + a_1 \cdot 2^1 + a_0 \cdot 2^0$$

を表す．2 進数表示の一桁をビットと呼ぶ．

まず，a_0, b_0 と 1 ビットで 2 進数表示された 2 つの自然数の加算を考えよう．このとき桁上がりも生じるため加算結果は 2 ビットの 2 進数となる．この加算を実現する回路は**半加算器** (half adder) と呼ばれる．この加算結果を合計 (sum) と桁上がり (carry) を意味する s_0 と c_0 を用いて，$c_0 s_0$ と 2 進数表示することとする．表 5.9 (a) にこの場合の s_0 と c_0 の真理値表を示す．また，s_0 と

c_0 は

$$s_0 = (a_0 \lor b_0) \land \neg(a_0 \land b_0)$$

$$c_0 = a_0 \land b_0$$

と表現できる．図 5.4 (a) に半加算器の回路実現を示す．また，図 5.4 (b) に以下で用いる半加算器の記号を示す．

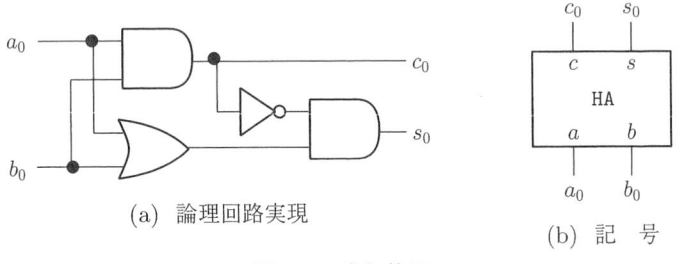

(a) 論理回路実現

(b) 記号

図 5.4 半加算器

次に $a_1 a_0$ と $b_1 b_0$ と 2 進数表示された 2 つの自然数の加算を考える．このとき出力は 3 ビットの 2 進数となり，これを $c_1 s_1 s_0$ と 2 進数表示する．最下位ビットの加算は半加算器を用いて実現できるが下位 2 ビット目の加算の結果は最下位ビットからの桁上がり c_0 を考慮しなければならない．表 5.9 (b) に s_1 と c_1 の真理値表を示す $(i=1)$．この演算を実現する回路を**全加算器** (full adder) と呼ぶ．これは半加算器が全加算器の約半分の回路規模で実現できるからである．

表 5.9 加算器の真理値表

(a) 最下位ビット

a_0	b_0	c_0	s_0
0	0	0	0
0	1	0	1
1	0	0	1
1	1	1	0

(b) 下位 $i+1$ ビット目 $(i \geq 1)$

a_i	b_i	c_{i-1}	c_i	s_i
0	0	0	0	0
0	0	1	0	1
0	1	0	0	1
0	1	1	1	0

a_i	b_i	c_{i-1}	c_i	s_i
1	0	0	0	1
1	0	1	1	0
1	1	0	1	0
1	1	1	1	1

真理値表から直接全加算器を構成することもできるが，2 つの半加算器を利用して全加算器を構成することができる．まず，a_1 と b_1 の加算を半加算器で行い中間結果として s_1' と c_1' を生成する．さらにその中間結果と c_0 との加算を行うことで加算結果が得られるが，s_1 は s_1' と c_0 の加算の合計と等しく，c_1

5.3 命題論理の性質

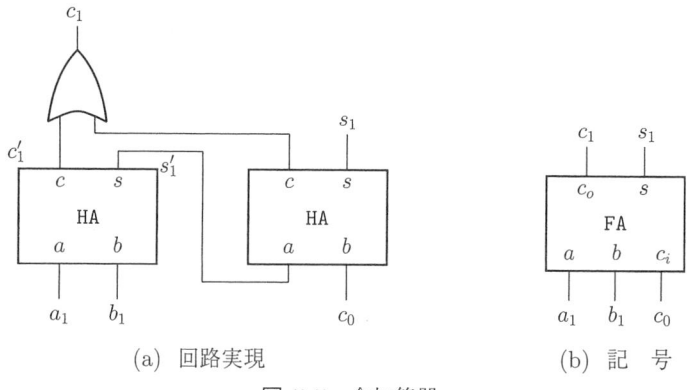

(a) 回路実現 (b) 記 号

図 5.5 全加算器

は c_1' が 1 もしくは s_1' と c_0 の加算の桁上がりが 1 の場合に 1 となる．この全加算器は図 5.5 (a) のように半加算器を 2 つと OR ゲートを 1 つ用いることで実現できる．図 5.5 (b) に以下で用いる全加算器の記号を示す．

最後に n ビットの加算器を考えよう．n ビットの加算器の最下位ビットの真理値表は表 5.9 (a) と同じであり，下位 2 ビット目以降の真理値表は表 5.9 (b) に示されている通りである．したがって，n ビットの加算器は，n 個の全加算器を図 5.6 のように直列に接続することで実現できる．この実現では最下位ビットの全加算器の桁上がりの入力に 0 を入力することで最下位ビットの半加算器の機能を実現しているが，もちろん，最下位ビットに半加算器を用いることもできる．

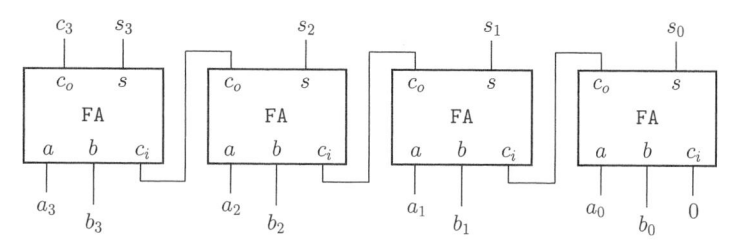

図 5.6 4 ビット加算器の回路実現

命題論理には同値である表現が多く存在するように，論理回路での実現方法は一意ではない．命題論理式に含まれるリテラルの数が少ないほど実現に必要な論理回路の規模も小さくなるなど，様々な理由から様々な最適な表現が追求

されている．このような最適な表現を求めるのは非常に困難であることが知られているが，近年の設計技術の進歩により，多くの場合十分満足のいく表現が得られるようになってきている．また，命題論理をこのような論理回路で実現するためには，入力に応じて開閉するスイッチが必要である．スイッチとして真空管などが用いられた時代もあったが，現在はトランジスタと呼ばれる素子がスイッチとして用いられることが多い．設計技術の進歩とともに，製造技術の進歩により高速に動作するトランジスタが次々に実現されているため，コンピュータなど様々な電子機器の性能が年々すごい勢いで向上している．

──── コーヒーブレイク ────

論理回路は電圧を高電位と低電位の 2 値として扱うが，回路の電圧をそのまま扱う回路をアナログ回路 (analog circuit) と呼ぶことに対応して，**デジタル回路** (digital circuit) とも呼ばれる．また，論理回路は入力の真理値の組合せに応じて出力の真理値が決定する回路であるため**組合せ回路** (combinational circuit) とも呼ばれる．世の中の多くのデジタル回路では，メモリ，レジスタ，フリップフロップなどと呼ばれる出力の一部を回路内部に状態として記憶することができる回路素子を含む．そのようなデジタル回路は，現在の入力だけでなくそれ以前の入力にも依存して出力が決定する回路であり，**順序回路** (sequential circuit) と呼ばれる．組合せ回路でも複雑な計算や作業を実現できるが，順序回路によって非常に複雑な作業をより小さな回路で実現することができる．より良い順序回路を得るためには様々な工夫が必要なため，コンピュータを活用しながら人手により順序回路は設計されていたが，徐々に自動設計技術が使われるようになってきている．

5.3.5 恒真式と証明系

命題論理式は大きく 2 つに分かれる．基本となる命題変数の真偽をどのように決めても，常に真である式とそれ以外である．命題変数の真偽をどのように決めても，常に真である式を**恒真式** (tautology) という．これまでにも様々な定理を示してきたが，定理とは常に正しい命題である．定理の記述が命題論理式で表現できるとき，その命題論理式は恒真式となる．

【例 5.26】 以下の命題論理式は恒真式である．

$\alpha \vee \neg \alpha$

$\alpha \Rightarrow \alpha \vee \beta$

$\alpha \Rightarrow (\beta \Rightarrow \alpha)$

命題論理における最も基本的な計算問題は，命題論理式が恒真式であるか否かを確認することである．すなわち，定理を証明することである．ある命題論理式が恒真式であることを確認するためには，命題変数の真理値のすべての組合せに対して，その式が真であることを確認すればよい．すなわち，真理値表を作ればよい．しかし，すべての組合せを試すやり方は大変効率が悪い．例えば，命題変数が n 個あれば 2^n 通りの場合の真理値を計算しなければならず，いわゆる数の爆発を引き起こす．このため，別の方法を考えなければならないが，命題論理式が恒真式であるか否かの確認は，どのように計算の仕方を工夫しても数の爆発が避けられないと考えられている．これは計算量の概念と深く関わっており，コンピュータサイエンスの中心的テーマとなっている．

すべての命題変数の組合せを調べる以外の方法で，命題論理式が恒真式であるか否かを確認する方法としては，恒真である命題論理式から恒真である命題論理式を導く**証明系** (proof system) を使う方法がある．

証明系は**公理** (axiom) と**推論規則** (inference rule) から成り，公理と呼ばれる命題論理式から出発し，推論規則を繰り返して使うことにより命題論理式を定理として導く．さまざまな証明系があるが，ここでは簡単な証明系を紹介する．

この証明系では次の3つの恒真である命題論理式を公理とする．

(公理 1) $\alpha \Rightarrow (\beta \Rightarrow \alpha)$

(公理 2) $(\alpha \Rightarrow (\beta \Rightarrow \gamma)) \Rightarrow ((\alpha \Rightarrow \beta) \Rightarrow (\alpha \Rightarrow \gamma))$

(公理 3) $\neg\neg\alpha \Rightarrow \alpha$

また，推論規則としては **3段論法** (modus ponens) および**代入** (substitution) を用いる．

3段論法は，$\alpha \Rightarrow \beta$ と α が導かれているならば β を推論してよい，という規則である．これは $\alpha \Rightarrow \beta$ と α が前提として与えられたとき，β を結論として導く規則である，と言い替えることもできる．図示すると，

$$\frac{\alpha \Rightarrow \beta, \ \alpha}{\beta}$$

と書ける．3段論法は恒真であることを保存する．すなわち，$\alpha \Rightarrow \beta$ と α が恒真式ならば，β は恒真式である (演習問題 5.12 参照)．

代入は，命題論理式が前提として与えられたとき，その命題論理式のある命題変数にある命題論理式を代入して得られる命題論理式を結論とする推論規則である．代入も恒真であることを保存する．すなわち，恒真式のある命題変数

に命題論理式を代入したとき，恒真式は命題変数の真偽に関わらず常に真であるので，代入する命題論理式がどのような真理値をとるか，どのような真理値表を持つかに関わらず，得られた命題論理式は恒真式となる．例えば，公理1の β に α を代入することで導かれる命題論理式 $\alpha \Rightarrow (\alpha \Rightarrow \alpha)$ は恒真式である．

公理から出発し，推論規則を有限回 (0 回を含む) 適用して得られる命題論理式を**定理** (theorem) と言い，定理に至る推論規則の適用系列を**証明** (proof) と言う．形式的に言うと定理 ϕ の証明とは，任意の自然数 $i \in \mathbf{N}_n$ について ϕ_i は公理か，または先行する命題論理式を用いた推論規則により得られた結論である，という性質を満たす命題論理式の有限列 $\phi_0, \phi_1, \ldots, \phi_{n-1} = \phi$ である．

これまでにも様々な定理の証明を示してきたが，それら証明でも公理から出発して推論規則の適用を繰り返すことで定理を得ていたのである．

恒真式が与えられたとき，恒真式が結論として導かれる推論規則を**健全な** (sound) 推論規則という．3 段論法および代入は健全な推論規則である．健全な推論規則のみを持つ証明系を健全であると言う．ここで定義した証明系は健全であり，結論として得られる定理はすべて恒真式である．もし，証明系が任意の恒真式を証明できるならば，その証明系を**完全** (complete) であると言う．健全な証明系であるからと言って完全であるとは限らない．また証明系が完全であっても，恒真式以外を証明してしまうかもしれないので健全であるとは限らない．幸いなことにここで定義した証明系は健全かつ完全である．すなわち我々はここで定義した証明系により全ての恒真式を，そして恒真式のみを証明できるのである．

【例題 5.1】 $\alpha \Rightarrow \alpha$ を証明する．

1. 公理 2 $(\alpha \Rightarrow (\beta \Rightarrow \gamma)) \Rightarrow ((\alpha \Rightarrow \beta) \Rightarrow (\alpha \Rightarrow \gamma))$ の γ に α を代入
$$(\alpha \Rightarrow (\beta \Rightarrow \alpha)) \Rightarrow ((\alpha \Rightarrow \beta) \Rightarrow (\alpha \Rightarrow \alpha)) \tag{5.1}$$

2. 式 (5.1) と公理 1 $\alpha \Rightarrow (\beta \Rightarrow \alpha)$ に 3 段論法を適用
$$(\alpha \Rightarrow \beta) \Rightarrow (\alpha \Rightarrow \alpha) \tag{5.2}$$

3. 式 (5.2) の β に $\beta \Rightarrow \alpha$ を代入
$$(\alpha \Rightarrow (\beta \Rightarrow \alpha)) \Rightarrow (\alpha \Rightarrow \alpha) \tag{5.3}$$

4. 式 (5.3) と公理 1 に 3 段論法を適用
$$\alpha \Rightarrow \alpha$$

実際の証明は機械的ではあるが，人間にとっては必ずしも簡単なものではな

い．また，定理を与えてその証明を見つける問題 (定理証明) はコンピュータにとっても人間にとっても非常に困難な問題である．

恒真式は常に真である命題であるが，常に偽である命題を**恒偽式** (contradiction) と呼ぶ．恒偽式は 7.1.2 節で説明される**背理法** (contradiction) として証明において用いられる．

コーヒーブレイク

我々は日常しばしば「風邪を引くと熱が出る」と「熱がある」から「風邪を引いている」と推論する．このような推論は健全でない．推論規則として形式化すると

$$\frac{\alpha \Rightarrow \beta,\ \beta}{\alpha}$$

である．健全でない推論は偶然に正しい結論をもたらすこともあるが，数学的な文脈，あるいは推論結果の絶対的正しさを保証する必要がある場面では使ってはならない．

5.4 述語論理

命題論理式だけを使った論理体系である命題論理は，簡単で扱い易いが，主語と述語の構造を表現できないこと，「任意の」とか「ある」と言った限量表現を持たないこと，個体変数を持たないので一般的法則を述べられないこと，など使い勝手が悪いところがある．それらの不満を解消する論理体系である**述語論理** (predicate calculus) は，**個体変数** (individual variable) と個体変数に対する述語表現および，個体変数に対する**限量化** (quantification) が導入された最も標準的な論理体系である．

5.4.1 述語

述語論理の**基本式** (basic formula) は，P を**述語記号** (predicate symbol) とし，$a_0, a_1, \ldots, a_{n-1}$ を**個体変数** (individual variable) としたとき

$$P(a_0, a_1, \ldots, a_{n-1})$$

の形をしている．P は n 個の個体変数を持つ述語であり，n 変数述語と呼ばれる．すなわち，個体 $a_0, a_1, \ldots, a_{n-1}$ がそれぞれ集合 $A_0, A_1, \ldots, A_{n-1}$ の要素であるとき，基本式 P は $A_0 \times A_1 \times \cdots \times A_{n-1}$ から $\mathbf{B}$ への写像であり，$P(a_0, a_1, \ldots, a_{n-1}) = 1$ であるとき n-組 $(a_0, a_1, \ldots, a_{n-1})$ が関係 P にあり，

$P(a_0, a_1, \ldots, a_{n-1}) = 0$ であるとき n-組 $(a_0, a_1, \ldots, a_{n-1})$ が関係 P にないことを意味する．P を n 項関係と考えると

$$P = \{(a_0, a_1, \ldots, a_{n-1}) \mid P(a_0, a_1, \ldots, a_{n-1}) = 1\}$$

と表すことができる．

【例 5.27】 1 変数述語 Human を「人である」とする．このとき

　　Human(ソクラテス)

は「ソクラテスは人である (Socrates is a human)」を意味する．基本式は個体を表す変数を含んでもよい．Human(a) は「a という変数で指示される個体が人である」を意味する．■

1 項関係が部分集合に対応することを第 3 章で述べたが，1 変数述語は集合を表すと考えることができる．集合 P が与えられたとき，1 変数述語 P を「集合 P に含まれる」とすると $P = \{a \mid P(a)\}$ となり，1 変数述語 P により元の集合 P を復元できるからである．この集合と 1 変数述語との対応を用いると，いくつかの集合操作は，次のように述語の組合せに帰着させることができる．

$$P \cap Q = \{a \mid P(a) \wedge Q(a)\}$$
$$P \cup Q = \{a \mid P(a) \vee Q(a)\}$$
$$P \setminus Q = \{a \mid P(a) \wedge \neg Q(a)\}$$
$$\overline{P} = \{a \mid \neg P(a)\}$$

【例 5.28】 2 変数述語 Brothers を「兄弟である」とする．このとき

　　Brothers(タロウ, ジロウ)

は「タロウとジロウが兄弟である」を意味する．また Brothers(a, ジロウ) は「a という変数で指示される個体がジロウと兄弟である」を意味する．■

1 変数述語により集合が表現できるのと同様に，2 変数述語により 2 項関係が表現できる．2 項関係 = や 2 項関係 < は，2 変数述語と呼ぶこともできる．個体は「タロウ」や「ジロウ」のような定数，あるいは，a や b などの個体変数だけでなく，これらを **関数記号** (function symbol) でまとめた **項** (term) と呼ばれる式でも表現される．例えば，式 $2 + 3$ は，自然数上では個体 5 を表している．式 $f(f(a, b), c)$ と式 $f(a, f(b, c))$ を個体として，$f(f(a, b), c) = f(a, f(b, c))$ と書けば，関数 f が結合則を満たす，と言っている．

―― コーヒーブレイク ――

　ここでは述語により語られる対象を個体と呼んでいる．単に対象といってもよいが，述語と区別するために便宜的に個体と呼んでいる．述語が個体についてのみ語る述語論理を一階述語論理と言い，述語について語る述語を許す述語論理を高階述語論理と言うが，本書では一階述語論理のみを扱い，一階述語論理を単に述語論理と言うこととする．

5.4.2 限量子

　基本式を論理結合子で組合せるだけでも複雑な述語論理を表す式ができる．しかし，述語論理の本当の表現力を発揮するためには，**限量子** (quantifier) が必要である．これまで紹介した定理の中でも「任意の」や「ある」といった表現を用いているが，限量子はそのような表現に対応する．限量子には ∃ で表される**存在限量子** (existential quantifier) と ∀ で表される**全称限量子** (universal quantifier) の 2 種類があり，表 5.10 のように用いられる．

表 5.10 限量子

限量子	記法	対応する日常語
存在	$\exists a\, P(a)$	ある a に対して $P(a)$ が成立する
全称	$\forall a\, P(a)$	任意の a に対して $P(a)$ が成立する

　限量子により個体変数が表す集合全体の性質を，個々の個体を特定せずに述べることができる．すなわち，∃ によりある個体に対する性質を述べることを可能にし，∀ により任意の個体に対する一般則，すなわち，すべての個体に対する一般則を述べることを可能にする．

【例 5.29】 $\exists x\,(x^3+x=0)$ は「ある x に対して式 $x^3+x=0$ が成立する」を意味する．言い換えると「$x^3+x=0$ は解を持つ」を意味する．　■

　限量子を使った表現では，1 変数述語 $P(a)$ を使った $\forall a\,(P(a) \Rightarrow Q(a))$ という形がよく出現する．これを読み易くするために，しばしば $\forall a \in P\,(Q(a))$ という省略表現が使われる．

【例 5.30】 1 変数述語 Apple と Red をそれぞれ「りんごである」と「赤である」とする．このとき

$$\forall a\,(\text{Apple}(a) \Rightarrow \text{Red}(a))$$

は「任意の a に対して a がリンゴならば a は赤い」を意味する．簡単に言えば「リンゴは赤い」と言っている．この式を省略表現で表すと $\forall a \in \text{Apple}\,(\text{Red}(a))$ となる．

同様に $\exists a\,(P(a) \Rightarrow Q(a))$ は $\exists a \in P\,(Q(a))$ と略記される．

【例 5.31】 「式 $x \log x = 1$ は実数解を持つ」は $\exists x \in \mathbf{R}\,(x \log x = 1)$ と表される．

述語論理式に 2 つ以上の限量子を用いることもある．$\text{Love}(a,b)$ を「a は b を愛する」としよう．このとき

$$\forall a\,(\exists b\,\text{Love}(a,b))$$

は「任意の a に対して，ある b に対し a は b を愛するが成立する，が成立する」，すなわち「任意の a に対して愛する b が存在する (everybody loves somebody)」と言っている．このような式は単に $\forall a\,\exists b\,\text{Love}(a,b)$ と書くことも多い．ここで $\forall a\,\exists b$ のように $\exists b$ の前に $\forall a$ がある場合，一般には b が a に依存して決まることに注意して欲しい．特別な場合には a に依存しないかもしれないが，愛する b は a 毎に異なってもよいのである．

【例 5.32】

$$\forall x\,\forall y\,((x > y) \Rightarrow \exists z\,((x > z) \wedge (z > y))) \tag{5.4}$$

は「任意の x, y に対して，$x > y$ ならば x よりも小さく y よりも大きい z が存在する」を意味する．これは「異なった数の間にはまた別の数がある」という数の稠密性を主張している．

述語論理は限量化と結合子を使うことによりかなり複雑な概念まで表現できるのである．

コーヒーブレイク

限量化表現に使う変数を別の変数に置き換えることができる．例えば，$\exists x\,(x^3 + x = 0)$ と $\exists y\,(y^3 + y = 0)$ の真理値は一致し意味的には両者は同じである．同様に $\forall a\,(\text{Apple}(a) \Rightarrow \text{Red}(a))$ と $\forall b\,(\text{Apple}(b) \Rightarrow \text{Red}(b))$ は同じである．これはちょうど，定積分で積分 $\int_0^1 x^3\,dx$ の変数 x を y に変えて $\int_0^1 y^3\,dy$ としてもよいことに対応する．しかし，$\int_0^1 (x-y)^3\,dx$ の x を y に変えて $\int_0^1 (y-y)^3\,dy$ にしてはならないのと同様，変数を置き換える場合には置き換えた変数が元からある変数と同じになる「変数の衝突」が発生しないよう注意しなければならない．

5.5 述語論理の性質

5.5.1 同値変形

命題論理と同じく述語論理でも真理値が等しい式を様々な述語論理式で表現することができる．しかし，限量子が存在するため正しくない式変形を行なってしまうことも多いので注意が必要である．

定理 5.17 (限量子の交換則)

任意の述語 P と Q に対し

$$\forall a\, \forall b\, P(a,b) = \forall b\, \forall a\, P(a,b)$$
$$\exists a\, \exists b\, P(a,b) = \exists b\, \exists a\, P(a,b)$$

である． □

$\forall a\, \exists b\, P(a,b)$ と $\exists b\, \forall a\, P(a,b)$ は同値とは限らない．

【例 5.33】 実数 $\mathbf{R}$ 上で，$\forall x\, \exists y\, (x < y)$ と $\exists y\, \forall x\, (x < y)$ の真理値は異なる．すなわち「任意の実数 x に対して，$x < y$ が成立するある実数 y が存在する」は真であるが，「ある実数 y が存在して，任意の実数 x に対して $x < y$ が成立する」は偽である． ■

定理 5.18 (限量子の分配則)

任意の述語 P と Q に対し

$$\forall a\, (P(a) \land Q(a)) = \forall a\, P(a) \land \forall a\, Q(a)$$
$$\exists a\, (P(a) \lor Q(a)) = \exists a\, P(a) \lor \exists a\, Q(a)$$

である． □

$\forall a\, (P(a) \lor Q(a))$ と $\forall a\, P(a) \lor \forall a\, Q(a)$ が同値であるとは限らない．同様に $\exists a\, (P(a) \land Q(a))$ と $\exists a\, P(a) \land \exists a\, Q(a)$ が同値であるとは限らない．

【例 5.34】 実数 $\mathbf{R}$ 上で，$\forall x\, (x = 0 \lor x \neq 0)$ は真であるが，

$$\forall x\, (x = 0) \lor \forall x\, (x \neq 0)$$

は偽である． ■

定理 5.19 (限量子と否定)

任意の述語 P に対し

$$\neg \exists a\, P(a) = \forall a\, \neg P(a)$$
$$\neg \forall a\, P(a) = \exists a\, \neg P(a)$$

である。 □

すべての限量子が他の述語記号よりも先に現れる述語論理式は**冠頭標準形** (prenex normal form) であると呼ばれる．すべての述語論理式は冠頭標準形で表現できることが知られている．

5.5.2 妥当な式と証明系

述語論理の真偽について考えよう．述語論理式の真偽はあらかじめ定まっているものではない．その真偽はどのような世界で真偽を考えるかに依存するのである．例えば，114 ページの例 5.32 の式 (5.4) は実数上で考えると真であるが，自然数上で考えると偽である．また，この式に現れる関係記号「>」は，我々の知っている大小関係を表すと暗黙のうちにみなしてきたが，記号の解釈は自由なので「>」が大小関係を表す必然性は何もない．例えば，実数上で $x > y$ が「x は y より小さい」を表すと解釈すると式はやはり真であるが，「x は $y+1$ に等しい」を表すと解釈すると式は偽となる．このように普段の言葉使いを離れ，一旦記号の形と意味を分離すると，どの集合に対して定義され，どのように関係や関数を表す記号を解釈するかに依存して論理式の真偽は決まることが分かる．しかしながら，論理式の中には解釈によらず常に真であるような論理式も存在する．例えば

$$\forall a\, (P(a) \Rightarrow (P(a) \vee Q(a)))$$

は，P と Q の解釈によらず真である．そこで，解釈によらず真である式と解釈により真にも偽にもなる式を区別して，前者を**妥当** (valid) な式と呼ぶ．妥当でない式は偽にもなる，ひょっとして常に偽であるかもしれない．妥当な式は命題論理における恒真式に相当するいわば絶対的に真である式である．

述語論理式が妥当な式であるか否かを確認する方法としては，命題論理と同じく証明系を使う方法がある．詳しくは説明しないが述語論理の証明系は，命題論理の証明系に新たな公理と推論規則を付け加えることにより得られる．

【**例 5.35**】 3 段論法と代入を推論規則として持つ命題論理の証明系に，$\forall a\, P(a)$

が導かれているならば，任意の個体 t について $P(t)$ を推論してよい，という推論規則を付け加えてみよう．この推論規則により「すべての人間は死ぬ運命にある」から「ソクラテスが人間であるならばソクラテスは死ぬ運命にある」が推論できる．すなわち，Mortal を「死ぬ運命にある」とすると

$\forall a\,($Human$(a) \Rightarrow$ Mortal$(a))$

から

Human(ソクラテス) $\Rightarrow$ Mortal(ソクラテス)

が推論できる．また，Human(ソクラテス) が導かれていれば，3 段論法により Mortal(ソクラテス) を結論できる．すなわち「ソクラテスは人である」から「ソクラテスは死ぬ運命にある」を結論できる．■

命題論理には健全かつ完全な証明系が存在するが，述語論理にも健全かつ完全な証明系が存在すること，すなわち，すべての妥当な式を組織的に得る仕組みが存在することを 1930 年に論理学者ゲーデル (Kurt Gödel, 1906-1978) が示した．これは述語論理の完全性と呼ばれる．

述語論理は表現力が豊かであり，数学から日常の常識までかなりの範囲の事柄を正確に記述できる．一方，表現力が豊かな分だけ難しい問題を記述できるので，コンピュータによる述語論理の取扱いは命題論理に比べて原理的に困難であるという特徴を持っている．例えば，命題論理では命題論理式が恒真であるか否かを判定することは，真理値表を作ればできるので，判定するためのプログラムを作ることは原理的には可能である．これに対し述語論理式が妥当であるか否かを判定するプログラムは存在しないことが証明されている．このような困難を乗り越えて，述語論理や更に強力な論理をコンピュータで効率よく取り扱うための研究が，コンピュータサイエンスや人工知能の領域で進められている．

──────── コーヒーブレイク ────────

微分積分学で登場するイプシロン・デルタ論法 (epsilon-delta proof) を述語論理式で表現してみよう．実数 **R** 上の関数 $f(x)$ が点 x で連続であるとは，任意の正の数 ϵ に対して，ある δ があり，任意の $|x-y|<\delta$ を満たす y に対し，$|f(x)-f(y)|<\epsilon$ を満たすことであった．このことをアナログ回路の代表であるアナログオーディオアンプを例に説明してみよう．これは，ボリュームの目盛が x であるときのアンプの出力が $f(x)$ であるとすると，ボリュームの変動が δ 未満な

らば，アンプの出力の変動が ϵ 未満になることを言っている．以上を論理式で表現すると，例えば
$$\forall \epsilon > 0 \, \exists \delta \, \forall y \, ((|x-y| < \delta) \Rightarrow (|f(x) - f(y)| < \epsilon))$$
となる．さらに $f(x)$ が区間 $[0,1]$ で連続であることは
$$\forall x \in [0,1] \, \forall \epsilon > 0 \, \exists \delta \, \forall y \in [0,1] \, ((|x-y| < \delta) \Rightarrow (|f(x) - f(y)| < \epsilon))$$
と書ける．ここで注意して欲しいのは限量化 $\exists \delta$ の左側に限量化 $\forall x$ と $\forall \epsilon$ があるので，x と ϵ に依存して δ が存在していることである．すなわち，x と ϵ が異なれば δ は異なってもよいのである．一方，$f(x)$ が区間 $[0,1]$ で一様連続であること，すなわち，δ が $[0,1]$ で x に依らず存在することは，
$$\forall \epsilon > 0 \, \exists \delta \, \forall x \in [0,1] \, \forall y \in [0,1] \, ((|x-y| < \delta) \Rightarrow (|f(x) - f(y)| < \epsilon))$$
と限量化 $\exists \delta$ を $\forall x$ の前に持って来ることにより表現できる．このとき ϵ にのみ依存して δ は存在する．このように区間 $[0,1]$ における単なる連続と一様連続との違いは，限量化の順序の違いとして極めて明確に表現できるのである．一般にイプシロン・デルタ論法が理解しにくいと言われるのは，3段重ねの限量化に加えて限量化の依存関係が存在するからだけではなく，その依存関係が日常言語の曖昧さによりうまく伝わらないからであろう．しかし，このように複雑な論法も述語論理式で明確に表現できるのである．

演習問題

5.1 次の命題式の真理値表を書け．
 (a) $(\alpha \lor \beta) \land (\neg \alpha \lor \beta)$ (b) $\alpha \Rightarrow (\beta \Rightarrow \alpha)$
 (c) $(\alpha \Rightarrow \beta) \land (\beta \Rightarrow \alpha)$ (d) $(\alpha \lor \beta) \Leftrightarrow (\alpha \land \neg \beta)$

5.2 3変数のブール関数 f の真理値表を表 5.11 に示す．
 (a) f を論理積標準形で表せ．
 (b) f を論理和標準形で表せ．

表 5.11 f の真理値表

α	β	γ	f	α	β	γ	f
0	0	0	0	1	0	0	1
0	0	1	1	1	0	1	1
0	1	0	1	1	1	0	0
0	1	1	0	1	1	1	1

5.3 (a) 表 5.12 (a) に示す真理値表を持つ命題論理式 ψ を α と β により表せ．
 (b) 表 5.12 (a) の真理値表を持つ演算を NAND 演算と呼び，対応する論理結合子を | と表記する．演算子の集合 $\{\,|\,\}$ は完全であることを示せ．

(c) 表 5.12 (b) に示す真理値表を持つ 2 変数ブール関数 f を論理結合子 | のみを用いて表記せよ．

表 5.12 真理値表

(a)

α	β	ψ
0	0	1
0	1	1
1	0	1
1	1	0

(b)

α	β	f
0	0	0
0	1	1
1	0	1
1	1	0

5.4 入力 a, b，出力 c, s の 1 ビットの半加算器を考える．ただし，a, b, c, s はそれぞれ 0,1 の値をとり，cs を 2 桁の 2 進数とみると a と b の 2 進数としての和となっている．出力 c と s を入力 a, b と NAND ゲート (|) を用いて表現せよ．

5.5 集合 $\{\neg, \Rightarrow\}$ が完全であることを示せ．

5.6 ブール集合 $\mathbf{B}$ と論理積 $\wedge$ からなる 2 つ組 $(\mathbf{B}, \wedge)$ が可換単位半群であることを示せ．

5.7 n, m を自然数とする．次の論理式の真偽を理由をつけて答えよ．
  (a) $\forall n \, \forall m \, (n < m)$ (b) $\exists n \, \forall m \, (n < m)$ (c) $\exists n \, \forall m \, (n \leq m)$
  (d) $\forall n \, \exists m \, (n < m)$ (e) $\forall n \, \exists m \, (n \leq m)$ (f) $\exists n \, \exists m \, (n < m)$

5.8 $\exists a \, \neg \exists b \, P(a, b)$ を $\exists$ を用いずにできるだけ簡単に表現せよ．

5.9 $(\exists a \, P(a)) \wedge (\exists b \, Q(b))$ は真で，$\exists a \, (P(a) \wedge Q(a))$ が偽となる述語 $P(a)$ と述語 $Q(b)$ の例をあげよ．述語は式で述べても，言葉で述べてもどちらでもよい．

5.10 次の言明を論理式で表現せよ．ただし，「a は b に等しいかより小さい」を述語 $a \sqsubseteq b$ で表せ．
  (a) 最小元がある．
  (b) いくらでも小さい元がある．
  (c) $\sqsubseteq$ は推移的関係である．

5.11 実数関数 $f(x)$ が点 x_0 で不連続であることを論理式で表現せよ．

5.12 3 段論法は恒真であることを保存することを証明せよ．

6

数 え 上 げ

本章では，**数え上げ** (counting) について述べる．数え上げは，ある条件を満たす「もの」がいくつ存在するか明らかにする作業である．単純ではあるが，コンピュータサイエンスや離散数学の重要な道具の1つとなっている．まず本章の前半では，様々な数え上げ技法を紹介するとともに，具体的な問題を通じてそれらを学ぶ．次に，数え上げ対象となる基本的な「もの」である**順列** (permutation) と**組合せ** (combination) について述べ，それらの興味深い性質を紹介する．

6.1 数え上げ技法

所定の性質を満たす対象を数え上げることで，ある性質や事実を示す**数え上げ論法** (counting argument) は，単純ではあるが有効である．本節では，数え上げ論法に用いられる様々な数え上げ技法を例とともに紹介する．

6.1.1 和の法則

所定の性質を満たす要素からなる有限集合 S が，互いに素である有限集合 A と B の和集合 $A \cup B$ であるならば，A と B の要素数を数え上げ，それらを足し合わせることで S を数え上げることができる．これは，任意の有限集合 A と B に対し，A と B が互いに素であるとき，$|A \cup B| = |A| + |B|$ となることを利用した数え上げである．一般に，有限集合 S が互いに素である有限集合 $A_0, A_1, \ldots, A_{n-1}$ の和集合 $\bigcup_{i=0}^{n-1} A_i$ であるとき，$|S| = \sum_{i=0}^{n-1} |A_i|$ である．これを**和の法則** (sum law) という．和の法則を利用した数え上げは，数え上げの基本である．

集合 A を数え上げるとき，A を直接数え上げることは困難であるが，その補集合 $\overline{A}$ を数え上げることは容易であることがある．任意の集合 A とその補集合 $\overline{A}$ は互いに素であるので，全体集合を S としたとき，$|A| = |S| - |\overline{A}|$ となる．

したがって，S と $\overline{A}$ をそれぞれ数え上げることで，A を数え上げることができる．全体集合とその補集合を数え上げることで集合を数え上げる方法は，和の法則を利用した単純ではあるが有効な数え上げの技法の 1 つである．

6.1.2 積の法則

所定の性質を満たす要素からなる有限集合 S が有限集合 A と B の直積集合 $A \times B$ であるならば，A と B の要素数を数え上げ，それらを掛け合わせることで S を数え上げることができる．これは，任意の有限集合 A と B に対し，23 ページの定理 1.23 に記したように $|A \times B| = |A| \cdot |B|$ となることを利用した数え上げである．一般に，有限集合 S が有限集合 $A_0, A_1, \ldots, A_{n-1}$ の直積集合であるとき，$|S| = \Pi_{i=0}^{n-1} |A_i|$ である．これを**積の法則** (product law) という．積の法則を利用した数え上げは，和の法則とともに数え上げの基本となっている．

集合 S が $A \times B$ の真部分集合である場合には，$|A| \cdot |B|$ は $|S|$ の上界を与えるが，A と B の要素数を単純に掛け合わせることで S を数え上げることはできない．すなわち，集合 S が順序対 (a, b) からなるとき，積の法則が適用できるのは，a と対となる b が，a に依存することなく，a とは**独立** (independent) に選択できるときである．

6.1.3 包除原理

所定の性質を満たす要素からなる有限集合 S が有限集合 A と B の和集合であるとき，A と B が互いに素であるならば，和の法則を利用して S を数え上げることができる．しかし，A と B が互いに素でなければ，単純に A と B を数え上げ，それらを足し合わせただけでは，A と B の共通部分集合 $A \cap B$ に属する要素が 2 回数え上げられてしまうので，S を数え上げたことにはならない．しかし，共通部分集合 $A \cap B$ の数え上げが容易な場合には，それらを後から引くことで S を数え上げることができる．すなわち，数え上げたい対象すべてを包含するように数え上げ，後から重複分を取り除くことで，数え上げは完了する．これを**包除原理** (inclusion-exclusion principle) という．すなわち，包除原理は，23 ページの定理 1.23 に記したように

$$|A \cup B| = |A| + |B| - |A \cap B| \tag{6.1}$$

となることを利用した数え上げである．

任意の集合 A と B に対し，差集合 $A \setminus B$，差集合 $B \setminus A$，共通部分集合 $A \cap B$

をそれぞれ数え上げることができれば，それらは互いに素であり，$A \cup B = (A \setminus B) \cup (B \setminus A) \cup (A \cap B)$ であるので，$A \cup B$ を和の法則で数え上げることができる．しかし，普通は $A \setminus B$ よりも A を容易に数え上げることができるので，包除原理は単純ではあるが有効な手段である．

包除原理は，集合が 3 つ以上の有限集合の和集合として表される場合に一般化できる．一般化した包除原理については 7.2.3 節で議論し，ここでは最も基本的な包除原理を用いた数え上げの例題として，異なる 2 つの素数の積と互いに素な自然数を実際に数え上げる．

その前に基本的な事項を確認する．任意の 2 以上の自然数 n は，**約数** (divisor) が 1 と n のみであるとき**素数** (prime number) と呼ばれ，そうでなければ**合成数** (composite number) と呼ばれる．例えば，5 の約数は 1 と 5 のみであるので 5 は素数であるが，6 の約数は $1, 2, 3, 6$ であるので 6 は合成数である．また，2 以上の任意の自然数は素数の積で表現することができる．2 以上の自然数を素数の積で表現することを**素因数分解** (factorization) といい，その素因数分解に含まれる素数をその自然数の**素因数** (prime factor) という．例えば，6 は 2×3 に素因数分解され，その素因数は 2 と 3 である．任意の異なる 2 つの自然数は，それらの**最大公約数** (greatest common divisor) が 1 であるとき**互いに素** (mutually prime, coprime) であると呼ばれる．例えば，任意の自然数 n に対し，0 と n の最大公約数は n であるので，0 と 1 は互いに素であり，0 と 2 以上の自然数は互いに素ではない．素因数分解の困難さは現在の代表的な暗号の安全性と大きく関わっているが，異なる 2 つの素数の積と互いに素な自然数も暗号と関わりが深い．

【例題 6.1】 任意の異なる素数 p と q に対し，pq と互いに素である pq 未満の自然数はいくつあるか．

【解答】 $n = pq$ とする．このとき，n の素因数は p と q の 2 つであるので，n 未満の任意の自然数は，p と互いに素でありかつ q と互いに素であるとき，n と互いに素となる．我々の関心は n と互いに素である自然数の個数であるが，まず，p または q と互いに素ではない自然数の個数を調べよう．p は素数であるので p と互いに素ではない自然数は p の倍数に限られる．したがって，p と互いに素ではない n 未満の自然数は $0, p, 2p, \ldots, (q-1)p$ であり，全部で q 個であることが分かる．同様に q と互いに素ではない n 未満の自然数は p 個である．また，0 は p の倍数であり q の倍数でもあるが，他の n 未満の p の倍数と q の倍数は異な

る．したがって，p と互いに素ではない自然数の集合と q と互いに素ではない自然数の集合の共通部分集合の要素数は 1 であり，包除原理より p または q と互いに素ではない自然数は $q+p-1$ 個となる．ここで，n 未満の残りの自然数は，$pq-(q+p-1)=(p-1)(q-1)$ 個であり，それらは p と互いに素であり，かつ q と互いに素である自然数であり，n と互いに素となる．したがって，求める数は $(p-1)(q-1)$ であることが分かる． □

この例題では，包除原理だけでなく，補集合を数え上げる和の法則も利用している．様々な技法を組み合わせることで効率よく数え上げができるのである．

6.1.4　2重数え上げ

所定の性質を満たす要素からなる有限集合 S を，その性質に着目して数え上げることが困難な場合がある．そのような場合，所定の性質とは異なる性質に着目することで，S を容易に数え上げることができることがある．S を 2 つの異なる方法で数え上げたとき，対象が同じであるのでその値は当然一致する．所定の性質とは異なる性質に着目し数え上げる方法を **2 重数え上げ** (double counting) と呼ぶ．2 重数え上げは，単純な手法であるが，コンピュータサイエンスや離散数学の様々な場面で重要な役割を果たす．ここでは，コンピュータサイエンスや離散数学の様々な場面で用いられる行列に対し，2 重数え上げをしてみよう．

各要素が 0 か 1 である m 行 n 列の行列 M に対し，第 j 行に含まれる 1 の個数を $r_M(j)$ とし，第 i 列に含まれる 1 の個数を $c_M(i)$ とする ($0 \leq j \leq m-1, 0 \leq i \leq n-1$)．このとき，$M$ の行毎の 1 の個数の総和 $\sum_{j=0}^{m-1} r_M(j)$ と M の列毎の 1 の個数の総和 $\sum_{i=0}^{n-1} c_M(i)$ は，ともに M に含まれる 1 の個数に等しい．したがって，次の定理が成り立つ．

定理 6.1 (行列の 2 重数え上げ)

各要素が 0 か 1 である m 行 n 列の任意の行列 M に対し，

$$\sum_{j=0}^{m-1} r_M(j) = \sum_{i=0}^{n-1} c_M(i) \tag{6.2}$$

が成り立つ． □

行列に含まれる 1 の個数を定理 6.1 では行列の行と列それぞれに着目して数え上げている．それでは定理 6.1 を用いた定理を紹介しよう．

有限集合 $A=\{a_0, a_1, \ldots, a_{n-1}\}$ 上の集合族 $F=\{S_0, S_1, \ldots, S_{m-1}\}$ を考

える．このとき，要素 $a \in A$ の F における位数を $d_F(a)$ で表す．また，F に対し，S_i の特性関数 χ_{S_i} を用いて，M_F を i 行 j 列の要素が $\chi_{S_i}(a_j)$ である m 行 n 列の行列と定義する．すなわち，

$$M_F = \begin{bmatrix} \chi_{S_0}(a_0) & \chi_{S_0}(a_1) & \cdots & \chi_{S_0}(a_{n-1}) \\ \chi_{S_1}(a_0) & \chi_{S_1}(a_1) & \cdots & \chi_{S_1}(a_{n-1}) \\ \vdots & \vdots & \ddots & \vdots \\ \chi_{S_{m-1}}(a_0) & \chi_{S_{m-1}}(a_1) & \cdots & \chi_{S_{m-1}}(a_{n-1}) \end{bmatrix}$$

である．M_F の第 j 行は集合 $S_j \in F$ の要素数と等しい回数だけ 1 となる．すなわち，第 j 行に含まれる 1 の個数 $r_{M_F}(j)$ は $|S_j|$ と等しい．また，M_F の第 i 列は，要素 $a_i \in A$ が部分集合に含まれる回数だけ 1 となる．すなわち，第 i 列に含まれる 1 の個数 $c_{M_F}(i)$ は $d_F(a_i)$ と等しい．

定理 6.2 (集合族と位数)

有限集合 A 上の集合族 F に対し，

$$\sum_{a \in A} d_F(a) = \sum_{S \in F} |S|$$

である．

証明 $A = \{a_0, a_1, \ldots, a_{n-1}\}$ とし，$F = \{S_0, S_1, \ldots, S_{m-1}\}$ とし，行列 M_F を考える．このとき，任意の自然数 j $(0 \leq j \leq m-1)$ に対し，$r_{M_F}(j) = |S_j|$ であり，任意の自然数 i $(0 \leq i \leq n-1)$ に対し，$c_{M_F}(i) = d_F(a_i)$ である．定理 6.1 の式 (6.2) より $\sum_{i=0}^{n-1} c_{M_F}(i) = \sum_{j=0}^{m-1} r_{M_F}(j)$ であり，

$$\sum_{a \in A} d_F(a) = \sum_{i=0}^{n-1} d_F(a_i) = \sum_{i=0}^{n-1} c_{M_F}(i) = \sum_{j=0}^{m-1} r_{M_F}(j)$$
$$= \sum_{j=0}^{m-1} |S_j| = \sum_{S \in F} |S|$$

となる． □

6.2 順列と組合せ

本節では，コンピュータサイエンスや離散数学でよく用いられる基本的な概念の 1 つであり，数え上げの対象となるだけでなく，様々な対象を数え上げる

手段としても用いられる**順列** (permutation) と**組合せ** (combination) について述べるとともに，特にそれらの総数について議論する．

6.2.1 順列と組合せの定義

高校で既に学習済みであると思うが，念のため**順列** (permutation) と**組合せ** (combination) について説明しよう．順列は集合からいくつかの要素を順番に選び出す方法であり，組合せは集合からいくつかの要素を選び出す方法である．

（1） 順列，組合せ，重複順列，重複組合せ

組合せでは要素を選び出す順番は問わず，選び出された要素からなる集合が同じであれば同じ組合せとなる．一方，順列では集合から選び出された要素からなる集合が同じであっても，要素を選び出す順番が異なれば異なる順列となる．すなわち，組合せは集合からその部分集合を生成する操作であり，順列は集合からその要素を成分とする組を生成する操作である．

【定義 6.1 (順列)】 任意の自然数 n と k ($n \geq k$) に対し，異なる n 要素から (重複を許さずに)k 要素を順番に選び出す方法を (n, k)-順列と呼ぶ．

要素数 n の集合 A から得られる (n, k)-順列は，各成分が A の要素であり，かつ互いに異なる k-組である．

【定義 6.2 (組合せ)】 任意の自然数 n と k ($n \geq k$) に対し，異なる n 要素から (重複を許さずに)k 要素を選び出す方法を (n, k)-組合せと呼ぶ．

要素数 n の集合 A から得られる (n, k)-組合せは，要素数 k の A の部分集合である．

集合 A から得られる順列と組合せでは，A の各要素は 2 回以上選び出されることはないが，各要素を 2 回以上選び出すことを許す順列と組合せを考えることがあり，それぞれ**重複順列** (permutation with repetition) と**重複組合せ** (combination with repetition) と呼ぶ．

【定義 6.3 (重複順列)】　任意の自然数 n と k に対し，異なる n 要素から重複を許して k 要素を順番に選び出す方法を (n,k)-重複順列と呼ぶ．

要素数 n の集合 A から得られる (n,k)-重複順列は，各成分が A の要素である k-組である．すなわち，(n,k)-重複順列は，A 上の長さ k のある列 (記号列) に対応する．

【定義 6.4 (重複組合せ)】　任意の自然数 n と k に対し，異なる n 要素から重複を許して k 要素を選び出す方法を (n,k)-重複組合せと呼ぶ．

要素数 n の集合 A から得られる (n,k)-重複組合せは，要素数 k の各要素が A の要素である多重集合である．1.1.1 節で説明したが，集合では $\{0,0\} = \{0\}$ となるが，多重集合では $\{0,0\} \neq \{0\}$ であることに注意しよう．

【例 6.1】　集合 $A = \{0,1,2\}$ に対し

- $(3,2)$-順列: $(0,1),(0,2),(1,0),(1,2),(2,0),(2,1)$
- $(3,2)$-重複順列: $(0,0),(0,1),(0,2),(1,0),(1,1),(1,2),(2,0),(2,1),(2,2)$
- $(3,2)$-組合せ: $\{0,1\},\{0,2\},\{1,2\}$
- $(3,2)$-重複組合せ: $\{0,0\},\{0,1\},\{0,2\},\{1,1\},\{1,2\},\{2,2\}$

となる．

順列と組合せは $n \geq k$ である自然数 n と k に対して定義されるが，重複順列と重複組合せは任意の自然数 n と k に対して定義されることに注意しよう．以下本書では，「異なる n 要素から k 要素を選び出す」と表記した場合には重複を許さない順列と組合せを意味し，重複順列と重複組合せに対応する場合には，常に「重複を許して」と明記することとする．

【例 6.2】　11 羽の鳩が 10 個の巣に入りたいとしよう．各巣にちょうど 1 羽しか鳩が入ることができないと，鳩の巣への入り方は $(11,10)$-順列となる．また，このとき巣へ入ることのできる鳩の集合は $(11,10)$-組合せとなる．各巣に何羽でも鳩が入ることができると，鳩は重複を許して 10 個の巣を順番に 11 回

選び出すと考えることができ，鳩の巣への入り方は $(10,11)$-重複順列となる．11 羽の鳩を区別しなければ，重複を許して 10 個の巣を 11 回選び出すと考えることができ，鳩の巣への入り方は $(10,11)$-重複組合せとなる． ■

（2） 円順列と数珠順列

順列は集合からいくつかの要素を順番に選び出す方法と定義したが，これは要素を一列に並べる並べ方であると考えることもできる．高校までに既に学習済みであると思うが，本節では，要素を一列に並べるのではなく，円周上や数珠状に並べる並べ方に対応する**円順列** (circular permutation) と**数珠順列** (necklace permutation) の定義を改めて示そう．

【定義 6.5 (円順列)】 任意の自然数 n と k $(n \geq k)$ に対し，異なる n 要素から (重複を許さずに) k 要素を円周上に並べる方法を (n,k)-円順列と呼び，重複を許して円周上に並べる方法を (n,k)-重複円順列と呼ぶ．

【定義 6.6 (数珠順列)】 任意の自然数 n と k $(n \geq k)$ に対し，異なる n 要素から (重複を許さずに) k 要素を数珠状に並べる方法を (n,k)-数珠順列と呼び，重複を許して数珠状に並べる方法を (n,k)-重複数珠順列と呼ぶ．

円順列で要素を円周上に並べるとき，円周方向の回転によって一致する並べ方は同一とみなすが，裏返しによる一致は同一とみなさない．一方，数珠順列で要素を数珠状に並べるとき，円周方向の回転および裏返しによって一致する並べ方は同一とみなす．

6.2.2 総数の表記と階乗

一般に，(n,k)-順列の総数は $_n\mathrm{P}_k$ と表記され，(n,k)-組合せの総数は $_n\mathrm{C}_k$ と表記される．また，(n,k)-重複順列の総数は $_n\Pi_k$ と表記され，(n,k)-重複組合せの総数は $_n\mathrm{H}_k$ と表記される．それら表記を表 6.1 にまとめる．一般的な (n,k)-円順列，(n,k)-数珠順列の総数の表記法は定まっていないが，本書では，便宜的に表 6.1 の表記を用いる．

順列や組合せの総数に関する議論において，**階乗** (factorial) が大きな役割を

表 6.1 順列と組合せの総数

	重複無し	重複有り
(n,k)-順列	$_n\mathbf{P}_k$	$_n\mathbf{\Pi}_k$
(n,k)-組合せ	$_n\mathbf{C}_k$	$_n\mathbf{H}_k$
(n,k)-円順列	$_n\mathbf{S}_k$	$_n\mathbf{\Sigma}_k$
(n,k)-数珠順列	$_n\mathbf{D}_k$	$_n\mathbf{\Delta}_k$

果たす．まず，階乗について確認しよう．任意の自然数 n に対し，n の階乗を $n!$ と表記する．

【定義 6.7 (階乗)】 任意の正の自然数 n に対し，$n! = 1 \cdot 2 \cdot 3 \cdots (n-1) \cdot n$ である．また，$0! = 1$ とする．

6.2.3 順列の総数

それでは，まず，最も基本的である (n,k)-順列の総数 $_n\mathbf{P}_k$ から示すこととしよう．

定理 6.3 (順列の総数)

任意の自然数 n と k $(n \geq k \geq 0)$ に対し

$$_n\mathbf{P}_k = n(n-1)\cdots(n-k+1) = \frac{n!}{(n-k)!}$$

である．

証明　異なる n 要素から k 要素を順番に選択するとき，1 番目の要素として n 要素から選択が可能である．また，2 番目の要素としては，1 番目に選ばれた要素を除く $n-1$ 要素から選択が可能であり，1 番目，2 番目の選択の方法は $n(n-1)$ 通りとなる．以下同様に，i 番目 $(1 \leq i \leq k)$ の要素としては，1 番目，2 番目，…，$i-1$ 番目に選ばれた要素を除く $n-(i-1)$ 要素から選択が可能である．したがって，異なる n 要素から k 要素を順番に選択する方法は $n(n-1)\cdots(n-k+1) = \frac{n!}{(n-k)!}$ 通りとなる． □

【例 6.3】 11 羽の鳩がいて 10 個の巣にそれぞれ 1 羽ずつ入るとする．このとき，鳩の巣への入り方は $(11,10)$-順列であり，その総数は $_{11}\mathbf{P}_{10} = 39916800$ である．

任意の自然数 n に対し $(n,0)$-順列の総数 $_n\mathbf{P}_0$ は 1 となることに注意しよう．単射の総数に関する定理を定理 6.3 より示すことができる．

定理 6.4 (単射の総数)

任意の有限集合 A と B に対し，$|A|=m$ とし，$|B|=n$ とする．A から B への単射の総数は $m \leq n$ のとき $\frac{n!}{(n-m)!}$ であり，$m > n$ のとき 0 である．

証明 A から B への単射 f を考える．このとき，集合 A のすべての要素 a に対し，a の像 $f(a)$ を順に書き並べることで順列が得られる．$m \leq n$ のとき A から B への単射から得られる順列は (n,m)-順列となり，異なる単射からは異なる (n,m)-順列が得られ，すべての (n,m)-順列に対応する単射が存在するため，単射の集合から (n,m)-順列の集合への全単射が存在する．したがって，40 ページの系 2.3 よりそれらの数は等しく，単射の総数は $_n\mathbf{P}_m$ となり，定理 6.3 より $\frac{n!}{(n-m)!}$ となる．一方，$m > n$ のとき 36 ページの定理 2.8 より単射は存在せずその総数は 0 である． □

全単射の総数も定理 6.4 の系として示すことができる．

系 6.1 (全単射の総数)

任意の有限集合 A と B に対し，$|A|=m$ とし，$|B|=n$ とする．A から B への全単射の総数は $m=n$ のとき $m!$ であり，$m \neq n$ のとき 0 である．

証明 $m \neq n$ のとき 40 ページの系 2.3 より A から B への全単射は存在せずその総数は 0 である．$m = n$ のとき A から B への全単射は存在し，全単射は単射であるので定理 6.4 よりその総数は $m!$ となる． □

6.2.4 重複順列の総数

次に，(n,k)-重複順列の総数 $_n\mathbf{\Pi}_k$ を積の法則を用いて示そう．

定理 6.5 (重複順列の総数)

任意の自然数 n と k に対し，$_n\mathbf{\Pi}_k = n^k$ である．

証明 異なる n 要素から重複を許して k 要素を順番に選択するとき，1 番目，2 番目，…，k 番目はそれぞれ n 要素から選択が可能であるので，異なる n 要素から重複を許して k 要素を順番に選択する方法は $\overbrace{n \cdot n \cdots n}^{k} = n^k$ 通りとなる． □

【例 6.4】 11 羽の鳩が 10 個の巣に入るとする．このとき，鳩の巣への入り方は $(10,11)$-重複順列であり，その総数は $_{10}\mathbf{\Pi}_{11} = 10^{11} = 100000000000$ である．

任意の自然数 n に対し $(n,0)$-重複順列の総数 ${}_n\Pi_0$ は 1 となり，任意の正の自然数 n に対し $(0,n)$-重複順列の総数 ${}_0\Pi_n$ は 0 となることに注意しよう．

集合 A から得られる任意の (n,k)-重複順列は A 上の長さが k の列に対応し，異なる (n,k)-重複順列は異なる列に対応する．したがって，定理 6.5 から次の系が得られる．

系 6.2 (列 (記号列) の総数)

任意の有限集合 A と任意の自然数 k に対し，A 上の長さが k の異なる列 (記号列) の総数は $|A|^k$ である． □

同様に写像の総数に関する性質を定理 6.5 より示すことができる．

系 6.3 (写像の総数)

任意の有限集合 A と B に対し，$|A| = m$ とし，$|B| = n$ とする．A から B への写像の総数は ${}_n\Pi_m = n^m$ である．

証明 A から B への写像 f を考える．このとき，集合 A のすべての要素 a に対し，a の像 $f(a)$ を順に書き並べることで重複順列が得られる．A から B への写像から得られる重複順列は (n,m)-重複順列となり，異なる写像からは異なる (n,m)-重複順列が得られ，すべての (n,m)-重複順列に対応する写像が存在するため，写像の集合から (n,m)-重複順列の集合への全単射が存在する．したがって，40 ページの系 2.3 よりそれらの数は等しく，写像の総数は ${}_n\Pi_m$ となり，定理 6.5 より n^m となる． □

6.2.5 組合せの総数

次に，(n,k)-組合せの総数 ${}_n\mathbf{C}_k$ について考える．

定理 6.6 (組合せの総数)

任意の自然数 n と k $(n \geq k \geq 0)$ に対し，${}_n\mathbf{C}_k = \dfrac{n!}{k!(n-k)!}$ である．

証明 要素数 n の集合 A から得られる任意の (n,k)-組合せは A の部分集合である．一方，順列は集合の要素を成分とする組を生成する操作である．そこで A から得られる (n,k)-順列 P の各成分からなる集合を C とすると，P の各成分は異なるので，C は大きさ k の A の部分集合であり，A から得られる (n,k)-組合せとなる．すなわち，すべての (n,k)-順列はある (n,k)-組合せに対応する．また，ある (n,k)-組合せ C にはいくつかの (n,k)-順列が対応するがその総数は，C から得られる (k,k)-順列の総数 ${}_k\mathbf{P}_k$ と一致する．定理 6.3 より，(n,k)-順列の総数は $\frac{n!}{(n-k)!}$ であり，(k,k)-順列の総数は $k!$ である．したがって，${}_n\mathbf{C}_k \cdot k! = \frac{n!}{(n-k)!}$ であり，${}_n\mathbf{C}_k = \frac{n!}{k!(n-k)!}$ が導かれる． □

【例 6.5】 11 羽の鳩がいて 10 個の巣にそれぞれ 1 羽ずつ入るとする．このとき，巣へ入ることのできる鳩の集合は $(11, 10)$-組合せであり，その総数は $_{11}\mathrm{C}_{10} = 11$ である． ■

任意の自然数 n に対し $(n, 0)$-組合せの総数 $_n\mathrm{C}_0$ は 1 となることに注意しよう．

任意の自然数 n と k $(n \geq k \geq 0)$ に対し，集合 $\{0, 1\}$ 上の長さ n の 0 を k 個含む列を考える．このとき，列の k 個の成分は 0 であり，残りの $n - k$ 個の成分は 1 である．すなわち，このような列は (n, k)-組合せに対応し，異なる列は異なる (n, k)-組合せに対応する．したがって，集合 $\{0, 1\}$ 上の長さ n の 0 を k 個含む異なる列の総数は $_n\mathrm{C}_k$ であるので，定理 6.6 から次の系が得られる．

系 6.4 (0 を k 個含み 1 を $n - k$ 個含む長さ n の列 (記号列) の総数)
要素数 2 の任意の有限集合 A と任意の自然数 k に対し，A 上の長さ n の $a \in A$ を k 個含む異なる列 (記号列) の総数は $_n\mathrm{C}_k = \dfrac{n!}{k!(n-k)!}$ である． □

6.2.6 重複組合せの総数

要素数 n の集合から重複を許して k 要素を選び出す (n, k)-重複組合せは，要素数が k の多重集合である．要素数 n の集合 A から得られる (n, k)-重複組合せでは，A の各要素は 1 回以上選び出されることがあるが，選び出された回数を，A の各要素について足し合わせると k となることに注意しよう．

定理 6.7 (重複組合せの総数)
任意の自然数 n と k に対し $_n\mathrm{H}_k = \dfrac{(n - 1 + k)!}{k!(n-1)!}$ である．

証明 まず，$n - 1$ 個の×と k 個の○からなる長さ $n - 1 + k$ の記号列を考える．このような記号列の総数は系 6.4 より $_{n-1+k}\mathrm{C}_k$ である．次に，この記号列を集合 $A = \{a_1, a_2, \ldots, a_n\}$ から重複を許して k 要素を選び出す (n, k)-重複組合せと対応させる．ある記号列に対し，その記号列のアルファベットを前から順番に調べて

- 第 1 番目の×より前の○の個数を m_1
- 第 1 番目と第 2 番目の×の間の○の個数を m_2
- $\ldots$
- 第 $i - 1$ 番目と第 i 番目の×の間の○の個数を m_i
- $\ldots$

- 第 $n-1$ 番目の×の後の○の個数を m_n

とする．すなわち，

$$\underbrace{\bigcirc \cdots \bigcirc}_{m_1 \text{個}} \times \underbrace{\bigcirc \cdots \bigcirc}_{m_2 \text{個}} \times \cdots \times \underbrace{\bigcirc \cdots \bigcirc}_{m_i \text{個}} \times \cdots \times \underbrace{\bigcirc \cdots \bigcirc}_{m_{n-1} \text{個}} \times \underbrace{\bigcirc \cdots \bigcirc}_{m_n \text{個}}$$

とする．このとき，$\sum_{i=i}^{n} m_i = k$ となる．したがって，A の要素 a_i を m_i 回選ぶこととすると $(1 \leq i \leq n)$，これはある (n,k)-重複組合せに対応する．また，この対応は記号列の集合から (n,k)-重複組合せの集合への全単射となる．したがって，(n,k)-重複組合せの総数 ${}_n\mathrm{H}_k$ は 40 ページの系 2.3 より記号列の総数 ${}_{n-1+k}\mathrm{C}_k$ と等しく，${}_n\mathrm{H}_k = \frac{(n-1+k)!}{k!(n-1)!}$ となる． □

【例 6.6】 11 羽の鳩が 10 個の巣に入っているとする．11 羽の鳩を区別しないとき，鳩の巣への入り方は $(10, 11)$-重複組合せとなり，その総数は ${}_{10}\mathrm{H}_{11} = 167960$ である． ■

6.2.7 円順列と数珠順列の総数

次に，(n,k)-円順列の総数 ${}_n\mathrm{S}_k$ について述べよう．

定理 6.8 (円順列の総数)
任意の正の自然数 n と k $(n \geq k \geq 1)$ に対し，

$$ {}_n\mathrm{S}_k = \frac{{}_n\mathrm{P}_k}{k} = \frac{n!}{k(n-k)!} $$

である．

証明 任意の (n,k)-順列 $(a_1, a_2, \ldots, a_k)$ に対して，以下の k 個の異なる (n,k)-順列

$$(a_1, a_2, a_3, \ldots, a_{k-1}, a_k),$$
$$(a_2, a_3, a_4, \ldots, a_k, a_1),$$
$$(a_3, a_4, a_5, \ldots, a_1, a_2),$$
$$\vdots$$
$$(a_k, a_1, a_2, \ldots, a_{k-2}, a_{k-1})$$

は円周上に並べたとき同一とみなされる．したがって，${}_n\mathrm{P}_k = k \cdot {}_n\mathrm{S}_k$ となる．定理 6.3 より ${}_n\mathrm{P}_k = \frac{n!}{(n-k)!}$ であり，${}_n\mathrm{S}_k = \frac{n!}{k(n-k)!}$ となる． □

次に (n,k)-数珠順列の総数 ${}_n\mathrm{D}_k$ について述べる．

定理 6.9 (数珠順列の総数)

任意の正の自然数 n と k ($n \geq k \geq 1$) に対し

$$_n\mathbf{D}_k = \begin{cases} {}_n\mathbf{C}_k = \dfrac{n!}{k!(n-k)!} & (k = 1, 2 \text{ の場合}) \\ \dfrac{{}_n\mathbf{P}_k}{2k} = \dfrac{n!}{2k(n-k)!} & (k \geq 3 \text{ の場合}) \end{cases}$$

である.

証明 まず,$k = 1$ の場合は,${}_n\mathbf{D}_1 = n$ であるので ${}_n\mathbf{D}_1 = {}_n\mathbf{C}_1$ となる.次に,$k = 2$ の場合を考える.任意の $(n, 2)$-順列 (a_1, a_2) に対して,(a_1, a_2) と (a_2, a_1) は数珠状に並べたとき同一とみなされる.したがって,${}_n\mathbf{P}_2 = 2 \cdot {}_n\mathbf{D}_2$ となり,${}_n\mathbf{D}_2 = {}_n\mathbf{P}_2/2 = {}_n\mathbf{C}_2$ となる.最後に,$k \geq 3$ の場合について考える.このとき,任意の (n, k)-順列 $(a_1, a_2, \ldots, a_k)$ に対して,円周上に並べたとき $(a_1, a_2, \ldots, a_k)$ と同一とみなされる k 個の (n, k)-順列と,円周上に並べたとき $(a_k, a_{k-1}, \ldots, a_1)$ と同一とみなされる k 個の (n, k)-順列は,すべて異なる (n, k)-順列であり,それらは数珠状に並べたとき同一とみなされる.したがって,${}_n\mathbf{P}_k = 2k \cdot {}_n\mathbf{D}_k$ であり,${}_n\mathbf{D}_k = \frac{{}_n\mathbf{P}_k}{2k}$ となる.定理 6.3 より,${}_n\mathbf{P}_k = \frac{n!}{(n-k)!}$ であり,${}_n\mathbf{D}_k = \frac{n!}{2k(n-k)!}$ となる. □

(n, k)-重複円順列の総数 ${}_n\mathbf{\Sigma}_k$ と (n, k)-重複数珠順列の総数 ${}_n\mathbf{\Delta}_k$ の一般形の導出は,定理 6.8 および定理 6.9 でそれぞれ示した (n, k)-円順列の総数 ${}_n\mathbf{S}_k$ と (n, k)-数珠順列の総数 ${}_n\mathbf{D}_k$ の一般形の導出に比べ遥かに複雑であるので,本書では省略する[1].

6.3 組合せの性質

コンピュータサイエンスや離散数学において,順列や組合せはそれぞれ重要な役割を果たす.本節では,組合せの基本的な性質とそれらから導出されるいくつかの興味深い事実を示すとともに,組合せで説明できる具体例を示す.

6.3.1 総数の表記

任意の自然数 n と k に対して組合せの総数 ${}_n\mathbf{C}_k$ は定義されたが,任意の整数 n と k に対し,$\binom{n}{k}$ を以下のように定義する.

---

[1] 重複円順列の総数 ${}_n\mathbf{\Sigma}_k$ と重複数珠順列の総数 ${}_n\mathbf{\Delta}_k$ の一般形の導出は,置換群によって誘導される同値類の個数に関するバーンサイド (Burnside) の定理を用いる.

【定義 6.8 (組合せの総数 $\binom{n}{k}$)】 任意の整数 n と k に対し,

$$\binom{n}{k} = \begin{cases} \dfrac{n!}{k!(n-k)!} & (n \geq k \geq 0) \\ 0 & ((k < 0) \vee (n < k)) \end{cases} \tag{6.3}$$

とする.

すなわち, 整数 n と k が $n \geq k \geq 0$ を満たし (n,k)-組合せが定義されるとき $\binom{n}{k}$ は (n,k)-組合せの総数を表し, (n,k)-組合せが定義されないとき $\binom{n}{k}$ は 0 とする. 以下では, $\binom{n}{k}$ を (n,k)-組合せの総数として用いることとする.

ここでは, $\binom{n}{k}$ の表記を用いた定理を示す.

定理 6.10 (2 集合からの組合せ)
任意の自然数 m, ℓ, s に対し,

$$\binom{m+\ell}{s} = \sum_{k=0}^{s} \binom{m}{k}\binom{\ell}{s-k} \tag{6.4}$$

である.

証明 任意の自然数 m, ℓ, s に対し, m 人の男子学生と ℓ 人の女子学生からなるクラスで s 人の委員を選ぶことを考えよう (ただし $m+\ell \geq s$). このとき選び方の総数を $N_{m,\ell}(s)$ とすると,

$$N_{m,\ell}(s) = \binom{m+\ell}{s}$$

となる. 一方, s 以下の任意の自然数 k に対し, 男子学生から k 人を選び, また女子学生から $s-k$ 人を選ぶ選び方の総数を $M_{m,\ell}(s,k)$ とすると,

$$M_{m,\ell}(s,k) = \binom{m}{k}\binom{\ell}{s-k}$$

となる. ここで, 式 (6.3) より $m < k$ ならば $\binom{m}{k} = 0$ であり, $\ell < s-k$ ならば $\binom{\ell}{s-k} = 0$ であることに注意すると,

$$N_{m,\ell}(s) = M_{m,\ell}(s,0) + M_{m,\ell}(s,1) + \cdots + M_{m,\ell}(s,s)$$

となる. したがって, 任意の自然数 m, ℓ, s に対して, 式 (6.4) が成り立つ. □

6.3.2 対 称 性

まず始めに (n,k)-組合せの総数 $\binom{n}{k}$ の対称性に関する性質について述べよう.

定理 6.11 (組合せの対称性)

任意の整数 n と k に対し, $\binom{n}{k} = \binom{n}{n-k}$ である.

証明 (n,k)-組合せの総数 $\binom{n}{k}$ の定義より, $n \geq k \geq 0$ であるとき

$$\binom{n}{n-k} = \frac{n!}{(n-k)!(n-(n-k))!} = \frac{n!}{(n-k)!k!} = \frac{n!}{k!(n-k)!} = \binom{n}{k}$$

となる. それ以外の場合には両辺はともに 0 で等しい. □

組合せの対称性は, 定理 6.11 の証明で示したように (n,k)-組合せの総数 $\binom{n}{k}$ の定義から導出できるがより直感的に示すこともできる.

【例 6.7】 (n,k)-組合せは「異なる n 個の要素から k 個の要素を選択する」に対応する. このとき, 選択されなかった $n-k$ 個の要素が一意に定まる. したがって,「異なる n 個の要素から k 個の要素を選択する」は「異なる n 個の要素から選ばない $n-k$ 個の要素を選択する」と解釈することができる. よって $\binom{n}{k} = \binom{n}{n-k}$ が成り立つ. ■

定理 6.10 の式 (6.4) と定理 6.11 による組合せの対称性より, (n,k)-組合せの総数 $\binom{n}{k}$ に関する興味深い性質が導出される.

系 6.5 (組合せの総数の 2 乗和)

任意の自然数 n に対し, $\binom{2n}{n} = \sum_{k=0}^{n} \binom{n}{k}^2$ である.

証明 定理 6.10 の式 (6.4) において $m = \ell = s = n$ とすると,

$$\binom{2n}{n} = \sum_{k=0}^{n} \binom{n}{k}\binom{n}{n-k}$$

となる. ここで定理 6.11 より $\binom{n}{n-k} = \binom{n}{k}$ であるので,

$$\binom{2n}{n} = \sum_{k=0}^{n} \binom{n}{k}^2$$

となる. □

6.3.3 帰納的性質

次に (n,k)-組合せの総数 $\binom{n}{k}$ の帰納的性質について述べよう. これは単純な性質ではあるが, この性質を用いてより複雑な性質を導出することができるなど, 極めて重要な性質である.

定理 6.12 (組合せの帰納的性質)

任意の正の自然数 n と k $(n \geq k \geq 1)$ に対し

$$\binom{n}{k} = \binom{n-1}{k} + \binom{n-1}{k-1}$$

である.

証明 (n,k)-組合せの総数 $\binom{n}{k}$ の定義より

$$\binom{n-1}{k} + \binom{n-1}{k-1}$$

$$= \frac{(n-1)!}{k!(n-1-k)!} + \frac{(n-1)!}{(k-1)!(n-1-(k-1))!}$$

$$= \frac{(n-1)!}{k!(n-1-k)!} + \frac{(n-1)!}{(k-1)!(n-k)!}$$

$$= \frac{(n-k)(n-1)!}{k!(n-k)(n-1-k)!} + \frac{k(n-1)!}{k(k-1)!(n-k)!}$$

$$= \frac{(n-k)(n-1)!}{k!(n-k)!} + \frac{k(n-1)!}{k!(n-k)!}$$

$$= \frac{(n-1)!}{k!(n-k)!}(n-k+k)$$

$$= \frac{n(n-1)!}{k!(n-k)!} = \frac{n!}{k!(n-k)!} = \binom{n}{k}$$

となる. □

組合せの帰納的性質は, 定理 6.12 の証明で示したように (n,k)-組合せの総数 $\binom{n}{k}$ の定義から導出できるがより直感的に示すこともできる.

【例 6.8】 (n,k)-組合せは「異なる n 個の要素から k 個の要素を選択する」に対応する. n 個の要素の中のある要素 a に着目すると, a は k 個の要素として選ばれないか, 選ばれるかのいずれかである. 着目した a が選ばれない場合には, a を除いた残りの異なる $n-1$ 個の要素から k 個の要素を選ぶので, 選択する方法は $\binom{n-1}{k}$ 通りとなる. また, 着目した a が選ばれた場合には, a を除いた残りの異なる $n-1$ 個の要素から $k-1$ 個の要素を選ぶので, 選択する方法は $\binom{n-1}{k-1}$ 通りとなる. したがって, $\binom{n}{k} = \binom{n-1}{k} + \binom{n-1}{k-1}$ が成り立つ. ■

組合せの帰納的性質に関する定理 6.12 より (n,k)-組合せの総数 $\binom{n}{k}$ は, 規則的に計算できることが分かる. その過程を図 6.1 に示す. 図において, 第 n

行は $n+1$ 個の数字からなり，その両端は 1 である．また，第 n 行の左から k 番目の数字は第 $n-1$ 行の左から $k-1$ 番目の数字と k 番目の数字の和となっている $(n \geq 2, 2 \leq k \leq n)$．この図は一般に**パスカルの三角形** (Pascal's triangle) と呼ばれる．図 6.1 において，第 n 行の $n+1$ 個の数字は，左から順に $\binom{n}{0}, \binom{n}{1}, \ldots, \binom{n}{n}$ に対応する．例えば，第 6 行の左から 5 番目の数字である 15 は $\binom{6}{4}$ に対応する．定理 6.12 より，第 $n-1$ 行の n 個の数字から第 n 行の $n+1$ 個のすべて数字が規則的に生成できることが分かるが，その様子が図 6.1 では視覚的に観測できる．例えば，$\binom{6}{4}$ に対応する第 6 行の左から 5 番目の数字 15 は，$\binom{5}{3}$ に対応する第 5 行の左から 4 番目の数字 10 と $\binom{5}{4}$ に対応する 5 番目の数字 5 の和となっている．

図 **6.1** パスカルの三角形

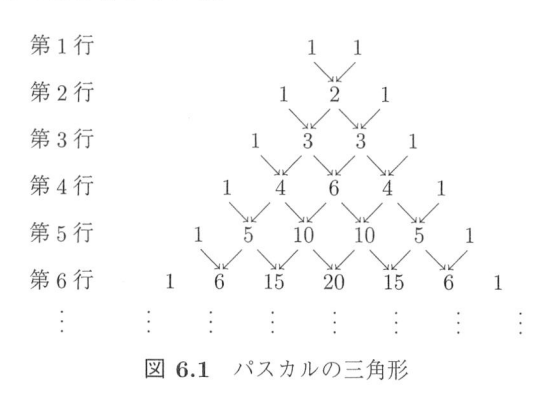

6.3.4 組合せと単調経路

ここで組合せの応用を具体例を用いて示そう．図 6.2 に示すような縦幅が n であり，横幅が m である $n \times m$ 格子において，左下の始点 s から右上の終点 t に至る単調な格子上を通る経路を考える．**単調** (monotone) な経路とは，その経路上を始点から終点まで移動したとき，移動中に終点までの距離が増大し

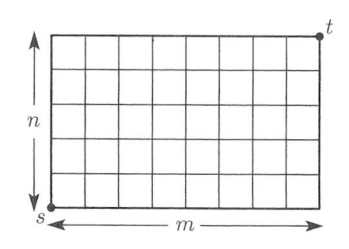

図 **6.2** 縦幅 n，横幅 m の $n \times m$ 格子

ない経路である．この場合には，ある格子点からは1マス右の格子点もしくは1マス上の格子点にのみ移動できる．点 s から点 t に至る任意の単調な経路は，ある格子点から右に移動した場合をアルファベット r に対応させ，上に移動した場合をアルファベット u に対応させると，r を m 個含み u を n 個含む長さ $n+m$ の記号列として一意に表現される．また，異なる単調な経路は異なる記号列に対応する．

【例 6.9】 図 6.3 に，始点 s から終点 t に至る単調な経路の例を示す．図 6.3(a) に示す単調な経路を記号列で表現すると rruuurrrrruur となり，図 6.3(b) に示す単調な経路を記号列で表現すると urrrrruuurrru となる．

(a) 経路 rruuurrrrruur　　(b) 経路 urrrrruuurrru

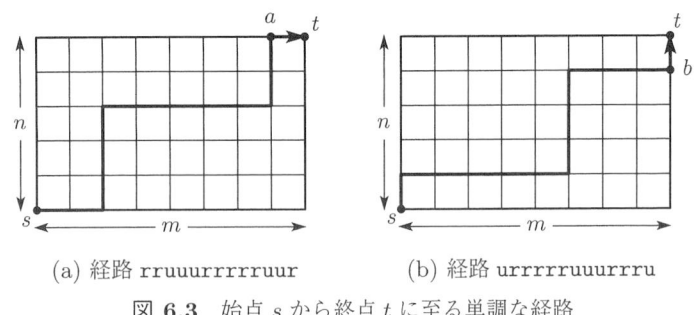

図 **6.3**　始点 s から終点 t に至る単調な経路

任意の自然数 n と m に対し，縦幅が n であり横幅が m である $n \times m$ 格子において，左下の始点 s から右上の終点 t に至る単調な異なる経路の総数を $T(n,m)$ とする．このとき，次の定理が成り立つ．

定理 6.13 (単調経路の総数)

任意の自然数 n と m に対し，縦幅が n であり横幅が m である $n \times m$ 格子の左下から右上に至る単調な異なる経路の総数 $T(n,m)$ は

$$T(n,m) = \binom{n+m}{n}$$

である．

証明　格子の左下から右上に至る単調な経路からなる集合とアルファベット集合 {r,u} 上の r を m 個含み u を n 個含む長さ $n+m$ の記号列からなる集合の間には全単射が存在する．したがって，$T(n,m)$ は 40 ページの系 2.3 よりそのような異なる記号列の総数と一致する．また，そのような異なる記号列の総数は

131 ページの系 6.4 より $\binom{n+m}{n}$ である．したがって，$T(n,m) = \binom{n+m}{n}$ となる． □

重複組合せの総数に関する 131 ページの定理 6.7 の証明は標準的であるが，単調経路の総数から導くことも可能である．

【例題 6.2】 重複組合せの総数を単調経路の総数を用いて表せ．

【解答】 集合 $A = \{a_1, a_2, \ldots, a_n\}$ から重複を許して k 要素を選び出す重複組合せを考える．まず，図 6.4 に示す縦幅 $n-1$ で横幅 k の $(n-1) \times k$ の格子を考

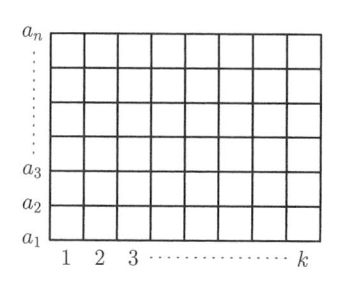

図 6.4　$(n-1) \times k$ の格子

え，格子の横軸を要素 a_i に対応させ，格子の横方向の 1 マスを $1, 2, \ldots, k$ に対応させる．このとき，格子の左下から右上に至るある単調な経路は A から重複を許して k 要素を選び出す (n,k)-重複組合せに対応する．すなわち，要素 a_i に対応させた横軸を経路が 1 マス通過する毎に a_i を選び出すと，単調な経路は横軸を全部で k マス通過するので，(n,k)-重複組合せとなる．例えば，図 6.5 (a) に

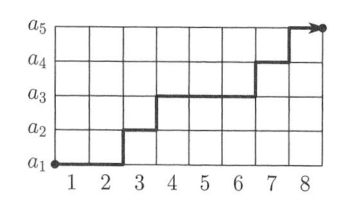

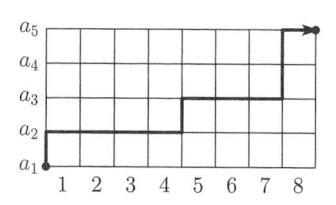

(a) $\{a_1, a_1, a_2, a_3, a_3, a_3, a_4, a_5\}$　(b) $\{a_2, a_2, a_2, a_2, a_3, a_3, a_3, a_5\}$

図 6.5　$(5,8)$-重複組合せに対応する単調な経路

示す経路は $(5,8)$-重複組合せ $\{a_1, a_1, a_2, a_3, a_3, a_3, a_4, a_5\}$ に対応し，図 6.5 (b) に示す経路は $(5,8)$-重複組合せ $\{a_2, a_2, a_2, a_2, a_3, a_3, a_3, a_5\}$ に対応する．この例からも明らかなように縦幅 $n-1$ で横幅 k の格子上の単調な経路は (n,k)-重複組合せに対応し，その総数は一致するので，${}_n\mathrm{H}_k = T(n-1,k)$ となる． □

組合せの帰納的性質を単調経路を利用して導くことも可能である．

【例題 6.3】 組合せの帰納的性質 (定理 6.12) を単調経路を利用して示せ．

【解答】 図 6.3 において，始点 s から終点 t へ至る単調な異なる経路は，格子点 a か格子点 b のいずれか一方を通る．任意の正の自然数 n と m に対し，格子の縦幅を n とし横幅を m としたとき，始点 s から格子点 a へ至る単調な異なる経路の総数は $T(n, m-1)$ であり，始点 s から格子点 b へ至る単調な異なる経路の総数は $T(n-1, m)$ である．したがって，$T(n,m) = T(n, m-1) + T(n-1, m)$ となる．定理 6.13 より $T(n,m) = \binom{n+m}{n}$ であり，$\binom{n+m}{n} = \binom{n+m-1}{n} + \binom{n+m-1}{n-1}$ となる．ここで，$n+m$ を n' とし n を k' とすると，n' は 2 以上の自然数となり k' は正の自然数となる．したがって，任意の正の自然数 n' と k' $(n' > k' \geq 1)$ に対し，$\binom{n'}{k'} = \binom{n'-1}{k'} + \binom{n'-1}{k'-1}$ となる．最後に $n' = k' = 1$ である場合が残ったが，$n = 1$ とし $m = 0$ とすると，$\binom{n+m}{n} = \binom{1}{1} = 1$, $\binom{n+m-1}{n} = \binom{0}{0} = 1$, $\binom{n+m-1}{n-1} = \binom{0}{-1} = 0$ であるので，$\binom{n'}{k'} = \binom{n'-1}{k'} + \binom{n'-1}{k'-1}$ が成り立つ．これは，$n=1$ であり $m=0$ である場合にすべての単調な経路は格子点 $a (= s)$ を通る，すなわち，$T(1,0) = T(0,0) + T(0,-1) = 1 + 0 = 1$ であることに対応する． □

6.3.5 組合せと 2 項定理

次に組合せと 2 項定理の関連について述べる．2 項定理は既に高校において学んだと思うが 2 項定理について復習しておこう．

定理 6.14 (2 項定理)

任意の実数 x と y および任意の自然数 n に対し

$$(x+y)^n = \sum_{k=0}^{n} \binom{n}{k} x^k y^{n-k} \tag{6.5}$$

である． □

定理 6.14 の式 (6.5) において $\binom{n}{k}$ は **2 項係数** (binomial coefficient) と呼ばれる．以下では，式 (6.5) を応用して (n, k)-組合せの総数 $\binom{n}{k}$ の和に関する興味深い性質を導出しよう．

定理 6.15 (組合せの総数の和)

任意の自然数 n に対し，$\displaystyle\sum_{k=0}^{n} \binom{n}{k} = 2^n$ である．

証明 定理 6.14 の式 (6.5) において $x = y = 1$ とすると

$$(1+1)^n = 2^n = \sum_{k=0}^{n} \binom{n}{k} 1^k 1^{n-k} = \sum_{k=0}^{n} \binom{n}{k}$$

が導かれる． □

定理 6.15 と同様な議論により，以下の事実を示すことができる．

定理 6.16 (組合せの総数の交互和)

任意の自然数 n に対し，$\displaystyle\sum_{k=0}^{n}(-1)^k \binom{n}{k} = 0$ である．

証明 定理 6.14 の式 (6.5) において $x = -1$ とし $y = 1$ とすると

$$(-1+1)^n = 0^n = \sum_{k=0}^{n} \binom{n}{k}(-1)^k 1^{n-k} = \sum_{k=0}^{n}(-1)^k \binom{n}{k}$$

が導かれる． □

任意の自然数 n に対し，n 以下のすべての非負の偶数からなる集合 $\mathbf{E}_{n+1}$ と，n 以下のすべての非負の奇数からなる集合 $\mathbf{O}_{n+1}$ に関する以下の系が成り立つ．

系 6.6 (組合せの総数の偶数和と奇数和)

任意の自然数 n に対し，$\displaystyle\sum_{k \in \mathbf{E}_{n+1}} \binom{n}{k} = \sum_{k \in \mathbf{O}_{n+1}} \binom{n}{k} = 2^{n-1}$ である．

証明 定理 6.15 と定理 6.16 より，それぞれ

$$\sum_{k=0}^{n}\binom{n}{k} = \sum_{k \in \mathbf{E}_{n+1}}\binom{n}{k} + \sum_{k \in \mathbf{O}_{n+1}}\binom{n}{k} = 2^n \tag{6.6}$$

$$\sum_{k=0}^{n}(-1)^k\binom{n}{k} = \sum_{k \in \mathbf{E}_{n+1}}\binom{n}{k} - \sum_{k \in \mathbf{O}_{n+1}}\binom{n}{k} = 0 \tag{6.7}$$

が成り立つ．式 (6.6) と式 (6.7) の両辺を足し合わせる，また，引くことにより，$\sum_{k \in \mathbf{E}_{n+1}} \binom{n}{k} = \sum_{k \in \mathbf{O}_{n+1}} \binom{n}{k} = 2^{n-1}$ が成り立つことが導かれる． □

さらに式 (6.5) の 2 項定理を用いることにより，以下の事実が導出される．

定理 6.17 (組合せの総数の重み和)

任意の自然数 n に対し，$\displaystyle\sum_{k=0}^{n} k \binom{n}{k} = n \cdot 2^{n-1}$ である．

証明 まず，定理 6.14 の式 (6.5) において $y=1$ とすると

$$(x+1)^n = \sum_{k=0}^{n} \binom{n}{k} x^k \tag{6.8}$$

となる．さらに，式 (6.8) の両辺を x で微分すると

$$n(x+1)^{n-1} = \sum_{k=0}^{n} k \binom{n}{k} x^{k-1} \tag{6.9}$$

となる．ここで，式 (6.9) において $x=1$ とすると

$$n(1+1)^{n-1} = n \cdot 2^{n-1} = \sum_{k=0}^{n} k \binom{n}{k} 1^{k-1} = \sum_{k=0}^{n} k \binom{n}{k}$$

となる． □

2 項定理を用いて組合せの持ついくつかの性質を示したが，それらを 2 項定理を用いず示すことも可能である．

【例 6.10】 定理 6.15 を組合せの定義から示してみよう．n 要素からなる集合を A とする．A から k 要素を選び出す (n,k)-組合せは，要素数 k の A の部分集合であり，その総数，すなわち，要素数が k である A の部分集合の数は $\binom{n}{k}$ である．したがって，$\sum_{k=0}^{n} \binom{n}{k}$ は，要素数が 0 から n までのすべての A の部分集合の総数に対応する．また，要素数が 0 から n までのすべての A の部分集合からなる集合は A のべき集合 2^A である．したがって，19 ページの定理 1.18 より $|2^A| = 2^n$ であるので，$\sum_{k=0}^{n} \binom{n}{k} = 2^n$ となる． ■

【例 6.11】 定理 6.17 を集合族と位数の関係を利用して示してみよう．n 未満のすべての自然数からなる集合 $\mathbf{N}_n$ を考える．要素数が k である $\mathbf{N}_n$ の部分集合の数は $\binom{n}{k}$ であるので，$k\binom{n}{k}$ はそれら部分集合の要素数の総和である．したがって，$\sum_{k=0}^{n} k\binom{n}{k}$ は，$\mathbf{N}_n$ のすべての部分集合の要素数の総和，すなわち $\mathbf{N}_n$ のべき集合 $2^{\mathbf{N}_n}$ に属すすべての集合の要素数の総和 $\sum_{S \in 2^{\mathbf{N}_n}} |S|$ と等しい．また，124 ページの定理 6.2 より $\sum_{S \in 2^{\mathbf{N}_n}} |S| = \sum_{i \in \mathbf{N}_n} d_{2^{\mathbf{N}_n}}(i)$ であり，20 ページの系 1.1 より $d_{2^{\mathbf{N}_n}}(i) = 2^{n-1}$ であるので

$$\sum_{k=0}^{n} k\binom{n}{k} = \sum_{S \in 2^{\mathbf{N}_n}} |S| = \sum_{i \in \mathbf{N}_n} d_{2^{\mathbf{N}_n}}(i) = n2^{n-1}$$

となる． ■

演 習 問 題

6.1 m 人の学生 $s_0, s_1, \ldots, s_{m-1}$ で n 個のグループ $G_0, G_1, \ldots, G_{n-1}$ を作る．ただし，(条件 1) 各学生 s_j は最大で 4 グループに参加し，(条件 2) 各グループ G_i には少なくとも 2 人以上の学生が参加する．このとき $n \leq 2m$ であることを示せ．

6.2 立方体の 6 個の面に $1, 2, 3, 4, 5, 6$ の数字を割り当てる．異なる割り当て方 (回転によって同一とならない割り当て方) の総数 N を求めよ．

6.3 任意の自然数 n と k $(n \geq k \geq 1)$ に対し，$\binom{n}{k} = \sum_{m=k-1}^{n-1} \binom{m}{k-1}$ を示せ．

6.4 任意の自然数 n と m $(n \geq m \geq 0)$ に対し，以下の式を示せ．
 (a) $\binom{n+1}{m} = \sum_{i=0}^{m} \binom{n-m+i}{i}$
 (b) $\sum_{i=0}^{m} \dfrac{\binom{m}{i}}{\binom{n}{i}} = \dfrac{n+1}{n+1-m}$

6.5 任意の自然数を n とする．以下の式を示せ．
 (a) $\sum_{i=0}^{n} 2^i \binom{n}{i} = 3^n$ (ヒント: $(x+y+z)^n$ の展開式を利用せよ)
 (b) $\sum_{i=0}^{n} i^2 \binom{n}{i} = n(n+1)2^{n-2}$ (ヒント: 定理 6.14 と定理 6.17 を利用せよ)

6.6 任意の 3 以上の素数を p とする．2^p を p で割った余りが 2 となることを示せ．

6.7 任意の正の自然数を n とする．ブール集合 $\mathbf{B}$ 上の n-組 $\alpha \in B^n$ はベクトルと呼ばれ，ベクトルは少なくとも 1 つの成分が非零であるとき非零と呼ばれる．任意の非零ベクトル $\alpha \in B^n$ に対し
$$V_0(\alpha) = \{\beta \in \mathbf{B}^n \mid \alpha \cdot \beta = 0 \pmod{2}\}$$
$$V_1(\alpha) = \{\beta \in \mathbf{B}^n \mid \alpha \cdot \beta = 1 \pmod{2}\}$$
と定義する．このとき $|V_0(\alpha)| = |V_1(\alpha)| = 2^{n-1}$ であることを示せ．ただし $\alpha \cdot \beta$ は α と β の内積を表す．

6.8 任意の自然数を n，任意の正の自然数を k とし，$a_1 + a_2 + \cdots + a_n = k$ の自然数解 $(a_1, a_2, \ldots, a_n$ が自然数である解$)$ の個数を $S(n, k)$ とする．$S(n, k) = {}_n\mathbf{H}_k$ を示せ．

6.9 任意の正の自然数を n とし，すべての自然数 i $(1 \leq i \leq 2n)$ に対し $a_1 + a_2 + \cdots + a_i \geq 0$ を満たす n 個の 1 と n 個の -1 からなる数列 $a_1, a_2, \ldots, a_{2n}$ の総数を $C(n)$ とする．$C(n) = \binom{2n}{n} - \binom{2n}{n-1} = \frac{1}{n+1}\binom{2n}{n}$ であることを示せ．
  (ヒント: 数列 $a_1, a_2, \ldots, a_{2n}$ を縦幅 n，横幅 n の格子に対応させよ)

7

定義と証明

既にここまでに様々な形式の定理を示してきたが，**存在定理** (existence theorem) と呼ばれる「所定の性質を満たす対象が存在する」という形式の定理は最も基本的な形式の1つである．存在定理の証明を**存在証明** (existence proof) と呼ぶが，存在証明には，実際に所定の性質を満たす対象を構成する**構成的証明** (constructive proof) と，具体的に対象を特定しないでその存在のみを示す**非構成的証明** (non-constructive proof) がある．本章ではまず非構成的証明について議論し，次に構成的証明の代表例として，コンピュータサイエンスや離散数学における重要な証明技法の1つである**数学的帰納法** (mathematical induction) の基本的な考え方とその証明について述べる．また，数学的帰納法の考え方は集合や写像などの定義にも重要な役割を果たすことを紹介する．

7.1 非構成的証明

非構成的証明から実際に所定の性質を満たす対象を容易に構成することができる場合もあるので構成的証明と非構成的証明の区別は必ずしも明確でないが，本節では非構成的証明によく用いられる証明技法である背理法と鳩の巣原理を紹介する．

7.1.1 背理法

第5章で議論したように，定理とは恒真式であり，証明とは公理から出発して定理に対応する恒真式を得ることである．例えば，命題 $\alpha \Rightarrow \beta$ が恒真であることを示すために，その対偶 $\neg\beta \Rightarrow \neg\alpha$ を示す．すなわち，任意の命題 α と β に対し，

$$(\alpha \Rightarrow \beta) \Leftrightarrow (\neg\beta \Rightarrow \neg\alpha)$$

が恒真であることを利用して，$\neg\beta \Rightarrow \neg\alpha$ が恒真であることを示すことで，

$\alpha \Rightarrow \beta$ が恒真であることを示している.

背理法では，任意の命題 α に対し，$\alpha \Leftrightarrow \neg\neg\alpha$ が恒真であることを利用し，α が恒真であることを示すために，命題 $\neg\alpha$ が恒偽であることを示す．すなわち，背理法を用いた証明では，$\neg\alpha$ を仮定したとき必ず矛盾が生じることを示すことにより，$\neg\alpha$ が恒偽であることを示し，α が恒真であることを示す．まず，背理法を用いた証明の例を示そう．

【例題 7.1】 任意の自然数 n に対し，$n(n+1)$ は偶数であることを示せ．

【解答】 命題「任意の自然数 n に対し $n(n+1)$ は偶数である」を α とすると，$\neg\alpha$ は命題「任意の自然数 n に対し $n(n+1)$ は偶数であることはない」，すなわち，命題「ある自然数 n に対し $n(n+1)$ は奇数である」である．命題 $\neg\alpha$ を仮定すると，ある自然数 n に対し $n(n+1)$ が奇数であるので，n と $n+1$ はともに奇数でなくてはならない．しかし，n が奇数ならば $n+1$ は偶数となり矛盾する．したがって，$\neg\alpha$ は偽であり，命題 α「任意の自然数 n に対し $n(n+1)$ は偶数である」が真であることがわかる． □

例題 7.1 は，背理法の基本的な考え方を示すものであるが，背理法を用いなくともこの命題を示すことは容易であるので，背理法の有効性を示すには不十分である．そこで次に背理法がより効果的に証明に寄与する例として，素数の総数に関する定理を紹介しよう．

定理 7.1 (素数の濃度)

素数は無限に存在する．

証明 素数が有限個しか存在しないと仮定する．素数の個数を k とし，$p_1, p_2, \ldots, p_k$ をすべての素数とする．ここで自然数 n として $n = p_1 \times p_2 \times \cdots \times p_k + 1$ を考える．このとき，n を $p_1, p_2, \ldots, p_k$ のいずれで割っても 1 余るので，$p_1, p_2, \ldots, p_k$ のいずれも n の素因数ではない．したがって，n は n に素因数分解されることになり，n は素数となる．しかし，仮定より素数は $p_1, p_2, \ldots, p_k$ 以外には存在しないので n は合成数でなければならず矛盾する．したがって，素数の個数は有限個ではなく，無限である． □

定理 7.1 の証明方法はいくつか知られているが，ここで示した背理法を用いた証明は代表的な証明方法である．また，実数 $\mathbf{R}$ の濃度が非可算であることを示した 80 ページの定理 4.5 の証明で用いた対角線論法も背理法を用いた証明の代表例である．

> **コーヒーブレイク**

すべての素数からなる集合は自然数 $\mathbf{N}$ の部分集合であるので，78 ページの定理 4.3 より，その濃度は可算無限 $\aleph_0$ 以下である．また，79 ページの定理 4.4 より，$\aleph_0$ は最小の無限の濃度であるので，すべての素数からなる集合の濃度は $\aleph_0$ であることがわかる．

7.1.2　鳩の巣原理

（1）　鳩の巣原理の概要

11 羽の鳩が 10 個の巣に入っているとしよう．このとき，鳩の巣への入り方の総数は 129 ページの例 6.4 で示したように $_{10}\Pi_{11}$ であり，10 羽の鳩を区別しないときには 132 ページの例 6.6 で示したように $_{10}\mathbf{H}_{11}$ である．いずれにせよ数多くの鳩の巣への入り方があるが，それら鳩の巣への入り方が持つ共通の性質がある．それは「2 羽以上の鳩が入っている巣が少なくとも 1 つ存在する」という性質である．これが**鳩の巣原理** (pigeonhole principle) である．鳩の巣原理では，与えられた集合を分割しその集合上の集合族を得たとき，その集合族には必ずある数以上の与えられた集合の要素からなる集合が含まれることを示す．鳩の巣原理により所定の性質を満たす対象の存在を効率良く示すことができる場合があるため，鳩の巣原理は複雑な構造の解析よく用いられる．

（2）　鳩の巣原理の正当性

それでは，11 羽の鳩が 10 個の巣に入っているとき「2 羽以上の鳩が入っている巣が少なくとも 1 つ存在する」ことを示そう．

まず，10 個の巣に $1, 2, \ldots, 10$ と番号を付け i 番目の巣に入っている鳩の数を p_i とする．鳩は全部で 11 羽いるので $p_1 + p_2 + \cdots + p_{10} = 11$ が成り立つ．ここで「11 羽の鳩が 10 個の巣に入ったとき，2 羽以上の鳩が入っている巣が 1 つも存在しない」と仮定する．このとき，任意の i $(1 \leq i \leq 10)$ に対し，$0 \leq p_i \leq 1$ であり

$$p_1 + p_2 + \cdots + p_{10} \leq \overbrace{1 + 1 + \cdots + 1}^{10} = 10$$

となり，これは鳩が 11 羽であることに矛盾する．したがって，11 羽の鳩が 10 個の巣に入っているとき，2 羽以上の鳩が入っている巣が少なくとも 1 つ存在することが導かれる．このように鳩の巣原理の正当性は背理法により保証される．

この考え方を一般化して，定理としてまとめると次のようになる．

定理 7.2 (鳩の巣原理)

任意の自然数 n と m $(m > 0)$ に対し，要素数が n の集合を m 個の集合からなる集合族に分割したとき，m 個の集合の中に要素数が $\lceil n/m \rceil$ 以上の集合が少なくとも1つ含まれる[1]．

証明 n 羽の鳩が m 個の巣に入ったとする．このとき，m 個の巣に番号を $1, 2, \ldots, m$ と付け，i 番目の巣に入っている鳩の数を p_i とする．鳩は全部で n 羽であるので $\sum_{i=1}^{m} p_i = n$ となる．ここで，$\lceil n/m \rceil$ 羽以上の鳩が入っている巣が1つも存在しないと仮定する．このとき，任意の自然数 i $(1 \leq i \leq m)$ に対し，$0 \leq p_i \leq \lceil n/m \rceil - 1$ であり，

$$\sum_{i=1}^{m} p_i \leq \sum_{i=1}^{m} \left(\left\lceil \frac{n}{m} \right\rceil - 1 \right) < \sum_{i=1}^{m} \frac{n}{m} = n$$

となり，鳩が n 羽であることに矛盾する．したがって，$\lceil n/m \rceil$ 羽以上の鳩が入っている巣が少なくとも1つ存在する． □

定理 7.2 を，集合の要素数について言い換えることで，次の系が得られる．

系 7.1 (鳩の巣原理)

任意の自然数 n と m $(m > 0)$ に対し，n を m 個の自然数の和で表すと，m 個の自然数の中に $\lceil n/m \rceil$ 以上の自然数が少なくとも1つ含まれる． □

（3） 鳩の巣原理と部分列

様々な対象を鳩と巣に対応させ，鳩の巣原理を用いることで，様々な定理を証明することができる．ここでは，効果的に鳩の巣原理が用いられている部分列に関する定理の証明を紹介しよう．

まず，その準備として，列についていくつか定義する．列 A からその成分をいくつか取り除いて得られる列を A の**部分列** (subsequence) と呼ぶ．また，自然数を成分とする列 $a_0, a_1, \ldots, a_{n-1}$ は，$a_0 < a_1 < \cdots < a_{n-1}$ であるとき**単調増加** (monotonically increasing) と呼ばれ，$a_0 > a_1 > \cdots > a_{n-1}$ であるとき**単調減少** (monotonically decreasing) と呼ばれる．

【例 7.1】 $A = 5, 1, 3, 2, 4$ とする．A は長さ5の列である．列 $1, 3, 4$ は A の部分列であるが，列 $1, 5$ は A の部分列ではない．A は A 自身の部分列である．また，列 $1, 3, 4$ は長さ3の A の単調増加部分列であり列 $5, 3, 2$ は長さ3の A の単調減少部分列である． ■

---

[1] x を下回らない最小の整数，すなわち，x の**切上げ** (rounding up) を $\lceil x \rceil$ で表す．$\lceil x \rceil$ は**天井関数** (ceiling function) と呼ばれる．例えば，$\lceil 1.7 \rceil = 2$, $\lceil -2.3 \rceil = -2$ である．

一般に長さ n の列には，どのくらいの長さの単調増加部分列あるいは単調減少部分列が含まれるであろうか．以下では，鳩の巣原理を用いて，異なる n 個の自然数からなる列に含まれる単調増加部分列あるいは単調減少部分列の長さの下限を示す．

定理 7.3 (単調増加部分列と単調減少部分列の長さ)

任意の自然数 n と $n \geq sr+1$ を満たす自然数 s と r に対し，異なる n 個の自然数からなる任意の列は，長さ $s+1$ 以上の単調増加部分列か長さ $r+1$ 以上の単調減少部分列を持つ．

証明 異なる n 個の自然数からなる列を $A = a_0, a_1, \ldots, a_{n-1}$ とする．任意の自然数 i $(0 \leq i \leq n-1)$ に対し，x_i を a_i から始まる最長の A の単調増加部分列の長さとし，y_i を a_i で終わる最長の A の単調減少部分列の長さとする．定義より明らかに $1 \leq x_i \leq n$ であり，$1 \leq y_i \leq n$ である．

まず，任意の異なる自然数 i と j $(0 \leq i, j \leq n-1)$ に対し，$(x_i, y_i) \neq (x_j, y_j)$ であることを示す．列 A は異なる自然数からなるので $a_i < a_j$ か $a_i > a_j$ のどちらか一方のみが成り立つ．一般性を失わず $i < j$ とする．このとき，$a_i < a_j$ ならば，a_j から始まる最長の単調増加部分列に a_i を加えると，長さが $x_j + 1$ の a_i から始まる単調増加部分列となるので，$x_i > x_j$ となる．同様に，$a_i > a_j$ ならば $y_i < y_j$ となる．したがって，任意の異なる自然数 i と j $(0 \leq i, j \leq n-1)$ に対し，$(x_i, y_i) \neq (x_j, y_j)$ である．

次に，A は長さ $s+1$ 以上の単調増加部分列も長さ $r+1$ 以上の単調減少部分列も持たないと仮定する．このとき，任意の自然数 i $(0 \leq i \leq n-1)$ に対し，$1 \leq x_i \leq s$ であり，$1 \leq y_i \leq r$ であるので，順序対 (x_i, y_i) は図 7.1 の黒丸に対応する．すなわち，n 羽の鳩 (順序対) は黒丸に対応する sr 個の巣 (格子点) に入る．

このとき，鳩の巣原理より $\lceil n/sr \rceil$ 以上の鳩が入っている巣が少なくとも 1 つ存在する．しかし，定理の前提より $n \geq sr+1$ であるので，$\lceil n/sr \rceil \geq 2$ となり，任意の異なる自然数 i と j $(0 \leq i, j \leq n-1)$ に対し，$(x_i, y_i) \neq (x_j, y_j)$ であることに矛盾する．したがって，A は長さ $s+1$ 以上の単調増加部分列か長さ $r+1$ 以上の単調減少部分列を持つことがわかる． □

定理 7.3 より，次の系が導かれる．

系 7.2 (単調増加部分列と単調減少部分列の長さ)

任意の正の自然数 n に対し，異なる n 個の自然数からなる列は，長さ $\ell+1$ 以上の単調増加部分列か長さ $\ell+1$ 以上の単調減少部分列を持つ．ただし，$\ell =$

7.1 非構成的証明

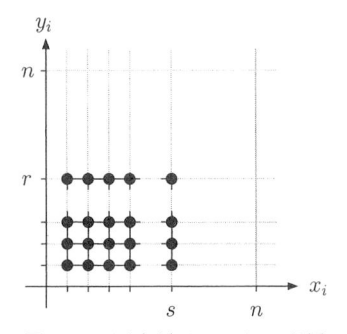

図 7.1 順序対 (x_i, y_i) の配置

$\lfloor \sqrt{n-1} \rfloor$ とする[2].

証明 $s = r = \ell$ とすると

$$sr + 1 = \lfloor \sqrt{n-1} \rfloor \times \lfloor \sqrt{n-1} \rfloor + 1 \leq \sqrt{n-1} \times \sqrt{n-1} + 1 = n$$

である．したがって，定理 7.3 より，異なる n 個の自然数からなる列は，長さ $\ell + 1$ 以上の単調増加部分列か長さ $\ell + 1$ 以上の単調減少部分列を持つことが導かれる． □

コーヒーブレイク

系 7.2 において，長さ $\ell + 2$ 以上の単調増加部分列か長さ $\ell + 2$ 以上の単調減少部分列の存在を任意の列に対して保証することはできない．実際 $n = 9$ の場合，$\ell = \lfloor \sqrt{9-1} \rfloor = 2$ であるが，長さ 9 の列 $3, 2, 1, 6, 5, 4, 9, 8, 7$ は長さ 3 の単調増加部分列 $1, 4, 7$ と長さ 3 の単調減少部分列 $3, 2, 1$ を持つが，長さ 4 以上の単調増加部分列も長さ 4 以上の単調減少部分列も持たない．任意の正の自然数 k に対して，同様な性質を持つ長さ k^2 の列 $A = a_0, a_1, \ldots, a_{k^2 - 1}$ を構成することができる．例えば，$a_{jk+i} = (j+1)k - i$ とすればよい $(0 \leq j \leq k-1, 0 \leq i \leq k-1)$．この構成の方法を図 7.2 に示す．図 7.2 では，各黒丸の X 座標を a の添字に対応させ，Y 座標を a の値に対応させて表現している．このとき，$\ell = \lfloor \sqrt{n-1} \rfloor = \lfloor \sqrt{k^2 - 1} \rfloor = k - 1$ であり，列 A は長さ k の単調増加部分列と長さ k 単調減少部分列を持つが，長さ $k+1$ 以上の単調増加部分列も長さ $k+1$ 以上の単調減少部分列も持たないことを簡単に確かめることができる．

---

[2] x を上回らない最大の整数，すなわち，x の切捨て (rounding down) を $\lfloor x \rfloor$ で表す．$\lfloor x \rfloor$ は床関数 (floor function) と呼ばれる．例えば，$\lfloor 1.7 \rfloor = 1, \lfloor -2.3 \rfloor = -3$ である．

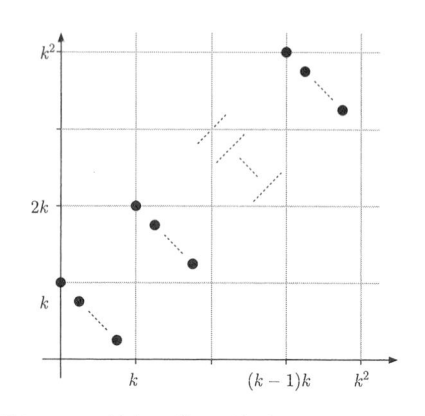

図 7.2　長さ $k+1$ 以上の単調増加部分列，単調減少部分列を
持たない長さ k^2 の列

（4）鳩の巣原理と点配置

定理 7.3 の証明では，所定の性質を満たす部分列が存在することを，鳩の巣原理と背理法を組み合わせることで効果的に示した．しかし，異なる n 個の自然数が与えられたとき，それら自然数を成分とする長さ n の列の総数は ${}_n\mathrm{P}_n$ で有限である．そのため，異なる n 個の自然数が与えられた場合には，必ずしも効率的ではないが，長さ n のすべての列を尽くして調べることで，鳩の巣原理を用いることなく所定の性質を満たす部分列の存在を示すことはできる．

次に示す例題では，場合の数が非可算無限であり，すべてを数え上げることはできないが，鳩の巣原理を用いることで，所定の性質を満たす対象が存在することを示している．

【例題 7.2】　一辺の長さが 2 の正方形の内部に 5 点をとるとき，距離が $\sqrt{2}$ 以下である 2 点が必ず存在することを示せ．

【解答】　正方形を一辺の長さが 1 の 4 つの部分正方形に分割する．5 点が 4 つの部分正方形に入るので，鳩の巣原理より，2 点以上を含む部分正方形が少なくとも 1 つ存在する．部分正方形内の任意の 2 点間の距離は $\sqrt{2}$ 以下であるので，2 点以上を含む部分正方形の中の任意の 2 点が，存在を示したい距離が $\sqrt{2}$ 以下の 2 点である． □

所定の性質を満たす対象が存在することを示すためには，実際にその対象を特定して明示したり，明示する方法を示すことができればよいが，それらは必ずしも簡単とは限らない．鳩の巣原理は単純ではあるが，所定の性質を満たす対象が存在することを，鳩と巣を適切に設定することで，その対象を明示することなく効果的に示すことができる場合があることが理解できたであろうか．

コーヒーブレイク

例題 7.2 において，正方形の 4 隅に 4 点が存在する場合には，その 4 点からの距離がいずれも $\sqrt{2}$ を越える点は正方形の内部に存在しないので，5 点目は他の 4 点のいずれかと距離 $\sqrt{2}$ 以下となることは簡単に言える．しかし，これでは距離が $\sqrt{2}$ 以下である 2 点が必ず存在することを示したことにはならない．実際にはあり得ないが，正方形の 4 隅から 4 点が少しでも動いた場合に，4 点からの距離がいずれも $\sqrt{2}$ を越える点が正方形の内部に存在するかもしれないのである．

同様に，一辺の長さが $\sqrt{2}$ を少し越える正三角形の頂点に 3 点をとるなどして 5 点を密に配置したとき，その 5 点が正方形からはみ出すことを示しても，距離が $\sqrt{2}$ 以下である 2 点が必ず存在することを示したことにはならない．5 点を密に配置しないときに正方形からはみ出さないかもしれないのである．

鳩の巣原理を用いるためには，鳩が必ずいずれかの巣に入り，かつ，鳩が 2 つ以上の巣に入らないよう鳩と巣を設定しなければならない．すなわち，鳩に対応する集合は巣に対応する集合に分割されなければならない．例題 7.2 において，2 つの部分正方形の境界上に点がとられたとき，その点は両方の部分正方形に属するのではなく，いずれか一方の部分正方形に属すると暗黙のうちに考えていることに注意しよう．

7.2 数学的帰納法と証明

7.2.1 数学的帰納法

自然数に関する1変数述語 P が与えられたとき,「すべての自然数 n 対し $P(n)$ である」ことを証明したいとしよう. すなわち, 命題 $\forall n \in \mathbf{N}\, P(n)$ を示したいとする. 我々は $P(0), P(1), \ldots$ について, それらすべてを個々に確かめる能力はないので, 数学的帰納法は $\forall n \in \mathbf{N}\, P(n)$ を示すための非常に有力な手法である. 数学的帰納法では, 次の手順により, $\forall n \in \mathbf{N}\, P(n)$ 「すべての自然数 n に対し $P(n)$ である」ことを示す.

【定義 7.1 (数学的帰納法)】 自然数 n に関する命題 $P(n)$ に対し,

(初期段階)　　$P(0)$ であることを示し,

(帰納段階)　　任意の自然数 n に対し, $P(n)$ であると仮定して $P(n+1)$ であることを示す.

数学的帰納法の初期段階を, ある正の自然数 a に対し,「$P(a)$ であることを示し」と置き換えることで, 任意の a 以上の自然数 n に対し $P(n)$ であることを示す場合もある. また, 帰納段階で, $P(n)$ だけでなく「n 以下の任意の自然数 m に対し $P(m)$ であることを仮定して」とする場合がある.

7.2.2 数学的帰納法の正当性

数学的帰納法によって示された $\forall n \in \mathbf{N}\, P(n)$ は何故正しいと言えるのだろうか. 71 ページの例 3.24 では, 自然数 $\mathbf{N}$ が全順序関係 $\leq$ に関して整列していると述べたが, 数学的帰納法の正当性は $\mathbf{N}$ が $\leq$ に関して整列しているという事実により保証される.

定理 7.4 (数学的帰納法の正当性)

数学的帰納法により $\forall n \in \mathbf{N}\, P(n)$ 「すべての自然数 n に対し $P(n)$ である」ことが保証される.

　　証明　背理法により示す. $\forall n \in \mathbf{N}\, P(n)$ を示すために数学的帰納法を用い証明したとしよう. このとき $\forall n \in \mathbf{N}\, P(n)$ が偽であった, すなわち, $\neg \forall n \in \mathbf{N}\, P(n)$

が真であったと仮定する．このとき，$\neg \forall n \in \mathbf{N}\, P(n) = \exists n \in \mathbf{N}\, \neg P(n)$ であるので，ある自然数 n に対し $P(n)$ が偽となる．ここで，$P(n)$ が偽であるすべての自然数からなる集合を M とする．すなわち，$M = \{n \in \mathbf{N} \mid \neg P(n)\}$ であり，仮定より M は空集合 $\emptyset$ ではない．すると，自然数が全順序関係 $\leq$ に関して整列していることにより，M は $\leq$ による最小元 n_0 を持ち，その n_0 に対し $P(n_0)$ は偽となる．それでは $n_0 = 0$ であろうか．しかし，数学的帰納法の初期段階で $P(0)$ を示しているので，これは排除される．したがって，$n_0 > 0$ でなければならない．このとき，$n_0 - 1$ は n_0 より小さい自然数であり M に属していないため $P(n_0 - 1)$ は真である．しかし，数学的帰納法の帰納段階で，任意の自然数 n に対し $P(n-1)$ であるとき $P(n)$ であることを示しているので，$P(n_0)$ は真でなければならない．したがって，このような n_0 が存在すると矛盾が生じるため，このような n_0 は存在してはならない．したがって，M は空集合でなければならないが，M は空集合ではないのでやはり矛盾する．したがって，$\forall n \in \mathbf{N}\, P(n)$ が偽であるとの仮定が誤りであり，数学的帰納法により $\forall n \in \mathbf{N}\, P(n)$ が示されることがわかる． □

数学的帰納法の初期段階を正の自然数としたり，帰納段階で，n 以下の任意の自然数 m に対し $P(m)$ であることを仮定する場合についても，自然数 $\mathbf{N}$ が全順序関係 $\leq$ に関して整列しているという事実を用いて，定理 7.4 と同様にその正当性を示すことができる．

数学的帰納法の正当性をイタリアの数学者ペアノ (Giuseppe Peano, 1858-1932) による**ペアノ公理** (Peano axioms) に委ねることもできる．ペアノは自然数 $\mathbf{N}$ の持つ性質を次に示す公理としてまとめた．

1. $0 \in \mathbf{N}$ である．
2. 任意の自然数 $n \in \mathbf{N}$ に対し，以下の条件を満たす後者 $\sigma(n)$ が定義できる (σ は写像である)．
   (a) $\sigma(n) = 0$ となる $n \in \mathbf{N}$ は存在しない (0 は後者ではない)．
   (b) $m \neq n$ ならば $\sigma(m) \neq \sigma(n)$ である (σ は単射である)．
   (c) 集合 $\mathbf{N}$ の部分集合 S が 0 を含み，また集合 S の任意の要素 $n \in S$ に対し，$\sigma(n) \in S$ であるならば，S は $\mathbf{N}$ である．

ペアノ公理により，自然数 $\mathbf{N}$ から正の自然数 $\mathbf{N} \setminus \{0\}$ への単射である自然数 $n \in \mathbf{N}$ の**後者** (successor) $\sigma(n)$ が定義できる．例えば，$\sigma(n) = n+1$ と定義すると自然数 $\mathbf{N}$ 上の全順序関係 $\leq$ に対応した後者が定義される．しかし，必ずしも $\sigma(n) = n+1$ と定義する必要はないことに注意しよう．条件さえ満足すれ

ば他の全順序関係に対応する n の後者を定義してもよいのである．また，数学的帰納法の正当性は公理 2c による．すなわち，$P(n)$ である n からなる集合を S としたとき，初期段階で $0 \in S$ を示し，帰納段階で $n \in S$ ならば $\sigma(n) \in S$ を示すことで，$S = \mathbf{N}$，すなわち，すべての自然数 n に対し $P(n)$ であることが示される．

任意の自然数 n に対し
$$\sum_{i=0}^{n} i = 0 + 1 + 2 + \cdots + n = \frac{n(n+1)}{2}$$
が成り立つことを数学的帰納法を用いて示すことは，既に高校において学習したことと思う．しかし，この証明において，数学的帰納法が本質的な役割を果たしている訳ではない．実際，
$$2\sum_{i=0}^{n} i = \sum_{i=0}^{n} i + \sum_{i=0}^{n} i$$
$$= (n + (n-1) + \cdots + 1) + 0 + 0 + (1 + 2 + \cdots + n)$$
$$= \overbrace{(n+1) + (n+1) + \cdots + (n+1)}^{n} = n(n+1)$$
となるので，$\sum_{i=0}^{n} i = n(n+1)/2$ を数学的帰納法を用いることなく導くことができる．以下では，その事実の証明に数学的帰納法がより本質的な役割を果たすいくつかの例について述べることとする．

―――― コーヒーブレイク ――――

集合の整列可能性から任意の集合はある全順序関係により整列させることができる．この事実により，自然数に関して定義される数学的帰納法は，全順序関係 $\preceq$ に関して整列している任意の集合 S に対して一般化できる．すなわち，「$m \preceq n$ であり $m \neq n$ である，すなわち，$\preceq$ に関して n より真に小さい任意の $m \in S$ に対し $P(m)$ であることを仮定して，$P(n)$ であること示す」と一般化できる．この方法は**超限帰納法** (transfinite induction) と呼ばれる．

一方，集合 A 上の半順序関係 $\succeq$ は，任意の要素 $a_0 \in A$ に対し，$a_0 \succeq a_1 \succeq a_2 \succeq \cdots$ となる長さが無限の列 $a_0, a_1, a_2, \ldots$ が存在しないとき，すなわち，$\succeq$ に関する長さが無限の減少列が存在しないとき，A に**整礎な順序** (well-founded ordering) を与えると言われる．このとき数学的帰納法は，「$n \succeq m$ であり $m \neq n$ である，すなわち，$\succeq$ によって比較可能な n より真に小さい任意の $m \in S$ に対し $P(m)$ であることを仮定して，$P(n)$ であることを示す」とすることで，整礎な順序による**整礎帰納法** (well-founded induction) に一般化できる．整礎帰納法は，プログラミングの分野などで，第 8 章で議論される木構造などの上に定義される整礎な順序を与える

半順序関係に対する**構造帰納法** (structural induction) としてよく用いられる.

任意の集合は,ある全順序関係により整列させることができるだけでなく,整礎な順序を与える半順序関係を持つことが知られている.したがって,実数 $\mathbf{R}$ は書き並べることはできないが,実数 $\mathbf{R}$ を整列させる全順序関係や整礎な順序を与える半順序関係が与えられたならば,$\mathbf{R}$ に対する帰納法を定義できる.しかし,我々は実数 $\mathbf{R}$ を整列させる全順序関係や整礎な順序を与える半順序関係を知らないため,$\mathbf{R}$ に対する帰納法を実行することができないのである.

7.2.3 包除原理

2 つの有限集合の和集合を数え上げる基本的な包除原理を 6.1 節で紹介した.有限集合 $A_0, A_1, \ldots, A_{n+1}$ に対し,和集合演算を n 回適用すると集合 $\bigcup_{i=0}^{n+1} A_i$ が得られるが,$\bigcup_{i=0}^{n+1} A_i$ の要素数は,基本的な包除原理を一般の場合に拡張した包除原理により数え上げることができる.ここでは,より一般的な包除原理を数学的帰納法により示す.

包除原理では集合の共通部分集合を数え上げるので,まず,共通部分集合について確認しよう.任意の自然数 n に対し,$n+1$ 個の集合 $A_0, A_1, \ldots, A_n$ から k 個の集合を選ぶ $(n+1, k)$-組合せによって得られる任意の集合族は,n 以下の異なる自然数 $i_1, i_2, \ldots, i_k$ $(0 \leq i_1 < i_2 < \cdots < i_k \leq n)$ により,$\{A_{i_1}, A_{i_2}, \ldots, A_{i_k}\}$ と表すことができる.また,共通部分集合演算には結合則 (12 ページの定理 1.9) が成り立つので,それらの共通部分集合は $A_{i_1} \cap A_{i_2} \cap \cdots \cap A_{i_k}$ と表すことができる.したがって,$(n+1, k)$-組合せによって得られるすべての異なる集合族の共通部分集合の要素数の総和は $\sum_{0 \leq i_1 < i_2 < \cdots < i_k \leq n} |A_{i_1} \cap A_{i_2} \cap \cdots \cap A_{i_k}|$ となる.

それでは,一般的な包除原理を数学的帰納法により示そう.

定理 7.5 (包除原理)

任意の自然数 n に対し,$n+1$ 個の任意の有限集合 $A_0, A_1, \ldots, A_n$ の和集合 $\bigcup_{i=0}^{n} A_i$ の要素数は,

$$\left| \bigcup_{i=0}^{n} A_i \right| = \sum_{k=1}^{n+1} \left\{ (-1)^{k+1} \sum_{0 \leq i_1 < i_2 < \cdots < i_k \leq n} |A_{i_1} \cap A_{i_2} \cap \cdots \cap A_{i_k}| \right\} \quad (7.1)$$

である.

証明 和集合を得るために適用する和集合演算の回数 n に関する数学的帰納法により示す.

(初期段階) $n = 0$ の場合，式 (7.1) の左辺と右辺は共に $|A_0|$ であり，式 (7.1) が成り立つことは明らかである.

(帰納段階) 任意の自然数 n に対し，式 (7.1) が成り立つと仮定し

$$\left|\bigcup_{i=0}^{n+1} A_i\right| = \sum_{k=1}^{n+2} \left\{(-1)^{k+1} \sum_{0 \leq i_1 < \cdots < i_k \leq n+1} |A_{i_1} \cap \cdots \cap A_{i_k}|\right\} \quad (7.2)$$

を示す.

まず，式 (7.2) の左辺は $\bigcup_{i=0}^{n+1} A_i = \left(\bigcup_{i=0}^{n} A_i\right) \cup A_{n+1}$ であるので，基本的な包除原理 (121 ページの式 (6.1)，23 ページの定理 1.23) より

$$\left|\bigcup_{i=0}^{n+1} A_i\right| = \left|\bigcup_{i=0}^{n} A_i\right| + |A_{n+1}| - \left|\left(\bigcup_{i=0}^{n} A_i\right) \cap A_{n+1}\right|$$

となり，さらに共通部分集合演算の交換則 (11 ページの定理 1.8) と共通部分集合演算と和集合演算の分配則 (21 ページの定理 1.19) より

$$\left|\bigcup_{i=0}^{n+1} A_i\right| = \left|\bigcup_{i=0}^{n} A_i\right| + |A_{n+1}| - \left|\bigcup_{i=0}^{n} (A_i \cap A_{n+1})\right|$$

となる．このとき第 1 項 $\left|\bigcup_{i=0}^{n} A_i\right|$ は数学的帰納法の仮定より

$$\sum_{k=1}^{n+1} \left\{(-1)^{k+1} \sum_{0 \leq i_1 < \cdots < i_k \leq n} |A_{i_1} \cap \cdots \cap A_{i_k}|\right\}$$

となる．また，第 3 項 $\left|\bigcup_{i=0}^{n}(A_i \cap A_{n+1})\right|$ は数学的帰納法の仮定より

$$\sum_{k=1}^{n+1} \left\{(-1)^{k+1} \sum_{0 \leq i_1 < \cdots < i_k \leq n} |(A_{i_1} \cap A_{n+1}) \cap \cdots \cap (A_{i_k} \cap A_{n+1})|\right\}$$

となるが，共通部分集合演算のべき等則，交換則，結合則 (11 ページの定理 1.7，定理 1.8，定理 1.9) より $(A_{i_1} \cap A_{n+1}) \cap \cdots \cap (A_{i_k} \cap A_{n+1}) = A_{i_1} \cap \cdots \cap A_{i_k} \cap A_{n+1}$ であるので

$$\sum_{k=1}^{n+1} \left\{(-1)^{k+1} \sum_{0 \leq i_1 < \cdots < i_k \leq n} |A_{i_1} \cap \cdots \cap A_{i_k} \cap A_{n+1}|\right\}$$

となる.

一方，式 (7.2) の右辺において，A_{n+1} を含まない項に含まれる集合の数は高々

$n+1$ であることに注意すると，A_{n+1} を含まない項は

$$\sum_{k=1}^{n+1}\left\{(-1)^{k+1}\sum_{0\leq i_1<\cdots<i_k\leq n}|A_{i_1}\cap\cdots\cap A_{i_k}|\right\}$$

である．同様に A_{n+1} を含む項に含まれる A_{n+1} 以外の集合の数は高々 $n+1$ であることに注意すると，A_{n+1} を含む項は

$$\sum_{k=0}^{n+1}\left\{(-1)^{k+2}\sum_{0\leq i_1<\cdots<i_k\leq n}|A_{i_1}\cap\cdots\cap A_{i_k}\cap A_{n+1}|\right\}$$

である．また，後者は

$$|A_{n+1}|-\sum_{k=1}^{n+1}\left\{(-1)^{k+1}\sum_{0\leq i_1<\cdots<i_k\leq n}|A_{i_1}\cap\cdots\cap A_{i_k}\cap A_{n+1}|\right\}$$

と表すことができる．また，A_{n+1} を含む項からなる集合と A_{n+1} を含まない項からなる集合は互いに素であるので和の法則が適用できる．したがって，式 (7.2) の左辺と右辺は等しく，式 (7.2) が成り立つことがわかる．

以上により，任意の自然数 n に対し，式 (7.1) が成り立つことがわかる． □

ここでは，包除原理の応用として，有限集合 A から有限集合 B への異なる全射の総数を示そう．

定理 7.6 (全射の総数)
任意の有限集合 A と B に対し，$|A|=m$ とし，$|B|=n$ とする．A から B への異なる全射の総数は $m\geq n$ のとき

$$\sum_{k=0}^{n}(-1)^k\binom{n}{k}(n-k)^m$$

であり，$m<n$ のとき 0 である．

証明 $m<n$ のとき，38 ページの定理 2.12 より A から B への全射は存在せずその総数は 0 である．

$m\geq n$ について考える．A から B へのすべての全射からなる集合を S とする．このとき，一般性を失わず，$B=\{b_0,b_1,\ldots,b_{n-1}\}$ とする．さらに，B から要素 b_i を取り除いて得られる集合を B_i とする $(0\leq i<n)$．すなわち，$B_i=B\setminus\{b_i\}$ である．このとき，A から B_i へのすべての写像からなる集合 B_i^A の要素は，A から B への全射ではない写像である．また，$\bigcup_{i=0}^{n-1}B_i^A$ は A から B へのすべての全射ではない写像からなる集合となる．したがって，S と $\bigcup_{i=0}^{n-1}B_i^A$ は互いに

素であり，$B^A = S \cup \bigcup_{i=0}^{n-1} B_i^A$ であるので $|S| = \left|B^A\right| - \left|\bigcup_{i=0}^{n-1} B_i^A\right|$ となる．130 ページの系 6.3 より $\left|B^A\right| = n^m$ であり，以下，$\left|\bigcup_{i=0}^{n-1} B_i^A\right|$ について考える．

一般の包除原理 (定理 7.5) より

$$\left|\bigcup_{i=0}^{n-1} B_i^A\right| = \sum_{k=1}^{n} \left\{ (-1)^{k+1} \sum_{0 \leq i_1 < i_2 < \cdots < i_k \leq n-1} \left|B_{i_1}^A \cap B_{i_2}^A \cap \cdots \cap B_{i_k}^A\right| \right\}$$

である．一方，任意の自然数 i $(0 \leq i \leq n-1)$ に対し，$|B_i| = n-1$ であり，$\left|B_i^A\right| = (n-1)^m$ である．また，異なる自然数 i_1 と i_2 に対し $(0 \leq i_1 < i_2 \leq n-1)$，$B_{i_1}^A$ と $B_{i_2}^A$ の共通部分集合 $B_{i_1}^A \cap B_{i_2}^A$ は，A から $B_{i_1} \cap B_{i_2}$ への写像の集合 $(B_{i_1} \cap B_{i_2})^A$ と等しい．また，$|B_{i_1} \cap B_{i_2}| = n-2$ であり，$\left|B_{i_1}^A \cap B_{i_2}^A\right| = \left|(B_{i_1} \cap B_{i_2})^A\right| = (n-2)^m$ となる．一般に，異なる自然数 $i_1, i_2, \ldots, i_k$ に対し $(0 \leq i_1 < i_2 < \cdots < i_k \leq n-1)$，

$$B_{i_1}^A \cap B_{i_2}^A \cap \cdots \cap B_{i_k}^A = (B_{i_1} \cap B_{i_2} \cap \cdots \cap B_{i_k})^A$$

であり，$|B_{i_1} \cap B_{i_2} \cap \cdots \cap B_{i_k}| = n-k$ である．したがって，

$$\left|B_{i_1}^A \cap B_{i_2}^A \cap \cdots \cap B_{i_k}^A\right| = \left|(B_{i_1} \cap B_{i_2} \cap \cdots \cap B_{i_k})^A\right| = (n-k)^m$$

となる．したがって，

$$\left|\bigcup_{i=0}^{n-1} B_i^A\right| = \sum_{k=1}^{n} \left\{ (-1)^{k+1} \sum_{0 \leq i_1 < i_2 < \cdots < i_k \leq n-1} (n-k)^m \right\}$$

$$= \sum_{k=1}^{n} (-1)^{k+1} \binom{n}{k} (n-k)^m$$

となる．以上により，

$$|S| = \left|B^A\right| - \left|\bigcup_{i=0}^{n-1} B_i^A\right|$$

$$= n^m - \sum_{k=1}^{n} (-1)^{k+1} \binom{n}{k} (n-k)^m$$

$$= \sum_{k=0}^{n} (-1)^k \binom{n}{k} (n-k)^m$$

となる．　　　　　　　　　　　　　　　　　　　　　　　　　　□

7.2.4 矩形分割

矩形に何本かの縦方向や横方向の線分を挿入することで，矩形をいくつかの部分矩形に分割することを**矩形分割** (rectangular dissection) と呼ぶ．ただし，

7.2 数学的帰納法と証明

矩形分割において挿入される線分と線分は互いに交差せず，線分の両端は他の線分もしくは矩形の外周とT字型に接するとする．ある点に4方向からの線分が集まっている場合には，2つのT字型の接続が縮退していると考える．また，矩形分割の回転や反転，線分の連続的な直交方向への移動や線分方向の伸縮による違いは考えない．このとき，3線分による矩形分割は6種類となる．図7.3に3線分による矩形分割を示す．

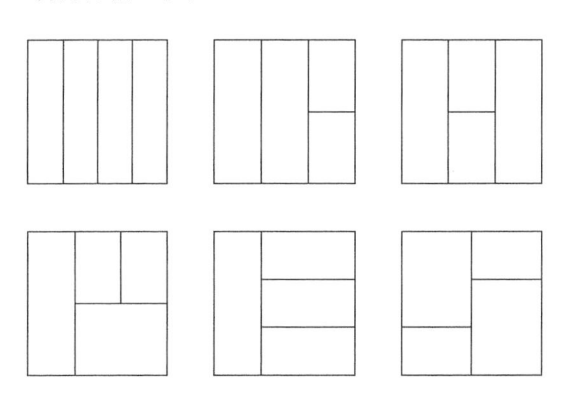

図 **7.3** 3線分による矩形分割

このような矩形分割 D に対して，矩形内の線分数を l_D とし内部に線分を含まない部分矩形数を r_D とする．このとき，$r_D - l_D = 1$ となることは明らかであろう．この事実を数学的帰納法で示してみよう．

【例題 7.3】 任意の矩形分割 D に対し，$r_D - l_D = 1$ を示せ．

【解答】 矩形内の線分数 l_D に関する数学的帰納法により示す．

 (初期段階) $l_D = 0$ の場合，明らかに部分矩形数は 1 であり，$r_D - l_D = 1$ は明らかに成り立つ．

 (帰納段階) 矩形内の線分数が n である任意の矩形分割 D に対し，$r_D - l_D = 1$ が成り立つと仮定し，矩形内の線分数が $n+1$ である任意の矩形分割 D' に対し，$r_{D'} - l_{D'} = 1$ が成り立つことを示す．まず，矩形内の線分数が $n+1$ である任意の矩形分割を D' とする．このとき，D' の左上の角を含む部分矩形の右境界と下境界の線分のどちらか一方の線分は，他の線分を変化させることなくその線分の直交方向に移動させることができる．そのような線分を連続的に直交方向に移動させ外周に一致させると，線分と部分矩形が共に 1 だけ少ない矩形分割 D が得られる．すなわち，$l_{D'} = l_D + 1$ であり $r_{D'} = r_D + 1$ である．

このとき，$l_D = n$ であるので数学的帰納法の仮定から $r_D - l_D = 1$ であり，$r_{D'} - l_{D'} = (r_D+1) - (l_D+1) = r_D - l_D = 1$ を得る．以上により，矩形内の線分数が $n+1$ である任意の矩形分割 D' に対し，$r_{D'} - l_{D'} = 1$ が成り立つ．

以上により，任意の矩形分割 D に対し，$r_D - l_D = 1$ が成り立つ． □

コーヒーブレイク

例題 7.3 の解答の帰納段階を次のように置き換えてみよう．

(帰納段階) 矩形内の線分数が n である任意の矩形分割 D に対し，$r_D - l_D = 1$ が成り立つと仮定し，矩形内の線分数が $n+1$ である任意の矩形分割 D' に対し，$r_{D'} - l_{D'} = 1$ が成り立つことを示す．線分数が n である矩形分割 D に対し，線分を 1 本挿入し矩形分割 D' を得る．このとき明らかに $l_{D'} = l_D + 1$ であり $r_{D'} = r_D + 1$ である．また，数学的帰納法の仮定から $r_D - l_D = 1$ であるので，$r_{D'} - l_{D'} = (r_D+1) - (l_D+1) = r_D - l_D = 1$ を得る．

このように帰納段階を置き換えると解答は誤りとなる．なぜならばある種の矩形分割に対して $r_D - l_D = 1$ を示しているに過ぎないからである．例えば，図 7.4 に示す矩形分割 D_5 の線分数は 4 であるが，線分数が 3 であるどのような矩形分割に線分を 1 本挿入しても得ることができない．したがって，この証明では線分を 1 本ずつ挿入し矩形分割を得ることを繰り返した結果として得られるという性質を持つ D_5 などを含まない矩形分割に対して $r_D - l_D = 1$ を示しているに過ぎないのである．

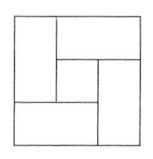

図 7.4 4 線分による矩形分割 D_5

このように自然数 n に関して定義されるある構造に対する命題 $P(n)$ を，n に関して定義される構造から $n+1$ に関して定義される構造を構築する帰納段階を用いて数学的帰納法で示す場合，帰納段階では $n+1$ に関して定義されるすべての構造が構築できなければならない．また，$n+1$ に関して定義される任意の構造を出発点とし，その構造に操作を加え n に関して定義される構造に帰着させることで帰納段階の証明を行なうことができる．

7.2.5 単調ブール関数と単調論理回路

（1） 単調ブール関数

ブール集合 $\mathbf{B} = \{0, 1\}$ に対し $\mathbf{B}$ 上の全順序関係 $\leq$ を $0 \leq 1$ と定義する．より正確には $\leq = \{(0,0), (0,1), (1,1)\}$ と定義する．さらに，任意の自然数 n に対して定義される集合 $\mathbf{B}^n$ の要素 $\alpha = (\alpha_0, \alpha_1, \ldots, \alpha_{n-1})$ と $\beta = (\beta_0, \beta_1, \ldots, \beta_{n-1})$ に対し

$$(\alpha \leq \beta) \iff ((\alpha_0 \leq \beta_0) \wedge (\alpha_1 \leq \beta_1) \wedge \cdots \wedge (\alpha_{n-1} \leq \beta_{n-1}))$$

と定義する．このとき，関係 $\leq$ は集合 $\mathbf{B}^n$ 上の半順序関係となる．この半順序関係 $\leq$ を用いてブール関数 $f : \mathbf{B}^m \to \mathbf{B}^n$ に関する性質を定義する．

【定義 7.2 (単調ブール関数)】 任意のブール関数 $f : \mathbf{B}^m \to \mathbf{B}^n$ は，任意の $\alpha \in \mathbf{B}^m$ と $\beta \in \mathbf{B}^m$ に対し，$\alpha \leq \beta \Rightarrow f(\alpha) \leq f(\beta)$ であるとき，**単調** (monotone) と呼ばれる．

【例 7.2】 2 変数ブール関数 $f^{\wedge} : \mathbf{B}^2 \to \mathbf{B}$ と $f^{\vee} : \mathbf{B}^2 \to \mathbf{B}$ をそれぞれ $f^{\wedge}(\alpha) = \alpha_0 \wedge \alpha_1$ とし，$f^{\vee}(\alpha) = \alpha_0 \vee \alpha_1$ とする．ただし，$\alpha = (\alpha_0, \alpha_1)$ とする．このとき，$f^{\wedge}$ と $f^{\vee}$ はともに単調ブール関数である． ■

【例 7.3】 n 変数ブール関数 $f^{\mathrm{MAJ}} : \mathbf{B}^n \to \mathbf{B}$ を

$$f^{\mathrm{MAJ}}(\alpha) = \begin{cases} 1 & (\sum_{i=0}^{n-1} \alpha_i \geq n/2 \text{ の場合}) \\ 0 & (\sum_{i=0}^{n-1} \alpha_i < n/2 \text{ の場合}) \end{cases}$$

とする．ただし，$\alpha = (\alpha_0, \alpha_1, \ldots, \alpha_{n-1})$ とする．このとき，f^{MAJ} は**多数決関数** (majority function) と呼ばれる．すなわち，f^{MAJ} は入力ブール変数の半数以上が 1 であるとき 1 となり，半数未満が 1 であるとき 0 となる関数である．この f^{MAJ} は単調ブール関数である． ■

m 入力 n 出力のブール関数 $f : \mathbf{B}^m \to \mathbf{B}^n$ に対し，f と同じ入力を持ち f の i 番目の出力を出力する m 入力 1 出力のブール関数を $f_i : \mathbf{B}^m \to \mathbf{B}$ とする．このとき，f が単調であるのは，f_i がすべて単調であるとき，かつそのときに限ることに注意しよう（$0 \leq i \leq n-1$）．また，ブール関数が単調であ

るという性質は，関数の合成によって保存される，すなわち，単調ブール関数 $f: \mathbf{B}^m \to \mathbf{B}^l$ と単調ブール関数 $g: \mathbf{B}^l \to \mathbf{B}^n$ を合成して得られるブール関数 $g \circ f: \mathbf{B}^m \to \mathbf{B}^n$ は単調となることにも注意しよう．

（**2**） 単調論理回路

論理回路 (logic circuit) については，第 5.3.3 節で説明したが，本節では，2 入力 1 出力の **AND** ゲート (AND gate) と **OR** ゲート (OR gate) および，1 入力 1 出力の **NOT** ゲート (NOT gate) の基本回路素子からなる論理回路を考える．

【定義 7.3 (単調論理回路)】 基本回路素子からなる任意の論理回路は，AND ゲートと OR ゲートのみで構成されるとき，**単調** (monotone) と呼ばれる．

言い換えると，基本回路素子からなる論理回路は，NOT ゲートを含まないとき単調と呼ばれる．論理回路 C の**大きさ** (size) を C に含まれる AND ゲートの個数と OR ゲートの個数の総和とし，$s(C)$ で表す．また，m 入力 n 出力論理回路 C により計算されるブール関数を $f^C: \mathbf{B}^m \to \mathbf{B}^n$ とし，C の i 番目の出力を生成する C の部分論理回路を C_i とする $(0 \leq i \leq n-1)$．

（**3**） 単調論理回路と単調ブール関数

以下では，単調ブール関数と単調論理回路がある意味で同値であることを数学的帰納法を用いて示す．このような数学的帰納法による証明は，これまで読者が出会った数学的帰納法の証明とは若干趣が異なるものであろう．

定理 7.7 (単調論理回路の出力)

任意の m 入力 n 出力の単調論理回路 C に対し，$f^C: \mathbf{B}^m \to \mathbf{B}^n$ は単調ブール関数である．

証明 ブール関数 $f^C: \mathbf{B}^m \to \mathbf{B}^n$ は，n 未満のすべての自然数 i に対し，ブール関数 $f_i^C: \mathbf{B}^m \to \mathbf{B}$ が単調であるとき，かつそのときに限り単調である $(0 \leq i \leq n-1)$．したがって，$n=1$ の場合を考えれば十分であり，以下，$n=1$ とし，単調論理回路 C の大きさ $s(C)$ に関する数学的帰納法により示す．

(初期段階) 大きさ $s(C) = 0$ の場合，C は AND ゲートおよび OR ゲートを 1 つも含まないことから，論理回路の出力は定数であるか，または，ある 1 つの入力と等しい．すなわち，ブール関数 f^C の入力を $\alpha = (\alpha_0, \alpha_1, \ldots, \alpha_{m-1}) \in \mathbf{B}^m$

としたとき，f^C は以下のいずれかに限定される: (i) $f^C(\alpha) = 0$ である; (ii) $f^C(\alpha) = 1$ である; (iii) ある $i \in \mathbf{N}_n$ が存在し $f^C(\alpha) = \alpha_i$ である．いずれの場合も関数 f^C は単調ブール関数となる．

(帰納段階) 大きさ $s(C)$ が k 以下である任意の単調論理回路 C に対し $f^C: \mathbf{B}^m \to \mathbf{B}$ は単調であると仮定し，大きさが $k+1$ である任意の単調論理回路 C' に対し $f^{C'}: \mathbf{B}^m \to \mathbf{B}$ は単調であることを示す．論理回路 C' の出力はあるゲート g により生成される．C' から g を取り除いて得られる論理回路を C'' とする．このとき，C'' は m 入力 2 出力の論理回路である．また，$f^{C''}: \mathbf{B}^m \to \mathbf{B}^2$ であり $f^{C'} = f^g \circ f^{C''}$ である．さらに，$s(C'')$ は k であり $s(C_0'')$ と $s(C_1'')$ は k 以下となる．図 7.5 にその概念を示す．ただし，図 7.5 では，C_0'' と C_1'' を分けて図示しているが，C_0'' と C_1'' にともに含まれるゲートが存在するかもしれない．このとき，帰納法の仮定から $f^{C_0''}: \mathbf{B}^m \to \mathbf{B}$ と $f^{C_1''}: \mathbf{B}^m \to \mathbf{B}$ は単調である．また，$f^{C_0''} = f_0^{C''}$ であり $f^{C_1''} = f_1^{C''}$ であるので $f^{C''}$ は単調であることがわかる．さらに，g は AND ゲートもしくは OR ゲートであるので，$f^g = f^\wedge$ または，$f^g = f^\vee$ であり，いずれの場合も f^g は単調である．したがって，$f^{C'} = f^g \circ f^{C''}$ は単調であることがわかる．

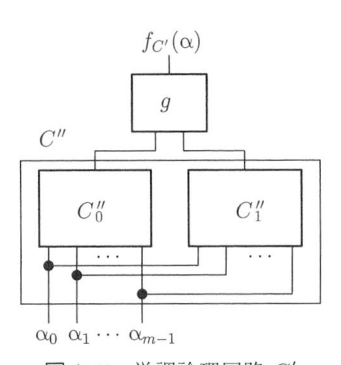

図 7.5 単調論理回路 C'

以上により，任意の単調論理回路 C に対し f^C は単調であることがわかる．□

定理 7.8 (単調論理回路の存在)

任意の単調ブール関数 $f: \mathbf{B}^m \to \mathbf{B}^n$ に対し，f を計算する m 入力 n 出力の単調論理回路が存在する．

証明 入力を $\alpha = (\alpha_0, \alpha_1, \ldots, \alpha_{m-1}) \in \mathbf{B}^m$ とする．$n = 1$ の場合を示せば十分であるので，以下，$n = 1$ とし，入力変数の数 m に関する数学的帰納法により示す．

(初期段階) $m=0$ の場合，$\alpha = \Lambda$ であり，単調ブール関数 f は以下のいずれかに限定される: (i) $f(\Lambda) = 0$ である; (ii) $f(\Lambda) = 1$ である．いずれの場合も回路素子を用いることなく f を実現できる．すなわち，f を計算する単調な論理回路が存在する．

(帰納段階) 任意の m 変数単調ブール関数 $f: \mathbf{B}^m \to \mathbf{B}$ に対し，f を計算する m 入力 1 出力の単調論理回路 C が存在すると仮定し，任意の $m+1$ 変数単調ブール関数 $f': \mathbf{B}^{m+1} \to \mathbf{B}$ に対し，f' を計算する $m+1$ 入力 1 出力の単調論理回路 C' が存在することを示す．f' の入力を $\alpha_0, \alpha_1, \ldots, \alpha_{m-1}, \alpha_m$ とすると，f' は単調であるので，

$$f'(\alpha_0, \alpha_1, \ldots, \alpha_{m-1}, 0) \leq f'(\alpha_0, \alpha_1, \ldots, \alpha_{m-1}, 1)$$

であり

$$f'(\alpha_0, \alpha_1, \ldots, \alpha_{m-1}, 0) \vee f'(\alpha_0, \alpha_1, \ldots, \alpha_{m-1}, 1)$$
$$= f'(\alpha_0, \alpha_1, \ldots, \alpha_{m-1}, 1)$$

となる．ここで f' を

$$f'(\alpha_0, \alpha_1, \ldots, \alpha_{m-1}, 0) \vee (f'(\alpha_0, \alpha_1, \ldots, \alpha_{m-1}, 1) \wedge \alpha_m) \tag{7.3}$$

と表現できることを示す．まず，$\alpha_m = 0$ のとき，

$$f'(\alpha_0, \alpha_1, \ldots, \alpha_{m-1}, 0) \vee (f'(\alpha_0, \alpha_1, \ldots, \alpha_{m-1}, 1) \wedge 0)$$
$$= f'(\alpha_0, \alpha_1, \ldots, \alpha_{m-1}, 0) \vee 0$$
$$= f'(\alpha_0, \alpha_1, \ldots, \alpha_{m-1}, 0)$$

となる．一方，$\alpha_m = 1$ のとき，

$$f'(\alpha_0, \alpha_1, \ldots, \alpha_{m-1}, 0) \vee (f'(\alpha_0, \alpha_1, \ldots, \alpha_{m-1}, 1) \wedge 1)$$
$$= f'(\alpha_0, \alpha_1, \ldots, \alpha_{m-1}, 0) \vee f'(\alpha_0, \alpha_1, \ldots, \alpha_{m-1}, 1)$$
$$= f'(\alpha_0, \alpha_1, \ldots, \alpha_{m-1}, 1)$$

となる．したがって，f' は式 (7.3) のように表現できることがわかる．また，$f'(\alpha_0, \alpha_1, \ldots, \alpha_{m-1}, 0)$ と $f'(\alpha_0, \alpha_1, \ldots, \alpha_{m-1}, 1)$ はともに m 入力 1 出力のブール関数であり，数学的帰納法の仮定より，それらを計算する m 入力 1 出力単調論理回路 C''_0 と C''_1 がそれぞれ存在する．したがって，f' を計算する図 7.6 に示す $m+1$ 入力 1 出力単調論理回路が存在する．

以上により，任意の単調ブール関数 f に対し f を計算する単調論理回路が存在することがわかる． □

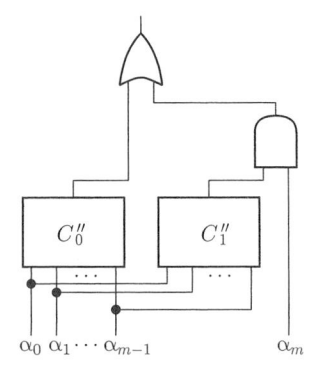

図 7.6 単調ブール関数 f' を計算する単調論理回路 C'

7.3 再帰的定義

　コンピュータサイエンスの諸分野における概念を定義する際に，数学的帰納法の考え方は重要な役割を果たす．本節では**帰納的定義** (inductive definition) と**再帰的定義** (recursive definition) を具体例を通じて説明する．帰納的定義と再帰的定義は区別せずに用いられることも多いが，集合などを定義する場合には帰納的定義と呼ばれ，関数などを定義する場合には再帰的定義と呼ばれることが多い．

7.3.1 階　　乗

　階乗は既に 128 ページの定義 6.7 で定義したが，ここでは階乗を再帰的に定義してみよう．

【定義 7.4 (階乗)】　任意の自然数 n に対し

(初期段階)　　$n = 0$ ならば $0! = 1$ とし，

(再帰段階)　　$n \geq 1$ ならば $n! = (n-1)! \cdot n$ とする．

　この階乗の再帰的定義が我々が慣れ親しんでいる定義 6.7 による階乗の定義と一致することは明らかであろう．これを数学的帰納法を用いて示してみよう．

【例題 7.4 (階乗の再帰的定義の正当性)】 任意の自然数 n に対し，定義 6.7 と定義 7.4 によって定義される $n!$ が一致することを n に関する数学的帰納法を用いて確認せよ．

【解答】 (初期段階) n が 0 の場合，定義 6.7 と定義 7.4 による $n!$ はともに 1 となり，明らかに成り立つ．

 (帰納段階) 任意の自然数 n に対し，定義 6.7 と定義 7.4 による $n!$ が一致すると仮定し，定義 6.7 と定義 7.4 による $(n+1)!$ が一致することを示す．定義 6.7 による $(n+1)!$ は，$1 \cdot 2 \cdots n \cdot (n+1)$ である．一方，定義 7.4 による $(n+1)!$ は，その再帰段階の定義より $n! \cdot (n+1)$ となる．また，数学的帰納法の仮定より $n! = 1 \cdot 2 \cdots n$ であるので $(1 \cdot 2 \cdots n) \cdot (n+1) = 1 \cdot 2 \cdots n \cdot (n+1)$ であり両者は一致することがわかる．

 以上により，任意の自然数 n に対し両者は一致する． □

7.3.2 アッカーマン関数

自然数 $\mathbf{N}$ 上の 2 変数関数である**アッカーマン関数** (Ackermann function) $A: \mathbf{N} \times \mathbf{N} \to \mathbf{N}$ を紹介しよう．

【定義 7.5 (アッカーマン関数 $A(m,n)$)】 アッカーマン関数 $A(m,n)$ は任意の自然数 m と n に対し，

$$A(0,n) = n+1 \tag{7.4}$$

$$A(m+1,0) = A(m,1) \tag{7.5}$$

$$A(m+1,n+1) = A(m, A(m+1,n)) \tag{7.6}$$

と定義される．

 任意の自然数 m と n に対し，アッカーマン関数 $A(m,n)$ は定義されているだろうか．例えば，定義が相互に依存したり循環したりすると関数の値を定めることができない．若干複雑であるがアッカーマン関数がよく定義 (well-defined) されていることを数学的帰納法を 2 重に用いて示してみよう．

【例題 7.5 (アッカーマン関数 $A(m,n)$ の定義の正当性)】 任意の自然数 m と n に対し，アッカーマン関数 $A(m,n)$ が定義されていることを m に関する数学的帰納法を用いて確認せよ．

【解答】 (初期段階) m が 0 の場合, $A(0,n)$ は式 (7.4) により定義される.

(帰納段階) 任意の自然数 n に対し $A(m,n)$ が定義されていると仮定し, 任意の自然数 k に対し $A(m+1,k)$ が定義されていることを自然数 k に関する数学的帰納法を用いて示す. まず, $A(m+1,0)$ が定義されることを示す. $A(m+1,0)$ は式 (7.5) により $A(m,1)$ と定義される. $A(m,1)$ は数学的帰納法の仮定より定義されているので $A(m+1,0)$ は定義される. 次に, $A(m+1,k)$ が定義されていると仮定し $A(m+1,k+1)$ が定義されていることを示す. $A(m+1,k+1)$ は式 (7.6) により $A(m,A(m+1,k))$ と定義される. $A(m+1,k)$ は (内側の) 数学的帰納法の仮定より定義されている. また, 任意の自然数 n に対して $A(m,n)$ は (外側の) 数学的帰納法の仮定より定義されている. したがって, $A(m+1,k+1)$ は定義される. 以上 (内側の数学的帰納法) により, 任意の自然数 k に対し $A(m+1,k)$ が定義されている.

以上 (外側の数学的帰納法) により, 任意の自然数 m と n に対し $A(m,n)$ が定義される. □

アッカーマン関数(Ackermann 関数) は急速に増加する関数であるが, 通常のプログラムで計算可能であることが知られている. また, アッカーマン関数の逆数は非常にゆっくりと増加する関数としてプログラムの解析や評価に用いられることがある.

――――コーヒーブレイク――――

アッカーマン関数の素性をもう少し詳しく述べることにしよう. 我々が通常用いるプログラミング言語において while など繰返し機能を使わないで計算可能な関数を**原始帰納的関数** (primitive recursive function) と呼び, 繰返し機能を用いて計算可能な関数を**帰納的関数** (recursive function) と呼ぶ. 定義より明らかに, 全ての原始帰納的関数は帰納的関数となる. では, 全ての帰納的関数は原始帰納的関数となるであろうか. 実は, アッカーマン関数は帰納的関数ではあるが, 原始帰納的関数ではないことが知られている. このことからも, 我々がプログラミングを行なう際に while などの繰返し機能の存在が, 計算に多大な貢献をしていることが実感されるであろう.

7.3.3 フィボナッチ数列

自然数 $\mathbf{N}$ 上の数列であるフィボナッチ数列 (Fibonacci sequence) を紹介しよう.

【定義 7.6 (フィボナッチ数列 f_n)】 フィボナッチ数列 $f_0, f_1, f_2, \ldots$ は任意の自然数 n に対し，

$$f_n = \begin{cases} 0 & (n=0) \\ 1 & (n=1) \\ f_{n-1} + f_{n-2} & (n \geq 2) \end{cases}$$

と定義される．

黄金比 (golden ratio) $(1+\sqrt{5})/2$ は自然界の至るところで観測される．フィボナッチ数列 $f_0, f_1, f_2, \ldots$ と黄金比との関係を定理として示してみよう．

定理 7.9 (フィボナッチ数列と黄金比)

任意の自然数 $n \geq 2$ に対し，$f_n \geq R^{n-2}$ が成り立つ．ただし $R = (1+\sqrt{5})/2$ とする．

証明 2 以上の自然数 n に関する数学的帰納法により示す．ただし，$R = (1+\sqrt{5})/2$ であるので，$R^2 = R+1$ であることに注意しよう．

(初期段階) $n=2$ の場合，すなわち，$f_2 \geq R^0$ を示す．$f_2 = f_1 + f_0 = 1 + 0 = 1 = R^0$ であり，$f_2 \geq R^0$ である．

(帰納段階) n を 2 以上の任意の自然数とする．このとき，2 以上 n 以下の任意の自然数 m に対し，$f_m \geq R^{m-2}$ が成り立つと仮定し，$f_{n+1} \geq R^{n-1}$ を示す．数列の定義より $f_{n+1} = f_n + f_{n-1}$ であるので，数学的帰納法の仮定より $f_{n+1} = f_n + f_{n-1} \geq R^{n-2} + R^{n-3} = R^{n-3}(R+1)$ となる．また，$R^2 = R+1$ であるので，$R^{n-3}(R+1) = R^{n-3}R^2 = R^{n-1}$ となる．したがって，$f_{n+1} \geq R^{n-1}$ である．

したがって，任意の $n \geq 2$ に対し $f_n \geq R^{n-2}$ となる． □

7.3.4 実係数多項式

実数 **R** 上の 1 変数関数は，多項式でありその係数がすべて実数であるとき実係数多項式と呼ばれる．任意の自然数 n に対し，次数が n の実係数多項式 $f(x)$ は，任意の実数 $c_i \in \mathbf{R}\ (0 \leq i \leq n)$ に対し，

$$f(x) = c_n x^n + c_{n-1} x^{n-1} + \cdots + c_1 x + c_0 \tag{7.7}$$

と表される．ただし，$n \geq 1$ であるとき，$c_n \neq 0$ である．すべての実係数多項式からなる集合 F_p を帰納的に定義してみよう．

【定義 7.7 (実係数多項式 F_p)】 (初期段階) 任意の実数 $c \in \mathbf{R}$ に対し, c を F_p の要素とする. (定数 c を 0 次の実係数多項式とする).

(帰納段階) 任意の実係数多項式 $f(x) \in F_p$ と任意の実数 $c \in \mathbf{R}$ に対し, $xf(x) + c$ を F_p の要素とする.

この定義では, まず, 0 次の実係数多項式が定義され, 次に, n 次の実係数多項式から $n+1$ 次の実係数多項式が定義される. F_p は実数 $\mathbf{R}$ を部分集合として含むため, その濃度は非可算無限であるが, 式 (7.7) の形式で与えられる任意の実係数多項式 $f(x)$ が, この定義によって F_p の要素と定義されることを読者自身で確かめて欲しい.

7.3.5 加算

自然数 $\mathbf{N}$ 上の加算を再帰的に定義しよう. 再帰的定義の再帰段階では, 任意の自然数 n に対し $P(n)$ が定義されていると仮定し $P(n+1)$ を定義するが, $n+1$ に加算が使われており, 加算 + の定義において混乱をもたらすので, ここでは, 自然数 n の後者 $\sigma(n)$ を用いて再帰的に定義する.

【定義 7.8 (自然数 $\mathbf{N}$ 上の加算 +)】 (初期段階) 任意の自然数 m に対し, $m + 0$ を m とする.

(再帰段階) 任意の自然数 m と n に対し, $m + n$ が定義されているとし, $m + \sigma(n)$ を $\sigma(m+n)$ とする.

【例 7.4】 0 の後者の後者の後者 $\sigma(\sigma(\sigma(0)))$ と 0 の後者の後者 $\sigma(\sigma(0))$ の加算 $\sigma(\sigma(\sigma(0))) + \sigma(\sigma(0))$ を考える. 加算の再帰段階の定義より $\sigma(\sigma(\sigma(0))) + \sigma(\sigma(0)) = \sigma(\sigma(\sigma(\sigma(0)))) + \sigma(0)) = \sigma(\sigma(\sigma(\sigma(\sigma(0))))) + 0$ となり, これは加算の初期段階の定義より $\sigma(\sigma(\sigma(\sigma(\sigma(0)))))$ となる. すなわち, 結果は 0 の後者の後者の後者の後者の後者と定義される. これは 3+2 を 5 と定義することに対応する. ■

定義 7.8 の初期段階で, 任意の自然数 m に対し, $m+0$ は m と定義されている. これは, 任意の自然数 m に対し, $m+0$ を m と表現できるだけでなく,

m を $m+0$ と表現できることを意味することに注意しよう．同様に定義 7.8 の再帰段階の定義より，任意の自然数 m と n に対し，$m+\sigma(n)$ を $\sigma(m+n)$ と表現でき，$\sigma(m+n)$ を $m+\sigma(n)$ と表現できるのである．

　加算において交換則と結合則が成り立つことはよく知っていることと思う．ここでは定義 7.8 の再帰的定義に基づく自然数上の加算に対して交換則と結合則が成り立つことを数学的帰納法で示そう．まず，加算の交換則の証明で用いる加算の基本的な性質を 2 つ示す．

定理 7.10 (加算の性質)

　定義 7.8 による自然数 **N** 上の加算 + において，任意の自然数 n に対し
$$0+n = n+0 \tag{7.8}$$
である．

　証明　自然数 n に対する数学的帰納法で示す．
　(初期段階)　$n=0$ のとき，式 (7.8) は $0+0 = 0+0$ となり，明らかに成り立つ．
　(帰納段階)　任意の自然数 n に対し式 (7.8) を仮定する．このとき，

$$\begin{aligned} 0+\sigma(n) &= \sigma(0+n) && \text{(加算の再帰段階の定義)} \\ &= \sigma(n+0) && \text{(数学的帰納法の仮定)} \\ &= \sigma(n) && \text{(加算の初期段階の定義)} \\ &= \sigma(n)+0 && \text{(加算の初期段階の定義)} \end{aligned}$$

となり，式 (7.8) は $\sigma(n)$ に対しても成り立つ．
　以上により，任意の自然数 n に対し，式 (7.8) は成り立つ．　□

定理 7.11 (加算の性質)

　定義 7.8 による自然数 **N** 上の加算 + において，任意の自然数 m と n に対し
$$m+\sigma(n) = \sigma(m)+n \tag{7.9}$$
である．

　証明　自然数 n に対する数学的帰納法で示す．
　(初期段階)　$n=0$ のとき，

$$\begin{aligned} m+\sigma(0) &= \sigma(m+0) && \text{(加算の再帰段階の定義)} \\ &= \sigma(m) && \text{(加算の初期段階の定義)} \\ &= \sigma(m)+0 && \text{(加算の初期段階の定義)} \end{aligned}$$

となり，式 (7.9) は成り立つ．

(帰納段階) 任意の自然数 n と m に対し式 (7.9) を仮定し，式 (7.9) は $\sigma(n)$ に対しても成り立つこと，すなわち，
$$m + \sigma(\sigma(n)) = \sigma(m) + \sigma(n) \tag{7.10}$$
を示す．このとき，

$$\begin{aligned}
m + \sigma(\sigma(n)) &= \sigma(m + \sigma(n)) && \text{(加算の再帰段階の定義)} \\
&= \sigma(\sigma(m) + n) && \text{(数学的帰納法の仮定)} \\
&= \sigma(m) + \sigma(n) && \text{(加算の再帰段階の定義)}
\end{aligned}$$

であり，式 (7.10) は成り立つ．

以上により，任意の自然数 m と n に対し，式 (7.9) は成り立つ． □

それでは自然数上の加算に交換則が成り立つことを示そう．

定理 7.12 (加算の交換則)

定義 7.8 による自然数 $\mathbf{N}$ 上の加算 $+$ において，任意の自然数 m と n に対し
$$m + n = n + m \tag{7.11}$$
である．

証明 自然数 n に対する数学的帰納法で示す．

(初期段階) $n = 0$ のとき，定理 7.10 より任意の自然数 m に対し式 (7.11) は成り立つ．

(帰納段階) 任意の自然数 n と m に対し式 (7.11) を仮定する．このとき，

$$\begin{aligned}
m + \sigma(n) &= \sigma(m + n) && \text{(加算の再帰段階の定義)} \\
&= \sigma(n + m) && \text{(数学的帰納法の仮定)} \\
&= n + \sigma(m) && \text{(加算の再帰段階の定義)} \\
&= \sigma(n) + m && \text{(定理 7.11)}
\end{aligned}$$

となり，式 (7.11) は $\sigma(n)$ に対しても成り立つ．

以上により，任意の自然数 m と n に対し，式 (7.11) は成り立つ． □

最後に自然数上の加算に結合則が成り立つことを示す．

定理 7.13 (加算の結合則)

定義 7.8 による自然数 $\mathbf{N}$ 上の加算 $+$ において，任意の自然数 l と m と n に対し
$$(l + m) + n = l + (m + n) \tag{7.12}$$
である．

証明 自然数 n に対する数学的帰納法で示す.

(初期段階) $n = 0$ のとき,任意の自然数 l と m に対し,式 (7.12) は

$$\begin{aligned}(l+m)+0 &= l+m & \text{(加算の初期段階の定義)} \\ &= l+(m+0) & \text{(加算の初期段階の定義)}\end{aligned}$$

と成り立つ.

(帰納段階) 任意の自然数 n と l と m に対し,式 (7.12) を仮定する.このとき,

$$\begin{aligned}(l+m)+\sigma(n) &= \sigma((l+m)+n) & \text{(加算の再帰段階の定義)} \\ &= \sigma(l+(m+n)) & \text{(数学的帰納法の仮定)} \\ &= l+\sigma(m+n) & \text{(加算の再帰段階の定義)} \\ &= l+(m+\sigma(n)) & \text{(加算の再帰段階の定義)}\end{aligned}$$

となり,式 (7.12) は $\sigma(n)$ に対しても成り立つ.

以上により,任意の自然数 l と m と n に対し,式 (7.12) は成り立つ. □

一般に結合則の表現には 3 つの自然数が変数として使われるが,その中の 1 変数に着目して数学的帰納法が用いられていることに注意しよう.また,加算の再帰的定義が異なれば,その定義に基づく証明の基本的な考え方は同じであるが,詳細部分は異なることになる.

7.4 記 号 列

本節では記号列について帰納的な定義を与え,その定義に基づき記号列が持つ様々な性質を示す.

7.4.1 記 号 列

記号列の表記については 1.1.3 節で簡単に示したが,ここではもう少し記号列に関する定義を与える.アルファベット集合 Σ 上の長さ n のすべての記号列からなる集合を Σ^n とする.すなわち,$\Sigma^n = \{\mathbf{w} \mid \mathbf{w} = \mathrm{x}_0 \mathrm{x}_1 \cdots \mathrm{x}_{n-1}, \mathrm{x}_i \in \Sigma\}$ である.また,長さが有限のすべての記号列からなる集合を Σ^* とする.すなわち,$\Sigma^* = \bigcup_{i \in \mathbf{N}} \Sigma^i$ である.定義より $\Sigma = \Sigma^1$ であり $\Sigma \subseteq \Sigma^*$ である.また,長さ 0 の記号列は空列 Λ であり,$\Sigma^0 = \{\Lambda\}$ である.6 ページの定理 1.4 では空集合 $\emptyset$ はただ 1 つ存在することを示したが,空列 Λ もただ 1 つ存在する.記号列 $\mathbf{w}$ の長さを $\ell(\mathbf{w})$ と表記する.ℓ は Σ^* から $\mathbf{N}$ への写像であり,例えば,$\ell(\Lambda) = 0$ となる.

【例 7.5】 $\Sigma = \emptyset$ の場合, $\Sigma^0 = \{\Lambda\}$ となり, $\Sigma^1 = \Sigma^2 = \Sigma^2 = \cdots = \emptyset$ となる. また, $\Sigma^* = \{\Lambda\}$ である. ∎

【例 7.6】 $\Sigma = \{a\}$ の場合, $\Sigma^0 = \{\Lambda\}, \Sigma^1 = \{a\}, \Sigma^2 = \{aa\}, \Sigma^3 = \{aaa\}, \ldots$ となる. 任意の自然数 n に対し $|\Sigma^n| = 1$ であり, Σ^n の要素は n 個の a からなる記号列である. ∎

【例 7.7】 $\Sigma = \{0, 1\}$ の場合, $\Sigma^0 = \{\Lambda\}, \Sigma^1 = \{0, 1\}, \Sigma^2 = \{00, 01, 10, 11\}$, $\Sigma^3 = \{000, 001, 010, 011, 100, 101, 110, 111\}, \ldots$ となる. 任意の自然数 n に対し $|\Sigma^n| = 2^n$ である. ∎

任意のアルファベット集合 Σ に対し, Σ^* の任意の部分集合を Σ 上の**言語** (language) と呼ぶ. 日本語や英語などの**自然言語** (natural language) やプログラム言語などの**形式言語** (formal language) は, あるアルファベット集合上の長さが有限の記号列の集合であるが, 必ずしもすべての記号列が含まれるわけではない.

アルファベット集合 Σ に対し, 任意の記号 $x \in \Sigma$ と任意の記号列 $w = x_0 x_1 \cdots x_{n-1} \in \Sigma^*$ を結合して得られる記号列 $xx_0 x_1 \cdots x_{n-1}$ を $x \bullet w$ と表す. すなわち, $\bullet : \Sigma \times \Sigma^* \to \Sigma^*$ である.

7.4.2 記号列の帰納的定義

記号 $x \in \Sigma$ と記号列 $w \in \Sigma^*$ を結合する操作 $x \bullet w$ を基本操作として, Σ 上の長さが有限のすべての記号列からなる集合 Σ^* を帰納的に定義しよう.

【定義 7.9 (有限長記号列集合)】 (初期段階)　Λ を Σ^* の要素とする.

(帰納段階)　任意の記号 $x \in \Sigma$ と任意の記号列 $w \in \Sigma^*$ に対し, $x \bullet w$ を Σ^* の要素とする.

次に, 記号列の長さ $\ell : \Sigma^* \to \mathbf{N}$ を再帰的に定義しよう.

【定義 7.10 (記号列の長さ)】 (初期段階)　$\ell(\Lambda) = 0$ とする.

(再帰段階)　任意の記号 $x \in \Sigma$ と任意の記号列 $w \in \Sigma^*$ に対し, $\ell(x \bullet w) = \ell(w) + 1$ とする.

最後に，2つの記号列を結合する操作を再帰的に定義しよう．Σ 上の任意の記号列 $\mathbf{w} = x_0 x_1 \cdots x_{n-1}$ と $\mathbf{w}' = x'_0 x'_1 \cdots x'_{m-1}$ に対し，$\mathbf{w}$ と $\mathbf{w}'$ を結合 (concatenate) して得られる記号列 $x_0 x_1 \cdots x_{n-1} x'_0 x'_1 \cdots x'_{m-1}$ を $\mathbf{w} \circ \mathbf{w}'$ と表す．結合 $\circ$ は Σ^* 上の2項演算である．すなわち，$\circ : \Sigma^* \times \Sigma^* \to \Sigma^*$ である．

【定義 7.11 (記号列と記号列の結合)】 (初期段階) 任意の記号列 $\mathbf{w} \in \Sigma^*$ に対し，$\Lambda \circ \mathbf{w} = \mathbf{w}$ とする．

(再帰段階) 任意の記号 $x \in \Sigma$ と任意の記号列 $\mathbf{w}, \mathbf{w}' \in \Sigma^*$ に対し，$(x \bullet \mathbf{w}) \circ \mathbf{w}' = x \bullet (\mathbf{w} \circ \mathbf{w}')$ とする．

定義 7.10 により任意の記号列 $\mathbf{w} \in \Sigma^*$ に対しその長さ $\ell(\mathbf{w})$ が定義されることや，定義 7.11 で定義される記号列と記号列を結合して得られる記号列は Σ^* の要素であることは明らかであると思うが，それらを数学的帰納法で示すことができる．ここでは定義 7.11 についてその正しさを示してみよう．

定理 7.14 (結合の性質)
アルファベット集合 Σ 上の任意の記号列 $\mathbf{w}, \mathbf{w}' \in \Sigma^*$ に対し，$\mathbf{w} \circ \mathbf{w}' \in \Sigma^*$ である．

> **証明** 記号列 $\mathbf{w}$ の長さ $\ell(\mathbf{w})$ に関する数学的帰納法により証明する．
>
> (初期段階) 記号列 $\mathbf{w}$ の長さ $\ell(\mathbf{w})$ が 0 のとき，すなわち，$\mathbf{w} = \Lambda$ であるとき，定義 7.11 の初期段階の定義より $\Lambda \circ \mathbf{w}' = \mathbf{w}'$ である．したがって，$\mathbf{w}' \in \Sigma^*$ であるので $\mathbf{w} \circ \mathbf{w}' = \Lambda \circ \mathbf{w}' = \mathbf{w}' \in \Sigma^*$ である．
>
> (帰納段階) 任意の自然数 n，長さ n の任意の記号列 $\mathbf{w} \in \Sigma^n$，任意の記号列 $\mathbf{w}' \in \Sigma^*$ に対し，$\mathbf{w} \circ \mathbf{w}' \in \Sigma^*$ であると仮定し，長さ $n+1$ の任意の記号列 $\mathbf{w}'' \in \Sigma^{n+1}$ に対し $\mathbf{w}'' \circ \mathbf{w}' \in \Sigma^*$ を示す．長さ $n+1$ の任意の記号列 $\mathbf{w}''$ は空列 Λ ではないので，定義 7.9 の帰納段階で定義される．したがって，$\mathbf{w}'' = x \bullet \mathbf{w}$ となる記号 $x \in \Sigma$ と記号列 $\mathbf{w} \in \Sigma^*$ が存在し，定義 7.10 より $\ell(\mathbf{w}) = n$ となる．このとき，定義 7.11 より，$\mathbf{w}'' \circ \mathbf{w}' = (x \bullet \mathbf{w}) \circ \mathbf{w}' = x \bullet (\mathbf{w} \circ \mathbf{w}')$ となり，数学的帰納法の仮定より $\mathbf{w} \circ \mathbf{w}' \in \Sigma^*$ であるので，定義 7.9 の帰納段階の定義より，$\mathbf{w}'' \circ \mathbf{w}' \in \Sigma^*$ となる．
>
> 以上により，任意の記号列 $\mathbf{w}$ に対し成り立つ． □

7.4.3 記号列の性質

定義 7.9，定義 7.10，定義 7.11 に基づき，記号列の長さ ℓ と記号列と記号

列の結合 ∘ に関する自然な結果を示すことができる．

定理 7.15 (結合と空列)

アルファベット集合 Σ 上の任意の記号列 $\mathbf{w} \in \Sigma^*$ に対し，$\mathbf{w} \circ \Lambda = \Lambda \circ \mathbf{w} = \mathbf{w}$ である．

証明 定義 7.11 より $\Lambda \circ \mathbf{w} = \mathbf{w}$ であるので以下では，

$$\mathbf{w} \circ \Lambda = \mathbf{w} \tag{7.13}$$

を記号列 $\mathbf{w}$ の長さ $\ell(\mathbf{w})$ に関する数学的帰納法により証明する．

(初期段階) 記号列 $\mathbf{w}$ の長さ $\ell(\mathbf{w})$ が 0 のとき，すなわち，$\mathbf{w} = \Lambda$ であるとき，定義 7.11 より $\Lambda \circ \Lambda = \Lambda$ となり，式 (7.13) は成り立つ．

(帰納段階) 任意の自然数 n に対し，長さ n の任意の記号列 $\mathbf{w} \in \Sigma^n$ は式 (7.13) を満たすと仮定し，長さ $n+1$ の任意の記号列 $\mathbf{w}' \in \Sigma^{n+1}$ に対し式 (7.13) を示す．このとき，$\mathbf{w}' = \mathbf{x} \bullet \mathbf{w}$ となる記号 $\mathbf{x} \in \Sigma$ と記号列 $\mathbf{w} \in \Sigma^*$ が存在し，定義 7.10 より $\ell(\mathbf{w}) = n$ となる．したがって，定義 7.11 より，$\mathbf{w}' \circ \Lambda = (\mathbf{x} \bullet \mathbf{w}) \circ \Lambda = \mathbf{x} \bullet (\mathbf{w} \circ \Lambda)$ となり，数学的帰納法の仮定より $\mathbf{w} \circ \Lambda = \mathbf{w}$ であるので，$\mathbf{w}' \circ \Lambda = \mathbf{x} \bullet \mathbf{w} = \mathbf{w}'$ となり，式 (7.13) は成り立つ．

以上により，任意の記号列 $\mathbf{w}$ に対し，式 (7.13) は成り立つ． □

定理 7.16 (結合と長さ)

アルファベット集合 Σ 上の任意の記号列 $\mathbf{w_1} \in \Sigma^*$ と $\mathbf{w_2} \in \Sigma^*$ に対し，

$$\ell(\mathbf{w_1} \circ \mathbf{w_2}) = \ell(\mathbf{w_1}) + \ell(\mathbf{w_2}) \tag{7.14}$$

である．

証明 記号列 $\mathbf{w_1}$ の長さ $\ell(\mathbf{w_1})$ に関する数学的帰納法により証明する．

(初期段階) 記号列 $\mathbf{w_1}$ の長さ $\ell(\mathbf{w_1})$ が 0 のとき，すなわち，$\mathbf{w_1} = \Lambda$ であるとき，任意の記号列 $\mathbf{w_2} \in \Sigma^*$ に対し，

$$\begin{aligned}
\ell(\Lambda \circ \mathbf{w_2}) &= \ell(\mathbf{w_2}) & \text{(定義 7.11)} \\
&= 0 + \ell(\mathbf{w_2}) & \text{(加算の定義と交換則)} \\
&= \ell(\Lambda) + \ell(\mathbf{w_2}) & \text{(定義 7.10)}
\end{aligned}$$

となり，式 (7.14) は成り立つ．

(帰納段階) 任意の自然数 n に対し，任意の記号列 $\mathbf{w_2} \in \Sigma^*$ と長さ n の任意の記号列 $\mathbf{w_1} \in \Sigma^n$ は式 (7.14) を満たすと仮定し，長さ $n+1$ の任意の記号列 $\mathbf{w_1'} \in \Sigma^{n+1}$ に対し式 (7.14) を示す．このとき，$\mathbf{w_1'} = \mathbf{x} \bullet \mathbf{w_1}$ となる記号 $\mathbf{x} \in \Sigma$

と記号列 $\mathbf{w}_1 \in \Sigma^*$ が存在し，定義 7.10 より $\ell(\mathbf{w}_1) = n$ となる．したがって，

$$\begin{aligned}
\ell(\mathbf{w}_1' \circ \mathbf{w}_2) &= \ell((\mathrm{x} \bullet \mathbf{w}_1) \circ \mathbf{w}_2) & (\mathbf{w}_1' \text{の定義}) \\
&= \ell(\mathrm{x} \bullet (\mathbf{w}_1 \circ \mathbf{w}_2)) & (\text{定義 7.11}) \\
&= \ell(\mathbf{w}_1 \circ \mathbf{w}_2) + 1 & (\text{定義 7.10}) \\
&= (\ell(\mathbf{w}_1) + \ell(\mathbf{w}_2)) + 1 & (\text{数学的帰納法の仮定}) \\
&= (\ell(\mathbf{w}_1) + 1) + \ell(\mathbf{w}_2) & (\text{加算の結合則，交換則}) \\
&= \ell(\mathrm{x} \bullet \mathbf{w}_1) + \ell(\mathbf{w}_2) & (\text{定義 7.10}) \\
&= \ell(\mathbf{w}_1') + \ell(\mathbf{w}_2) & (\mathbf{w}_1' \text{の定義})
\end{aligned}$$

となり式 (7.14) は成り立つ．

以上により，任意の記号列 $\mathbf{w}_1, \mathbf{w}_2$ に対し，式 (7.14) は成り立つ．　□

定理 7.17 (結合の結合則)

アルファベット集合 Σ 上の任意の記号列 $\mathbf{w}_1, \mathbf{w}_2, \mathbf{w}_3 \in \Sigma^*$ に対し

$$\mathbf{w}_1 \circ (\mathbf{w}_2 \circ \mathbf{w}_3) = (\mathbf{w}_1 \circ \mathbf{w}_2) \circ \mathbf{w}_3 \tag{7.15}$$

である．

証明　記号列 $\mathbf{w}_1$ の長さ $\ell(\mathbf{w}_1)$ に関する数学的帰納法により証明する．

(初期段階)　記号列 $\mathbf{w}_1$ の長さ $\ell(\mathbf{w}_1)$ が 0 のとき，すなわち，$\mathbf{w}_1 = \Lambda$ であるとき，任意の記号列 $\mathbf{w}_2, \mathbf{w}_3 \in \Sigma^*$ に対し，定義 7.11 より

$$\Lambda \circ (\mathbf{w}_2 \circ \mathbf{w}_3) = \mathbf{w}_2 \circ \mathbf{w}_3 = (\Lambda \circ \mathbf{w}_2) \circ \mathbf{w}_3$$

となり，式 (7.15) は成り立つ．

(帰納段階)　任意の自然数 n に対し，任意の記号列 $\mathbf{w}_2, \mathbf{w}_3 \in \Sigma^*$ と長さ n の任意の記号列 $\mathbf{w}_1 \in \Sigma^n$ は式 (7.15) を満たすと仮定し，長さ $n+1$ の任意の記号列 $\mathbf{w}_1' \in \Sigma^{n+1}$ に対し式 (7.15) を示す．このとき，$\mathbf{w}_1' = \mathrm{x} \bullet \mathbf{w}_1$ となる記号 $\mathrm{x} \in \Sigma$ と記号列 $\mathbf{w}_1 \in \Sigma^*$ が存在し，定義 7.10 より $\ell(\mathbf{w}_1) = n$ となる．したがって，

$$\begin{aligned}
\mathbf{w}_1' \circ (\mathbf{w}_2 \circ \mathbf{w}_3) &= (\mathrm{x} \bullet \mathbf{w}_1) \circ (\mathbf{w}_2 \circ \mathbf{w}_3) & (\mathbf{w}_1' \text{の定義}) \\
&= \mathrm{x} \bullet (\mathbf{w}_1 \circ (\mathbf{w}_2 \circ \mathbf{w}_3)) & (\text{定義 7.11}) \\
&= \mathrm{x} \bullet ((\mathbf{w}_1 \circ \mathbf{w}_2) \circ \mathbf{w}_3) & (\text{数学的帰納法の仮定}) \\
&= (\mathrm{x} \bullet (\mathbf{w}_1 \circ \mathbf{w}_2)) \circ \mathbf{w}_3 & (\text{定義 7.11}) \\
&= ((\mathrm{x} \bullet \mathbf{w}_1) \circ \mathbf{w}_2) \circ \mathbf{w}_3 & (\text{定義 7.11}) \\
&= (\mathbf{w}_1' \circ \mathbf{w}_2) \circ \mathbf{w}_3 & (\mathbf{w}_1' \text{の定義})
\end{aligned}$$

となり式 (7.15) は成り立つ．

以上により，任意の記号列 $\mathbf{w}_1, \mathbf{w}_2, \mathbf{w}_3$ に対し，式 (7.15) は成り立つ．　□

記号列の結合は結合則を満たすため $\mathbf{w_1} \circ (\mathbf{w_2} \circ \mathbf{w_3})$ や $(\mathbf{w_1} \circ \mathbf{w_2}) \circ \mathbf{w_3}$ は $\mathbf{w_1} \circ \mathbf{w_2} \circ \mathbf{w_3}$ と表すことができることに注意しよう.

7.4.4 記号列と順序関係

英語で用いられるアルファベットには $a, b, c, \ldots, y, z$ と全順序関係が自然に定義されている. また, 英和辞典には多くの英単語が記載されているが, 2つの異なる英単語に対してどちらの英単語が先に英和辞典に記載されているか我々は知っているように, 英単語からなる集合に対して全順序関係を定義できる. 一般に, アルファベット集合 Σ に対し全順序関係を与えることができるだけでなく, Σ に対する全順序関係が与えられたとき, その全順序関係に基づき Σ^* に対し全順序関係を与えることができる. 本節では, 記号列に対して定義される全順序関係の中で特に重要である**辞書式順序** (lexicographic order) と**標準順序** (standard order) について述べる.

アルファベット集合 Σ 上の記号列に対する全順序関係を定義する前に, まず, Σ 上の記号列に対する接頭語であるという関係を定義する. Σ 上の任意の記号列 $\mathbf{u}, \mathbf{v}, \mathbf{w}'$ に対し, $\mathbf{v} = \mathbf{u} \circ \mathbf{w}'$ であるとき, $\mathbf{u}$ は $\mathbf{v}$ の**接頭語** (prefix) と呼ばれる. また, $\mathbf{v}$ の接頭語 $\mathbf{u}$ は, $\ell(\mathbf{u}) < \ell(\mathbf{v})$ であるとき, $\mathbf{v}$ の**真の接頭語** (proper prefix) と呼ばれる. すなわち, 記号列 $\mathbf{u}$ が記号列 $\mathbf{v}$ の接頭語であるとき, $\mathbf{u} = u_0 u_1 \cdots u_{n-1}$ であり $\mathbf{v} = v_1 v_2 \cdots v_{m-1}$ であるとすると, $n \leq m$ であり $u_0 = v_0, u_1 = v_1, \ldots, u_{n-1} = v_{n-1}$ となる. $\mathbf{u} = \mathbf{v}$ であるとき, $\mathbf{u}$ は $\mathbf{v}$ の接頭語であるが, $\mathbf{v}$ の真の接頭語ではない.

この接頭語であるという関係は Σ^* 上の全順序関係ではないが, 接頭語であるという関係を利用して全順序関係である辞書式順序を定義しよう.

7.4.5 辞書式順序

記号列に対する辞典に記載される順序に対応する全順序関係を**辞書式順序** (lexicographic order) と呼ぶ. ここでは辞書式順序 $\preceq_\ell$ を定義する. ただし, アルファベット集合 Σ 上の全順序関係を $\preceq$ とし, 任意の記号 $x, y \in \Sigma$ に対し, $x \preceq y$ であり $x \neq y$ であるとき, $x \prec y$ と表記する.

【定義 7.12 (辞書式順序)】 任意のアルファベット集合 Σ と Σ 上の任意の全順序関係 $\preceq$ からなる全順序集合 $(\Sigma, \preceq)$ に対し，Σ^* 上の関係である辞書式順序 $\preceq_\ell$ を次のように定義する．任意の記号列 $\mathbf{u}, \mathbf{v} \in \Sigma^*$ に対し，以下の条件 L1 または条件 L2 が満たされるとき，かつそのときに限り $\mathbf{u} \preceq_\ell \mathbf{v}$ とする．

(条件 L1)　　$\mathbf{v} = \mathbf{u} \circ \mathbf{w}'$ となる記号列 $\mathbf{w}' \in \Sigma^*$ が存在する．

(条件 L2)　　$\mathbf{u} = \mathbf{w} \circ \mathbf{x} \circ \mathbf{w}'$ および $\mathbf{v} = \mathbf{w} \circ \mathbf{y} \circ \mathbf{w}''$ となる記号列 $\mathbf{w}, \mathbf{w}', \mathbf{w}'' \in \Sigma^*$ と $\mathbf{x} \prec \mathbf{y}$ を満たす異なる記号 $\mathbf{x}, \mathbf{y} \in \Sigma$ が存在する．

定義 7.12 の条件 L1 は $\mathbf{u}$ は $\mathbf{v}$ の接頭語であることを意味し，条件 L2 は $\mathbf{u}$ と $\mathbf{v}$ の記号を先頭から順に比較したとき，最初に現れる異なる記号 $\mathbf{x}$ と $\mathbf{y}$ が $\mathbf{x} \prec \mathbf{y}$ となることを意味している．条件 L1 および条件 L2 は，「英和辞典において，英単語 $\mathbf{u}$ は英単語 $\mathbf{v}$ の前に現れること」を表していることが直感的に理解できるだろう．

【例 7.8】 アルファベット集合 $\Sigma = \{a, b\}$ とする．このとき Σ^* の要素は辞書式順序で $\Lambda, a, aa, aaa, \ldots, b, ba, baa, \ldots$ と整列する．

この辞書式順序 $\preceq_\ell$ は Σ^* 上の全順序関係であることは明らかであると思うが，これを定理として示そう．

定理 7.18 (辞書式順序)

関係 $\preceq_\ell$ は Σ^* 上の全順序関係である．

　証明　関係 $\preceq_\ell$ が Σ^* 上の全順序関係であることを示すために，まず関係 $\preceq_\ell$ が Σ^* 上の半順序関係であることを示す．

　(反射律)　任意の記号列 $\mathbf{u} \in \Sigma^*$ に対し，定理 7.15 より $\mathbf{u} = \mathbf{u} \circ \Lambda$ である．$\Lambda \in \Sigma^*$ であり定義 7.12 の条件 L1 より $\mathbf{u} \preceq_\ell \mathbf{u}$ となる．

　(反対称律)　任意の記号列 $\mathbf{u}, \mathbf{v} \in \Sigma^*$ に対し，$\mathbf{u} \preceq_\ell \mathbf{v}$ であり，かつ $\mathbf{v} \preceq_\ell \mathbf{u}$ であるとき，$\mathbf{u} = \mathbf{v}$ であることを示す．

　まず，$\mathbf{u} \preceq_\ell \mathbf{v}$ であり，かつ $\mathbf{v} \preceq_\ell \mathbf{u}$ であるとき，$\mathbf{u} \preceq_\ell \mathbf{v}$ が定義 7.12 の条件 L1 によることを背理法により示す．$\mathbf{u} \preceq_\ell \mathbf{v}$ が定義 7.12 の条件 L2 によると仮定する．このとき，$\mathbf{u} = \mathbf{w} \circ \mathbf{x} \circ \mathbf{w}'$ および $\mathbf{v} = \mathbf{w} \circ \mathbf{y} \circ \mathbf{w}''$ となる記号列 $\mathbf{w}, \mathbf{w}', \mathbf{w}'' \in \Sigma^*$ と $\mathbf{x} \prec \mathbf{y}$ を満たす異なる記号 $\mathbf{x}, \mathbf{y} \in \Sigma$ が存在する．したがっ

7.4 記　　号　　列   179

て，$\mathbf{v}$ は $\mathbf{u}$ の接頭語ではないため，定義 7.12 の条件 L1 を満たさず，また，$\preceq$ は全順序関係であり x と y は異なるため，$\mathbf{y} \not\prec \mathbf{x}$ であり条件 L2 も満たさない．したがって，$\mathbf{v} \not\preceq_\ell \mathbf{u}$ となり，$\mathbf{v} \preceq_\ell \mathbf{u}$ であるという仮定に矛盾する．すなわち，$\mathbf{u} \preceq_\ell \mathbf{v}$ は定義 7.12 の条件 L1 による．同様に $\mathbf{v} \preceq_\ell \mathbf{u}$ も定義 7.12 の条件 L1 によることがわかる．

以上により，定義 7.12 の条件 L1 により $\mathbf{u} \preceq_\ell \mathbf{v}$ と $\mathbf{v} \preceq_\ell \mathbf{u}$ が定義されるため，$\mathbf{u} = \mathbf{v} \circ \mathbf{w}'$ となる記号列 $\mathbf{w}' \in \Sigma^*$ と $\mathbf{v} = \mathbf{u} \circ \mathbf{w}''$ となる記号列 $\mathbf{w}'' \in \Sigma^*$ が存在する．このとき，定理 7.17 より

$$\mathbf{u} = \mathbf{v} \circ \mathbf{w}' = (\mathbf{u} \circ \mathbf{w}'') \circ \mathbf{w}' = \mathbf{u} \circ (\mathbf{w}'' \circ \mathbf{w}')$$

となり，定理 7.15 より $\mathbf{w}'' \circ \mathbf{w}' = \Lambda$ となる．すなわち，$\mathbf{w}'' = \mathbf{w}' = \Lambda$ であり，定理 7.15 より $\mathbf{u} = \mathbf{v}$ となる．

(推移律) 任意の記号列 $\mathbf{u}_1, \mathbf{u}_2, \mathbf{u}_3 \in \Sigma^*$ に対し，$\mathbf{u}_1 \preceq_\ell \mathbf{u}_2$ であり，かつ $\mathbf{u}_2 \preceq_\ell \mathbf{u}_3$ であるとき，$\mathbf{u}_1 \preceq_\ell \mathbf{u}_3$ であることを示す．

(場合 L1) まず，定義 7.12 の条件 L1 により $\mathbf{u}_1 \preceq_\ell \mathbf{u}_2$ が定義されたとする．このとき，$\mathbf{u}_2 = \mathbf{u}_1 \circ \mathbf{w}_1'$ である記号列 $\mathbf{w}_1' \in \Sigma^*$ が存在する．

(場合 L1 & L1) さらに，定義 7.12 の条件 L1 により $\mathbf{u}_2 \preceq_\ell \mathbf{u}_3$ が定義されたとする．このとき，$\mathbf{u}_3 = \mathbf{u}_2 \circ \mathbf{w}_2'$ である記号列 $\mathbf{w}_2' \in \Sigma^*$ が存在し，定理 7.17 より

$$\mathbf{u}_3 = \mathbf{u}_2 \circ \mathbf{w}_2' = (\mathbf{u}_1 \circ \mathbf{w}_1') \circ \mathbf{w}_2' = \mathbf{u}_1 \circ (\mathbf{w}_1' \circ \mathbf{w}_2')$$

となる．定理 7.14 より $\mathbf{w}_1' \circ \mathbf{w}_2' \in \Sigma^*$ であり，定義 7.12 の条件 L1 より $\mathbf{u}_1 \preceq_\ell \mathbf{u}_3$ となる．

(場合 L1 & L2) また，定義 7.12 の条件 L2 により $\mathbf{u}_2 \preceq_\ell \mathbf{u}_3$ が定義されたとする．このとき，$\mathbf{u}_2 = \mathbf{w}_2 \circ \mathbf{x}_2 \circ \mathbf{w}_2'$ および $\mathbf{u}_3 = \mathbf{w}_2 \circ \mathbf{y}_2 \circ \mathbf{w}_2''$ となる記号列 $\mathbf{w}_2, \mathbf{w}_2', \mathbf{w}_2'' \in \Sigma^*$ と $\mathbf{x}_2 \prec \mathbf{y}_2$ を満たす異なる記号 $\mathbf{x}_2, \mathbf{y}_2 \in \Sigma$ が存在する．また，

$$\mathbf{u}_2 = \mathbf{u}_1 \circ \mathbf{w}_1' = \mathbf{w}_2 \circ \mathbf{x}_2 \circ \mathbf{w}_2'$$

である．(i) $\ell(\mathbf{u}_1) \leq \ell(\mathbf{w}_2)$ と (ii) $\ell(\mathbf{u}_1) > \ell(\mathbf{w}_2)$ の場合に分けて考える．

まず，(i) $\ell(\mathbf{u}_1) \leq \ell(\mathbf{w}_2)$ とする．このとき，$\mathbf{u}_1$ は $\mathbf{w}_2$ の接頭語であり，$\mathbf{w}_2 = \mathbf{u}_1 \circ \mathbf{w}'$ となる記号列 $\mathbf{w}' \in \Sigma^*$ が存在し，

$$\mathbf{u}_3 = \mathbf{w}_2 \circ \mathbf{y} \circ \mathbf{w}_2'' = (\mathbf{u}_1 \circ \mathbf{w}') \circ \mathbf{y} \circ \mathbf{w}_2'' = \mathbf{u}_1 \circ (\mathbf{w}' \circ \mathbf{y} \circ \mathbf{w}_2'')$$

となる．定理 7.14 より $\mathbf{w}' \circ \mathbf{y} \circ \mathbf{w}_2'' \in \Sigma^*$ であり，定義 7.12 の条件 L1 より $\mathbf{u}_1 \preceq_\ell \mathbf{u}_3$ となる．次に，(ii) $\ell(\mathbf{u}_1) > \ell(\mathbf{w}_2)$ とする．このとき，$\mathbf{w}_2$ は $\mathbf{u}_1$ の真の接頭語であり，$\mathbf{u}_1 = \mathbf{w}_2 \circ \mathbf{x}_2 \circ \mathbf{w}'$ となる記号列 $\mathbf{w}' \in \Sigma^*$ が存在する．また，$\mathbf{u}_3 = \mathbf{w}_2 \circ \mathbf{y}_2 \circ \mathbf{w}_2''$ であるので，定義 7.12 の条件 L2 より $\mathbf{u}_1 \preceq_\ell \mathbf{u}_3$ となる．

(場合 L2) 次に，定義 7.12 の条件 L2 により $\mathbf{u}_1 \preceq_\ell \mathbf{u}_2$ が定義されたとす

る．このとき，$u_1 = w_1 \circ x_1 \circ w_1'$ および $u_2 = w_1 \circ y_1 \circ w_1''$ となる記号列 $w_1, w_1', w_1'' \in \Sigma^*$ と $x_1 \prec y_1$ を満たす異なる記号 $x_1, y_1 \in \Sigma$ が存在する．

　（場合 L2 & L1）さらに，定義 7.12 の条件 L1 により $u_2 \preceq_\ell u_3$ が定義されたとする．このとき，$u_3 = u_2 \circ w_2'$ となる記号列 $w_2' \in \Sigma^*$ が存在し，
$$u_3 = u_2 \circ w_2' = (w_1 \circ y_1 \circ w_1'') \circ w_2' = w_1 \circ y_1 \circ (w_1'' \circ w_2')$$
となる．定理 7.14 より $w_1'' \circ w_2' \in \Sigma^*$ であり，定義 7.12 の条件 L2 より $u_1 \preceq_\ell u_3$ となる．

　（場合 L2 & L2）また，定義 7.12 の条件 L2 により $u_2 \preceq_\ell u_3$ が定義されたとする．このとき，$u_2 = w_2 \circ x_2 \circ w_2'$ および $u_3 = w_2 \circ y_2 \circ w_2''$ となる記号列 $w_2, w_2', w_2'' \in \Sigma^*$ と $x_2 \prec y_2$ を満たす異なる記号 $x_2, y_2 \in \Sigma$ が存在する．また，
$$u_2 = w_1 \circ y_1 \circ w_1'' = w_2 \circ x_2 \circ w_2'$$
である．(i) $\ell(w_1) < \ell(w_2)$，(ii) $\ell(w_1) > \ell(w_2)$，(iii) $\ell(w_1) = \ell(w_2)$ の場合に分けて考える．

　まず，(i) $\ell(w_1) < \ell(w_2)$ とする．このとき，$w_2 = w_1 \circ y_1 \circ w'$ となる記号列 $w' \in \Sigma^*$ が存在し，
$$u_3 = w_2 \circ y_2 \circ w_2'' = (w_1 \circ y_1 \circ w') \circ y_2 \circ w_2'' = w_1 \circ y_1 \circ (w' \circ y_2 \circ w_2'')$$
となる．定理 7.14 より $w' \circ y_2 \circ w_2'' \in \Sigma^*$ であり，定義 7.12 の条件 L2 より $u_1 \preceq_\ell u_3$ となる．次に，(ii) $\ell(w_1) > \ell(w_2)$ とする．このとき，$w_1 = w_2 \circ x_2 \circ w'$ となる記号列 $w' \in \Sigma^*$ が存在し，
$$u_1 = w_1 \circ x_1 \circ w_1' = (w_2 \circ x_2 \circ w') \circ x_1 \circ w_1' = w_2 \circ x_2 \circ (w' \circ x_1 \circ w_1')$$
となる．したがって，定理 7.14 より $w' \circ x_1 \circ w_1' \in \Sigma^*$ であり，定義 7.12 の条件 L2 より $u_1 \preceq_\ell u_3$ となる．最後に，(iii) $\ell(w_1) = \ell(w_2)$ とする．このとき，$w_1 = w_2$ である．また，$y_1 = x_2$ であり $x_1 \prec y_1$ であり $x_2 \prec y_2$ であるので $x_1 \prec y_2$ となる．さらに，$u_1 = w_1 \circ x_1 \circ w_1'$ であり，$u_3 = w_2 \circ y_2 \circ w_2'' = w_1 \circ y_2 \circ w_2''$ であるので，定義 7.12 の条件 L2 より $u_1 \preceq_\ell u_3$ となる．

　以上より，辞書式順序 $\preceq_\ell$ は Σ^* 上の半順序関係であることがわかる．さらに，任意の記号列 $u, v \in \Sigma^*$ は，先頭から順に比較していくと条件 L1 あるいは条件 L2 を満たすので，辞書式順序 $\preceq_\ell$ に関して比較可能である．したがって，辞書式順序 $\preceq_\ell$ は Σ^* 上の全順序関係であることが示された． □

　辞書式順序は Σ^* 上の全順序関係であり，その要素を整列させるが，自然数 $\mathbf{N}$ との間に全単射を定義しないことに注意しよう．例えば，例 7.8 において，

辞書式順序で空列 Λ は 0 番目であり，n 個の a からなる記号列は n 番目であることはわかる．しかし，記号列 b が何番目か示すことができないのである．

7.4.6 標準順序

Σ^* と自然数 **N** との間の全単射を定義する**標準順序** (standard order) と呼ばれる Σ^* 上の全順序関係 $\preceq_s$ を辞書式順序を用いて定義しよう．

【定義 7.13 (標準順序)】 任意のアルファベット集合 Σ と Σ 上の任意の全順序関係 $\preceq$ からなる全順序集合 $(\Sigma, \preceq)$ に対し，Σ^* 上の関係である標準順序 $\preceq_s$ を次のように定義する．任意の記号列 $\mathbf{u}, \mathbf{v} \in \Sigma^*$ に対し，以下の条件 S1 または条件 S2 が満たされるとき，かつそのときに限り $\mathbf{u} \preceq_s \mathbf{v}$ とする．
  (条件 S1) $\ell(\mathbf{u}) < \ell(\mathbf{v})$ である．
  (条件 S2) $\ell(\mathbf{u}) = \ell(\mathbf{v})$ であり，かつ $\mathbf{u} \preceq_\ell \mathbf{v}$ である．

定義 7.13 では，まず条件 S1 により記号列の長さでその順序関係を定め，次に条件 S2 により長さが同一の場合は辞書式順序でその順序関係を定めている．

【例 7.9】 アルファベット集合 $\Sigma = \{a, b\}$ とする．このとき Σ^* の要素は標準順序で $\Lambda, a, b, aa, ab, ba, bb, aaa, \ldots$ と整列する．

標準順序が Σ^* 上の全順序関係であることは，明らかであると思うが，念のため定理として示そう．

定理 7.19 (標準順序)

関係 $\preceq_s$ は Σ^* 上の全順序関係である．

  証明 関係 $\preceq_s$ が Σ^* 上の全順序関係であることを示すために，まず関係 $\preceq_s$ が Σ^* 上の半順序関係であることを示す．

  (反射律) 任意の記号列 $\mathbf{u} \in \Sigma^*$ に対し，$\ell(\mathbf{u}) = \ell(\mathbf{u})$ であり，定理 7.18 より $\mathbf{u} \preceq_\ell \mathbf{u}$ である．したがって，定義 7.13 の条件 S2 より $\mathbf{u} \preceq_s \mathbf{u}$ となる．

  (反対称律) 任意の記号列 $\mathbf{u}, \mathbf{v} \in \Sigma^*$ に対し，$\mathbf{u} \preceq_s \mathbf{v}$ であり，かつ $\mathbf{v} \preceq_s \mathbf{u}$ であるとき，$\mathbf{u} = \mathbf{v}$ であることを示す．

  $\mathbf{u} \preceq_s \mathbf{v}$ が定義 7.13 の条件 S1 によると仮定すると，$\ell(\mathbf{u}) < \ell(\mathbf{v})$ であり，定義 7.13 の条件 S1 により $\mathbf{v} \preceq_s \mathbf{u}$ となることはなく，また，$\ell(\mathbf{u}) = \ell(\mathbf{v})$ ではないので，定義 7.13 の条件 S2 により $\mathbf{v} \preceq_s \mathbf{u}$ となることはない．したがって，$\mathbf{v} \not\preceq_s \mathbf{u}$ となる．

したがって，定義 7.13 の条件 S2 により $u \preceq_s v$ が定義される場合を考えれば十分である．同様に定義 7.13 の条件 S2 により $v \preceq_s u$ が定義される場合を考えれば十分である．このとき，$u \preceq_\ell v$ であり，$v \preceq_\ell u$ である．したがって定理 7.18 より，辞書式順序 $\preceq_\ell$ は Σ^* 上の全順序関係であることから $u = v$ となる．

(推移律) 任意の記号列 $u_1, u_2, u_3 \in \Sigma^*$ に対し，$u_1 \preceq_s u_2$ でありかつ，$u_2 \preceq_s u_3$ であるとき，$u_1 \preceq_s u_3$ であることを示す．まず，定義 7.13 の条件 S2 により $u_1 \preceq_s u_2$ と $u_2 \preceq_s u_3$ が定義されたとする．このとき，$\ell(u_1) = \ell(u_2)$ であり，$u_1 \preceq_\ell u_2$ である．また，$\ell(u_2) = \ell(u_3)$ であり，$u_2 \preceq_\ell u_3$ である．したがって，$\ell(u_1) = \ell(u_3)$ であり，また，定理 7.12 より $\preceq_\ell$ が Σ^* 上の全順序関係であることから $u_1 \preceq_\ell u_3$ となるため，定義 7.13 の条件 S2 より $u_1 \preceq_s u_3$ となる．それ以外の場合，すなわち，定義 7.13 の条件 S1 により $u_1 \preceq_s u_2$ または，$u_2 \preceq_s u_3$ が定義されたとする．このとき，$\ell(u_1) < \ell(u_2)$ であるか，または，$\ell(u_2) < \ell(u_3)$ であり，明らかに $\ell(u_1) < \ell(u_3)$ となる．したがって，定義 7.13 の条件 S1 より $u_1 \preceq_s u_3$ となる．

以上より，標準順序 $\preceq_s$ は Σ^* 上の半順序関係であることがわかる．さらに，任意の記号列 $u, v \in \Sigma^*$ は，明らかに条件 S1 あるいは S2 を満たすので，標準順序 $\preceq_s$ に関して比較可能である．したがって，標準順序 $\preceq_s$ は Σ^* 上の全順序関係であることが示された． □

7.4.7 プログラムと関数の濃度

任意の要素 $w \in \Sigma^*$ に対し，長さが $\ell(w)$ 未満である記号列の総数と長さが $\ell(w)$ である記号列の総数はともに有限であるため，Σ^* の要素を標準順序で書き並べたとき，w は何番目であるか示すことができる．すなわち，標準順序は Σ^* と自然数 $\mathbf{N}$ との間の全単射を定義する．したがって，次の定理が成り立つ．

定理 7.20 (記号列の濃度)

任意のアルファベット集合 Σ に対し，$|\Sigma^*| = |\mathbf{N}| = \aleph_0$ である． □

任意の言語はアルファベット集合 Σ 上の有限長のすべての記号列からなる集合 Σ^* の部分集合である．計算機で実行されるすべてのプログラムからなる集合も，あるアルファベット集合 Σ 上の言語であり，プログラム全体の集合を $\mathcal{C}_\Sigma$ とすると，$\mathcal{C}_\Sigma \subseteq \Sigma^*$ となる．したがって，定理 7.20 と 78 ページの定理 4.3 より次の系が得られる．

系 7.3 (プログラムの濃度)

アルファベット集合 Σ 上の計算機プログラムの集合 $\mathcal{C}_\Sigma$ に対し，$|\mathcal{C}_\Sigma| \leq |\mathbf{N}| = \aleph_0$ である． □

系 7.3 は何を意味するのであろうか．これは幾分ショッキングな事実であるが，我々がプログラムにより計算可能な関数は極めて少ないことを意味するのである．自然数 $\mathbf{N}$ から $\mathbf{N}$ へのすべての関数からなる集合 $\mathbf{N}^{\mathbf{N}}$ の濃度は非可算無限である (演習問題 4.8 (a) 参照)．したがって，$\mathbf{N}$ から $\mathbf{N}$ へのすべての関数に対して，対応するプログラムを定義することはできない．プログラムで表現できる関数は $\mathbf{N}^{\mathbf{N}}$ のほんの一部なのである．さらに $\mathbf{N}$ から $\mathbf{B} = \{0, 1\}$ へのすべての関数からなる集合 $\mathbf{B}^{\mathbf{N}}$ の濃度も非可算無限である (演習問題 4.8 (c) 参照)．すなわち，自然数に 0 と 1 を割り当てる関数さえもそのほんの一部しかプログラムで表現できないのである．また，すべての部分関数からなる集合の濃度も非可算無限である (演習問題 4.8 (b) 参照)．したがって，プログラムで表現できない全域関数と部分関数が必ず存在するのである．

演 習 問 題

7.1 任意の正の自然数を n とし，集合 $U = \{1, 2, \ldots, 2n\}$ とする．
  (a) $n+1$ 個の要素からなる U の任意の部分集合には，最大公約数が 1 である異なる 2 要素が必ず存在することを示せ．
  (b) n 個の要素からなり，任意の異なる 2 要素の最大公約数が 2 以上である U の部分集合が存在することを示せ．

7.2 任意の正の自然数を n とする．$\lceil \log_2(2n+1) \rceil = \lceil \log_2(2n+2) \rceil$ を示せ．

7.3 任意の正の自然数を n とし，任意の $n \times n$ 行列を $M = (m_{ij})$ とする．また，M の第 j 行に属する要素の最小値を β_j とし，その総和 $\sum_{j=0}^{n-1} \beta_j$ を β とする．(条件 1) 任意の i, j $(i, j \in \mathbf{N}_n)$ に対し，$0 \leq m_{ij} \leq 1$ であり，(条件 2) 任意の i $(i \in \mathbf{N}_n)$ に対し，第 i 列の要素の総和が 1 であるとき，$0 \leq \beta \leq 1$ を示せ．

7.4 任意の正の自然数を n とする．大きさ $n \times n$ の部屋 (図 7.7 (a) 参照) の左下 s と右上 t に大きさ 1×1 の柱がある．大きさ 1×2 の畳 (図 7.7 (b) 参照) をこの部屋に敷き詰めることができないことを示せ (畳は回転させてもよいが重ねてはいけない)．

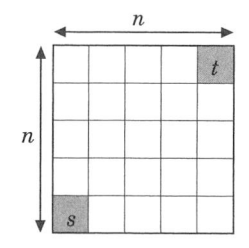

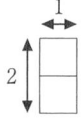

(a) 大きさ $n \times n$ の部屋 (将棋板)　　(b) 大きさ 1×2 の畳

図 7.7　部屋 (将棋板) と畳

7.5 任意の正の自然数を n とする．大きさ $n \times n$ の将棋板 (図 7.7 (a) 参照) の左下のマス目 s から左右上下に 1 つずつ移動し右上のマス目 t に到達する経路を考える (斜方向の移動は禁止)．全てのマス目を通る経路 (完全経路) は，n が奇数の場合存在し，偶数の場合は存在しないことを示せ．

7.6 任意の自然数を n とし，$s+t \leq n$ を満たす自然数を s と t とする．このとき，数列 $a_0, a_1, \ldots, a_{n-1}$ の第 0 項から第 $s-1$ 項まで (前から s 項) の和を L とし，第 $n-t$ 項から第 $n-1$ 項まで (後ろから t 項) の和を R とする．数列が非減少増加列であるとき，すなわち，$a_0 \leq a_1 \leq \cdots \leq a_{n-1}$ であるとき，$tL \leq sR$ を示せ．

7.7 一辺の長さが 2 の正三角形の内部に 5 点とるとき，距離が 1 以下である 2 点が必ず存在することを示せ．

7.8 任意の正の自然数を n とする．n 未満の任意の自然数 $a \in \mathbf{N}_n$ に対し，$a^i = a^j \pmod{n}$ となる n 以下の異なる自然数 i と j が存在することを示せ ($0 \leq i, j \leq n$)．

7.9 m 人の学生 $s_0, s_1, \ldots, s_{m-1}$ が n 個の科目からそれぞれ何科目か選んで申告する．学生 s_i の申告科目数を u_i とし，その総数 $\sum_{i=0}^{m-1} u_i$ を U とする．このとき，申告する学生が $\lceil U/n \rceil$ 人以上の科目が少なくとも 1 つ存在することを示せ．

7.10 任意の自然数 n と m に対し，n 個のブール変数からなる集合を A とし，m 個の 3 変数からなる A の部分集合を $A_0, A_1, \ldots, A_{m-1}$ とする．すなわち，任意の i ($i \in \mathbf{N}_m$) に対し，$A_i \subseteq A$ であり $|A_i| = 3$ とする．各部分集合 A_i に対しそれぞれ偶奇を任意に指定したとき，半数以上の部分集合で 3 変数の和の偶奇が指定通りとなるブール変数へのブール値 $\mathbf{B} = \{0,1\}$ の割り当てが存在することを示せ．すなわち，集合 $\{A_i \mid i \in \mathbf{N}_m, \sum_{\alpha \in A_i} f(\alpha)$ の偶奇が指定通り $\}$ の大きさが $m/2$ 以上となる写像 $f: A \to \mathbf{B}$ が存在することを示せ．

7.11 任意の正の自然数 n に対し，n の素因数分解を $p_0^{e_0} p_1^{e_1} \cdots p_{m-1}^{e_{m-1}}$ とする．n と互いに素である n 以下の正の自然数の個数は $n \left(1 - \frac{1}{p_0}\right)\left(1 - \frac{1}{p_1}\right) \cdots \left(1 - \frac{1}{p_{m-1}}\right)$ であることを示せ．

7.12 任意の正の自然数を n とする．クリスマスに n 人の子供がそれぞれ自分で用意した品物を持って学校に集まり品物をランダムに交換する．このとき全員が自分の品物以外を受け取る確率を $P(n)$ とする．$P(n) = \sum_{k=0}^{n} \frac{(-1)^k}{k!} \to e^{-1}$ ($n \to \infty$) を示せ．

7.13 任意の自然数 n と m ($n \geq m \geq 0$) に対し $\sum_{i=0}^{m}(-1)^i \binom{n}{i} = (-1)^m \binom{n-1}{m}$ であることを示せ．

7.14 任意の 3 以上の素数を p とする．任意の p 未満の正の自然数 a に対し $a^p = a \pmod{p}$ であることを示せ．

演 習 問 題　　　　　　　　　185

7.15 正の自然数 $\mathbf{N} \setminus \{0\}$ 上の関数 f を

$$f(n) = \begin{cases} n/2 & (n \text{ が偶数の場合}) \\ (n+1)/2 & (n \text{ が奇数の場合}) \end{cases}$$

とする．任意の正の自然数 n に対し，数列 $g_0(n), g_1(n), g_2(n), \ldots$ を

$$g_i(n) = \begin{cases} n & (i = 0) \\ f(g_{i-1}(n)) & (i \geq 1) \end{cases}$$

と定義したとき，数列において $g_i(n) = 1$ となる最小の自然数 i は $\lceil \log_2 n \rceil$ 以下であることを示せ．

7.16 任意の 2 以上の自然数を n とする．n 人の選手 $p_0, p_1, \ldots, p_{n-1}$ が総当りでテニスの試合をする．任意の選手 p_i と p_j に対して $(i, j \in \mathbf{N}_n)$，p_i が p_j に勝った場合 $p_i \to p_j$ と矢印を引く．このとき $p_{i_0} \to p_{i_1} \to \cdots \to p_{i_{n-1}}$ となる選手の順序 $p_{i_0}, p_{i_1}, \ldots, p_{i_{n-1}}$ が存在することを示せ．

7.17 (a) 任意の正の自然数を n とし，次数が n の任意の実係数多項式を $f(x)$ とする．$f(x) = 0$ は高々 n 個の実数解を持つことを示せ．

(b) 次数が n の任意の実係数多項式を $f(x)$ とし，次数が m の任意の実係数多項式を $g(x)$ とする．ただし，n と m はそれぞれ正の自然数とする．$a(x) = b(x)$ は高々 $\max(n, m)$ 個の実数解を持つことを示せ．

7.18 任意の正の自然数を n とする．異なる数字の書かれた n 枚のカードと 3 つの箱 B_1，B_2，B_3 がある．箱 B_1 にはすべてのカードが数字の小さい順に上から重ねられて入っており，箱 B_2 と B_3 は空である．大きい数字の書かれたカードが小さい数字の書かれたカードの上に重ならないように 3 つの箱の間でカードを 1 枚ずつ移動しながら，すべてのカードを箱 B_2 に移動する．このとき必要なカードの最小移動回数は $2^n - 1$ であることを示せ．

7.19 右から読んでも左から読んでも同じ読みになる文 (記号列) を回文 (palindrome) という．例えば，アルファベット $\Sigma = \{\mathtt{a}, \mathtt{b}\}$ 上の回文は，$\Lambda, \mathtt{a}, \mathtt{b}, \mathtt{aa}, \mathtt{bb}, \mathtt{aaa}, \mathtt{aba}, \mathtt{bab}, \mathtt{bbb}, \mathtt{aaaa}, \ldots$ となる．アルファベット Σ 上のすべての回文からなる集合 Σ^*_{pld} を再帰的に定義せよ．

7.20 169 ページの定義 7.8 で定義した自然数 $\mathbf{N}$ 上の加算 $+$ を用いて，自然数 $\mathbf{N}$ 上の乗算 $\times$ を次のように定義する．

(初期段階)　任意の自然数 n に対し，$0 \times n$ を 0 と定義する．

(再帰段階)　任意の自然数 m と n に対し $m \times n$ が定義されているとし，$\sigma(m) \times n$ を $m \times n + n$ と定義する．

このように定義された乗算 $\times$ と加算 $+$ の間に分配則が成り立つことを示せ．すなわち，任意の自然数 l, m, n に対し $l \times (m + n) = l \times m + l \times n$ を示せ．

8

木構造とアルゴリズム

グラフはコンピュータサイエンスでよく用いられる離散構造の代表例である．本章では，グラフの初等的な概念と 2 分木の組合せ構造を紹介するとともにアルゴリズムの解析を取り上げる．

8.1 グラフと木

グラフ (graph) G は，有限個の点 (vertex) の集合 $V(G)$ と点対を結ぶ辺 (edge) の有限集合 $E(G)$ から成る．第 3 章では有向グラフを用いて関係を表現したが，本章では**無向**グラフ (undirected graph) を考える．すなわち，辺は向きを持たない**無向辺** (undirected edge) であるとする．点 u と v を結ぶ無向辺は集合 $\{u,v\}$ と示されるべきであるが，見やすさの観点から，順序対 (u,v) で表現することがあり，本書もその表記に従う．すなわち，本章では $(u,v)=(v,u)$ であるとする．

点 u と v を結ぶ辺を e とする．すなわち，$e=(u,v)$ とする．このとき，e は u と v に**接続** (incident) しているという．また，u と v は e の**端点** (end vertex) であるという．辺で結ばれている 2 点は**隣接** (adjacent) しているという．グラフ G において点 v に接続している辺の数を v の**次数** (degree) といい，$\deg_G(v)$ で表す．

【例 8.1】 図 8.1 に示すグラフ G_1 は点集合 $V(G_1)=\{v_1,v_2,v_3,v_4\}$ と辺集合 $E(G_1)=\{e_1=(v_1,v_2),e_2=(v_1,v_4),e_3=(v_1,v_3),e_4=(v_2,v_4),e_5=(v_3,v_4)\}$ から成る．辺 e_1 の端点は v_1 と v_2 であり，点 v_1 と v_2 は隣接している．辺 e_1 と e_2 と e_3 が点 v_1 に接続しており $\deg_{G_1}(v_1)=3$ である． ■

グラフ G の点と辺からなる列 $P=v_0,e_1,v_1,e_2,\ldots,v_{k-1},e_k,v_k$ が条件：
1. $e_i \neq e_j \quad (i \neq j)$

8.1 グラフと木

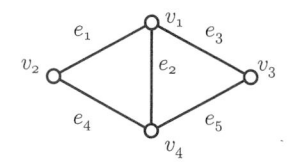

図 **8.1** グラフ G_1

2. $e_i = (v_{i-1}, v_i)$ $(1 \leq i \leq k)$

を満たしているとき，P は (G の点 v_0 と v_k を結ぶ) **トレイル** (trail) と呼ばれる．P に含まれる辺の数，すなわち k を P の**長さ** (length) という．v_0 から v_k がすべて異なるとき，P は v_0 と v_k を結ぶ**路** (path) ((v_0, v_k) 路) と呼ばれる．路は**パス**と呼ばれることもある．また，v_0 から v_{k-1} がすべて異なり $v_0 = v_k$ であるとき，P は**閉路** (cycle) と呼ばれる．

【**例 8.2**】 図 8.1 のグラフ G_1 において，

$$P_1 = v_1, e_1, v_2, e_4, v_4, e_2, v_1, e_3, v_3, e_5, v_4$$

は点 v_1 と v_4 を結ぶトレイルである．また，$v_1, e_1, v_2, e_4, v_4, e_5, v_3$ は v_1 と v_3 を結ぶ路である．さらに，$v_1, e_1, v_2, e_4, v_4, e_2, v_1$ は閉路である． ■

グラフ G の任意の 2 点 u と v に対して (u, v) 路が存在するとき，G は**連結** (connected) であるという．閉路を含まない連結なグラフを**木** (tree) という．

【**例 8.3**】 図 8.1 のグラフ G_1 は，連結であるが閉路を含んでいるので木ではない．また，図 8.2(a) のグラフ G_2 は，閉路を含んでいないが非連結であるので木ではない．一方，図 8.2(b) に示したグラフ G_3 は木である． ■

(a) グラフ G_2 (b) グラフ G_3

図 **8.2** 連結と木

――― コーヒーブレイク ―――

グラフ G のトレイル P が G のすべての辺を含んでいるとき，P を G のオイラートレイルと

いう. オイラートレイルが存在するとき, G は連結であることに注意しよう. オイラートレイルは G の一筆描きに対応している. 例 8.2 の P_1 は G_1 のオイラートレイルであるので, G_1 は一筆描きできる. 一方, 図 8.2 (b) の木 G_3 にはオイラートレイルが存在しない. では, どのようなグラフが一筆描きできるのだろうか. これは有名な数学者のオイラー (Leonhard Euler, 1707-1783) によって解決されている. オイラーは以下の定理を証明している：

> 連結グラフ G が一筆描きできるための必要十分条件は, G には次数が奇数である点が高々 2 個しか存在しないことである.

実際, 次数が奇数である点が G_1 には 2 個存在するが, G_3 には 4 個存在する.

8.2　2　分　木

各点の次数が高々 3 である木を **2 分木** (binary tree) という. 2 分木 T には**根** (root) とよばれる次数 2 以下の点 r が任意に指定される. 根以外の次数が 1 である点を**葉** (leaf) という. また, 葉以外の点を**内点** (internal vertex) という. T における根と葉を結ぶ路の長さの最大値を T の**高さ** (height) といい, $h(T)$ で表す. 2 点 u と v が隣接していて, (r,u) 路の長さが (r,v) 路の長さより 1 だけ小さいとき, u は v の**親** (parent) であるといい, v は u の**子** (child) であるという.

【例 8.4】 図 8.3 に示す木 T_1 は点 r を根とする 2 分木である. 点 v_2, v_3, v_4 が葉であり, 根 r と点 v_1 が内点である. (r, v_2) 路の長さが 1 であり, (r, v_3) 路と (r, v_4) 路の長さが 2 であるので, $h(T_1) = 2$ である. 点 v_1 は点 v_3 と v_4 の親であり, 点 v_3 と v_4 は点 v_1 の子である. T_1 は図 8.2 (b) の木 G_3 の次数 2 の点を根に指定して得られる 2 分木である. ∎

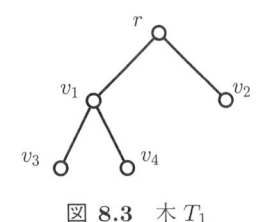

図 8.3　木 T_1

2 分木を用いて様々な対象を表現することができる.

【例 8.5】 2者が対戦し一方が勝ち上がることを繰返し優勝者を決定するトーナメントは，参加者を葉に対応させ，試合もしくはその勝者を内点に対応させた2分木で表現できる．2分木の根は決勝戦もしくは優勝者に対応する． ■

【例 8.6】 いくつかの2項演算を用いて構成される式は，演算子もしくは部分式を内点に対応させ，被演算子を葉に対応させた2分木で表現できる．図 8.4 に算術式 $A + (B - C) \times D$ に対応する2分木を示す． ■

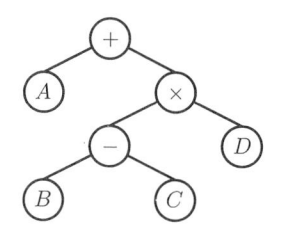

図 8.4 算術式 $A + (B - C) \times D$ を表現する2分木

【例 8.7】 矩形に線分を1本ずつ挿入し矩形分割を得ることを繰り返して得られる矩形分割は，挿入する線分もしくは線分が挿入される部分矩形を内点に対応させ，内部に線分を含まない部分矩形を葉に対応させた2分木で表現できる．縦 (横) 方向の線分に対応する内点の左の子は線分の左 (上) 側の部分矩形に対応し，右の子は線分の右 (下) 側の部分矩形に対応する．図 8.5 に矩形分割と対応する2分木を示す．縦 (横) 線分に対応する内点には縦 (横) 線分が書かれている．ただし，この表現方法では 160 ページの図 7.4 に示す矩形分割 D_5 など表現できない矩形分割も存在することに注意しよう． ■

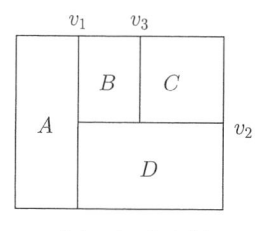

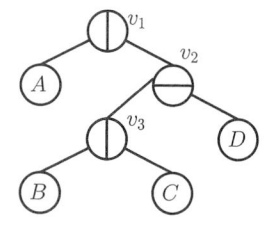

(a) 矩形分割　　(b) 対応する2分木

図 8.5 矩形分割と2分木

それでは 2 分木の持つ性質について考えてみよう．点 r を根とする 2 分木 T の点 v に対し，v のレベル (level) を (r,v) 路の長さとし，$\ell(v)$ で表す．点のレベルは次のように帰納的に定義することができる．

【定義 8.1 (点のレベル)】 (初期段階)　　根 r に対し $\ell(r) = 0$ と定義する．

(帰納段階)　　点 v が点 u の子であるとき，$\ell(v) = \ell(u) + 1$ と定義する．

---

2 分木の高さとレベルの定義から，$h(T) = \max\{\ell(v) \mid v \in V(T)\}$ となることに注意しよう．

【例 8.8】 図 8.3 の 2 分木 T_1 において，$\ell(r) = 0, \ell(v_1) = \ell(v_2) = 1, \ell(v_3) = \ell(v_4) = 2$ である． ∎

2 分木 T の点数を $\nu(T)$ とし，T の内点の数を $\mu(T)$ とする．ただし，T の高さが 0 の場合には，根は葉であり内点ではないと定義する．また T のレベル i の点数を $\nu_T(i)$ とする．定義から $\nu(T) = \sum_{i=0}^{h(T)} \nu_T(i)$ となることに注意しよう．以下では T の高さと点数や内点の数に関する性質を述べるが，まずその議論に用いる補題を示そう．

補題 8.1 (2 分木の各レベルの点数の上限)
　任意の 2 分木 T に対し $\nu_T(i) \leq 2^i$ である．

証明　レベル i に関する数学的帰納法で証明する．
　(初期段階)　$i = 0$ のとき $\nu_T(0) = 1 \leq 2^0$ であり不等式は成り立つ．
　(帰納段階)　任意の自然数 i に対し，レベル i において不等式は成り立つ，すなわち，$\nu_T(i) \leq 2^i$ であると仮定する．レベル $i+1$ の点はレベル i の点の子であるが，T の任意の点には高々 2 個の子しか持たないので，$\nu_T(i+1) \leq 2\nu_T(i)$ である．数学的帰納法の仮定より $2\nu_T(i) \leq 2 \times 2^i = 2^{i+1}$ であり $\nu_T(i+1) \leq 2^{i+1}$ となる．すなわち，レベル $i+1$ においても不等式は成り立つ． □

それでは 2 分木 T の高さと点数との関係を調べてみよう．

定理 8.1 (2 分木の点数の上限)
　任意の 2 分木 T に対し $\nu(T) \leq 2^{h(T)+1} - 1$ である．

証明 補題 8.1 より $\nu_T(i) \leq 2^i$ である．したがって，

$$\nu(T) = \sum_{i=0}^{h(T)} \nu_T(i) \leq \sum_{i=0}^{h(T)} 2^i = 2^{h(T)+1} - 1$$

となる． □

次に 2 分木 T の高さと内点の数との関係を調べてみよう．

定理 8.2 (2 分木の内点の上限)

任意の 2 分木 T に対し $\mu(T) \leq 2^{h(T)} - 1$ である．

証明 高さ $h(T)$ に関する数学的帰納法で証明する．

(初期段階) $h(T) = 0$ のとき，T の点は根のみであり，根は内点ではないと定義したので $\mu(T) = 0 = 2^{h(T)} - 1$ となり不等式は成り立つ．

(帰納段階) 高さが k 未満の任意の 2 分木に対し不等式が成り立つと仮定する ($k \geq 1$)．高さが k の任意の 2 分木を T とし，T の根を r とする．T の高さは 1 以上であり r の次数は 1 または 2 である．以下，r の次数が 1 の場合と 2 の場合について分けて考える．

(根 r の次数が 1 の場合) r の子を r_1 とする (図 8.6 (a) 参照)．T から r と r に接続する 1 辺を除去すると，r_1 を根とする 2 分木 T_1 が得られる．$h(T_1) = h(T) - 1 = k - 1$ であるので，数学的帰納法の仮定から，$\mu(T_1) \leq 2^{h(T_1)} - 1$ である．また $\mu(T) = \mu(T_1) + 1$ であり $\mu(T) \leq (2^{h(T_1)} - 1) + 1 = 2^{h(T)-1} \leq 2^{h(T)} - 1$ となり不等式が成り立つ．

(根 r の次数が 2 の場合) r の子を r_1, r_2 とする (図 8.6 (b) 参照)．T から r と r に接続する 2 辺を除去すると，r_1 を根とする 2 分木 T_1 と r_2 を根とする 2 分木 T_2 が得られる．$h(T_1) \leq h(T) - 1 = k - 1$ であるので，数学的帰納法の仮定から $\mu(T_1) \leq 2^{h(T_1)} - 1$ である．同様に $\mu(T_2) \leq 2^{h(T_2)} - 1$ であり，また $\mu(T) = \mu(T_1) + \mu(T_2) + 1$ である．したがって，

$$\begin{aligned}\mu(T) &= \mu(T_1) + \mu(T_2) + 1 \\ &\leq (2^{h(T_1)} - 1) + (2^{h(T_2)} - 1) + 1 \\ &\leq (2^{h(T)-1} - 1) + (2^{h(T)-1} - 1) + 1 \\ &= 2^{h(T)} - 1\end{aligned}$$

となり不等式が成り立つ． □

各内点に子が 2 個ある 2 分木は**正則である** (regular) といい，各葉のレベルが $h(T)$ か $h(T) - 1$ である 2 分木は**均衡している** (balanced) という．また，各葉のレベルが $h(T)$ である正則な 2 分木は**完全である** (complete) という．

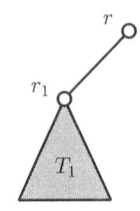

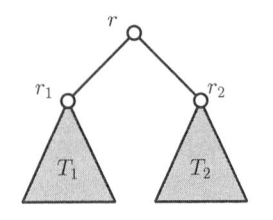

(a) 根 r の次数が 1 の場合　　(b) 根 r の次数が 2 の場合

図 8.6　2 分木 T の構造

【例 8.9】 図 8.7 (a), 図 8.7 (b), および図 8.7 (c) にそれぞれ正則 2 分木, 均衡 2 分木, 及び完全 2 分木の例を示す. ∎

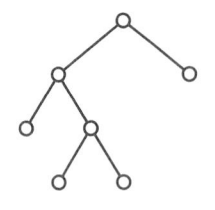

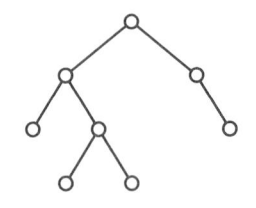

(a) 正則 2 分木　　(b) 均衡 2 分木　　(c) 完全 2 分木

図 8.7　様々な 2 分木

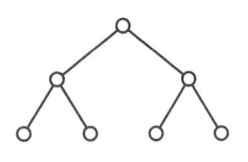

定義から完全 2 分木 T に対し定理 8.1 と定理 8.2 において等号が成立している. すなわち, $\nu(T) = 2^{h(T)+1} - 1$ 及び $\mu(T) = 2^{h(T)} - 1$ である. また, 以下の定理が成り立つことも簡単に分かる.

定理 8.3 (完全 2 分木の内点の数)
正則な任意の 2 分木 T が完全であるための必要十分条件は $\mu(T) = 2^{h(T)} - 1$ であることである. □

それでは, 正則で均衡した 2 分木の内点の数と高さの関係を調べてみよう.

定理 8.4 (正則で均衡した 2 分木の内点の数)
正則で均衡した任意の 2 分木 T に対し $2^{h(T)-1} \leq \mu(T) \leq 2^{h(T)} - 1$ である.

証明 定理 8.2 から $\mu(T) \leq 2^{h(T)} - 1$ であるので $2^{h(T)-1} \leq \mu(T)$ を示す. T からレベル $h(T)$ の葉を除去すると高さ $h(T) - 1$ の完全 2 分木 T' が得られるので, 定理 8.3 を用いて,

$$\mu(T) \geq \mu(T') + 1 = (2^{h(T)-1} - 1) + 1 = 2^{h(T)-1}$$

を得る. □

この定理から, 正則で均衡した2分木の高さは内点の数から一意的に定まることを示すことができる.

定理 8.5 (正則で均衡した2分木の高さ)

正則で均衡した任意の2分木 T に対し $h(T) = \lfloor \log_2 \mu(T) \rfloor + 1$ である.

証明 定理 8.4 より $2^{h(T)-1} \leq \mu(T)$ であり $h(T) - 1 \leq \log_2 \mu(T)$ となる. さらに $h(T)$ は自然数であるので

$$h(T) \leq \lfloor \log_2 \mu(T) \rfloor + 1 \tag{8.1}$$

を得る. また定理 8.4 より $\mu(T) \leq 2^{h(T)} - 1$ であり, $2^{h(T)} \geq \mu(T) + 1$ であるので $h(T) \geq \log_2(\mu(T) + 1)$ となる. さらに $h(T)$ は自然数であるので $h(T) \geq \lceil \log_2(\mu(T) + 1) \rceil$ である. さらに $\lceil \log_2(\mu(T) + 1) \rceil = \lfloor \log_2 \mu(T) \rfloor + 1$ であり (演習問題 8.3 参照)

$$h(T) \geq \lfloor \log_2 \mu(T) \rfloor + 1 \tag{8.2}$$

を得る. 式 (8.1) と (8.2) から, $h(T) = \lfloor \log_2 \mu(T) \rfloor + 1$ となる. □

この他にも2分木に関する様々な性質を示すことができるがその1つを例題として示そう.

【例題 8.1】 高さ k の2分木には高々 2^k 個の葉が存在することを示せ.

【解答】 2分木 T の高さ $h(T)$ に関する数学的帰納法で証明する.

(初期段階) 定義から高さが0である2分木には1個の葉が存在する.

(帰納段階) 高さが k 未満の任意の2分木に対し命題が成り立つと仮定する ($k \geq 1$). 高さが k の任意の2分木を T とし, T の根を r とする. まず, 根 r の次数が1である場合を考え, r の子を r_1 とする. T から r と r に接続する1辺を除去すると, r_1 を根とする2分木 T_1 が得られる. $h(T_1) = k - 1$ であるので, 数学的帰納法の仮定から, T_1 の葉の数は高々 2^{k-1} である. T の葉の数は T_1 の葉の数と同じであるから, T の葉の数も高々 $2^{k-1} < 2^k$ である. 次に, r の次数が2である場合をを考え, r の子を r_1, r_2 とする. T から r と r に接続する2辺を除去すると, r_1 を根とする2分木 T_1 と r_2 を根とする2分木 T_2 が得られる. $h(T_1) \leq k - 1$ であり $h(T_2) \leq k - 1$ であるので, 数学的帰納法の仮定から, T_1 と T_2 の葉の数はそれぞれ高々 2^{k-1} である. T の葉の数は, T_1 の葉の数と T_2 の葉の数の和であるから, T の葉の数は高々 2^k である. □

高さ k の2分木 T の葉の数がちょうど 2^k であるための必要十分条件は, T が完全2分木であることである.

8.3 アルゴリズム

計算機の性能は日々向上しているが単に計算機があっただけでは我々が直面する様々な問題が解けるわけではなく，計算機に問題を解くためのアルゴリズム (algorithm) を与えなければならない．本節では，逐次探索と 2 分探索と呼ばれる 2 つの探索アルゴリズムとユークリッドの互除法を紹介し，前節までに学んだことをアルゴリズムの解析に応用する．

8.3.1 アルゴリズムと計算量

算術演算，比較，及びメモリへのアクセスなどの基本操作の有限系列を**手続き** (procedure) という．また，問題を解くための有限時間で停止する手続きを**アルゴリズム** (algorithm) という．手続きに従い計算機が実行する基本操作の数は，問題の入力の大きさや入力の違いによって異なるが，ある大きさの入力に対して計算機が実行する基本操作の数の最大値をそのアルゴリズムの**計算量** (complexity) という．アルゴリズムの計算量は，アルゴリズムの性能評価に用いる重要な指標の 1 つである．

8.3.2 探索アルゴリズム

電話帳で名前から電話番号を探索することは容易であるが，電話番号から名前を探索することは非常に大変である．それは電話帳の掲載順が名前の辞書式順序だからである．逐次探索は，電話帳で電話番号から名前を探索する場合に有効である．一方，2 分探索は電話帳で電話番号から名前を探索する場合には適用できないが，名前から電話番号を探索する場合に威力を発揮する．

配列 $A[1], A[2], \ldots, A[n]$ の中に n 個の自然数が格納されているとする．**探索問題** (searching problem) とは，この配列の中に自然数 x が存在するか否かを判定する問題である．ここでは，探索問題を解くアルゴリズムの計算量をアルゴリズムが配列を参照する回数の最大値で評価することとする．アルゴリズムはその他の手続きも行なうがそれらの手続きは配列を参照する手続きに付随する手続きや 1 回しか行なわれない手続きなどであり，無視してもアルゴリズムの性能の評価に大きな影響を与えないことに注意しよう．

8.3.3 逐次探索

探索したい自然数が配列の中に存在するか調べるための最も素朴な方法は，

配列を順に調べることである．配列を順に調べるアルゴリズム 8.1 は**逐次探索** (sequential search) と呼ばれる．

アルゴリズム 8.1 (逐次探索 A_S)
(入力)　配列 $A[1], A[2], \ldots, A[n]$ と自然数 x
(出力)　x が配列中に存在するか否か
(0)　$i = 1$ とする．
(1)　$A[i] = x$ ならば，「配列の i 番目に存在する」と出力して終了する．
(2)　$i = n$ ならば，「配列に存在しない」と出力して終了する．
(3)　$i = i + 1$ としてステップ (1) に戻る．

定理 8.6 (逐次探索の計算量)
大きさ n の配列に対する逐次探索 A_S の計算量は n である．

　証明　配列の中に x が存在しない場合にはすべてのデータを参照しなければならないので，逐次探索 A_S の計算量は n である．　□

8.3.4　2 分 探 索

データが配列に無作為に格納されている場合には，原理的に逐次探索よりもよい方法はない．しかし，配列が $A[1] \leq A[2] \leq \cdots \leq A[n]$ のように整列している場合には，逐次探索よりも計算量が少ない方法がある．次に示すアルゴリズム 8.2 は **2 分探索** (binary search) として知られている．

アルゴリズム 8.2 (2 分探索 A_B)
(入力)　整列している配列 $A[1], A[2], \ldots, A[n]$ と自然数 x
(出力)　x が配列中に存在するか否か
(0)　$i = 1, j = n$ とする．
(1)　$i > j$ ならば，「配列に存在しない」と出力して終了する．
(2)　$m = \lfloor (i+j)/2 \rfloor$ とする．
(3)　$A[m] = x$ ならば，「配列の m 番目に存在する」と出力して終了する．
　　$A[m] > x$ ならば，$j = m - 1$ としてステップ (1) に戻る．
　　$A[m] < x$ ならば，$i = m + 1$ としてステップ (1) に戻る．

---

2 分探索 A_B の手続きは，**2 分決定木** (binary decision tree) と呼ばれる 2 分木を用いて表現することができる．

2 分探索 A_B の手続きを 2 分決定木で表現したとき，2 分決定木の内点の数は配列の大きさと等しく，それぞれの内点はある自然数 $k(1 \leq k \leq n)$ に対し，探したい自然数 x と配列 $A[k]$ の値を比較する操作に対応する．また，2 分決定木の葉は x が配列の中に存在しないで終了する操作に対応する．2 分探索 A_B の手続きは，2 分決定木の根に対応する x と $A[k]$ の値を比較する操作から始まり，比較の結果 $x = A[k]$ ならば x は存在するとして終了し，$x < A[k]$ ならば左の子に進み，$x > A[k]$ ならば右の子に進む．以下，各内点でも比較が行なわれ結果に応じて，同様に存在するとして終了するか，左の子に進むか，右の子に進む．そして，葉に到達したときには，x は配列に存在しないとして終了する．

【例 8.10】 図 8.8 に，大きさ 8 の配列に対する 2 分探索 A_B の 2 分決定木を示す．2 分決定木の点のラベル $x : A[k]$ は x と $A[k]$ を比較することを表す．■

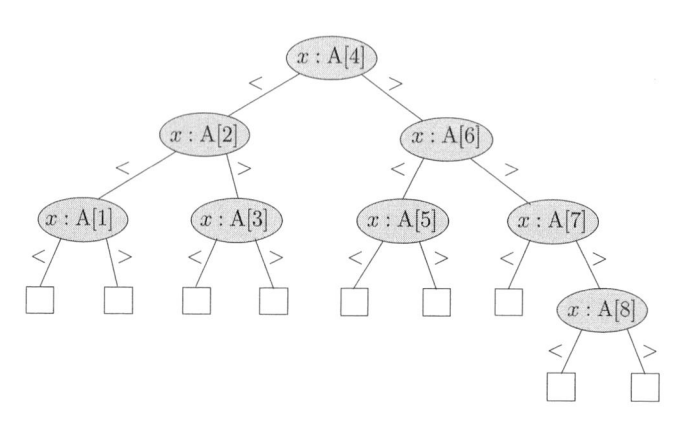

図 8.8 2 分決定木

2 分探索 A_B の基本操作の系列は，配列の内容と探索したい自然数によって異なるが，それらは 2 分決定木の根を始点とするある路に対応する．したがって，配列を参照する回数の最大値は 2 分決定木の高さと等しく，2 分決定木の高さは 2 分探索の計算量に対応している．このことに着目して 2 分探索の計算量を求めてみよう．

定理 8.7 (2 分探索の 2 分決定木の性質)

2 分探索 A_B の 2 分決定木は正則で均衡した 2 分木である．

証明 2分探索 A_B の2分決定木 T が正則であるのは明らかであるので，T が均衡していることを高さ $h(T)$ に関する数学的帰納法で示す．

(初期段階) $h(T) = 1$ のときは明らかに T は均衡している．

(帰納段階) 高さが k 未満の任意の2分決定木は均衡していると仮定する $(k \geq 2)$．T を r を根とする $h(T) = k$ である任意の2分決定木とし，r の左の子を r_1，右の子を r_2 とする．T から r と r に接続する2辺を除去して得られる r_1 を根とする2分決定木と r_2 を根とする2分決定木をそれぞれ T_1 と T_2 とする．$h(T_1), h(T_2) \leq k-1$ であるので，数学的帰納法の仮定から，T_1 と T_2 は均衡している．すなわち，T_1 と T_2 は正則で均衡している．また，2分探索における m の定義から，

$$\mu(T_1) \leq \mu(T_2) \leq \mu(T_1) + 1 \tag{8.3}$$

である．したがって定理 8.5 より $h(T_1) \leq h(T_2) \leq h(T_1) + 1$ である．$h(T_1) = h(T_2)$ ならば，明らかに T は均衡している．$h(T_1) = h(T_2) - 1$ ならば，定理 8.5 と不等式 (8.3) から，$\mu(T_1) = \mu(T_2) - 1$ である．このとき，T_2 のレベル $h(T_1) - 1$ 以下の点はすべて内点であるから，T_1 は完全2分木であり，やはり T は均衡していることが分かる． □

2分探索 A_B の計算量は2分決定木の高さであり，2分決定木の内点の数は n である．したがって，定理 8.5 と定理 8.7 から以下の定理を得る．

定理 8.8 (2分探索の計算量)
2分探索 A_B の計算量は $\lfloor \log_2 n \rfloor + 1$ である． □

コーヒーブレイク

逐次探索 A_S の計算量は n であり，2分探索 A_B の計算量は $\lfloor \log_2 n \rfloor + 1$ であるから，探索時間としては2分探索 A_B の方が断然速い．しかしながら，2分探索 A_B を適用するためには，予めデータを大きさの順に整列しておかなければならない．実は，n 個の自然数を大きさの順に整列するためには，$n \log_2 n$ 程度の計算量が必要であることが知られている．したがって，1回だけ探索するならば，準備時間と探索時間の合計時間としては，逐次探索 A_S の方が速い．2分探索 A_B が威力を発揮するのは，何回も ($\log_2 n$ 回以上) 探索を繰り返す場合である．

8.3.5　ユークリッドの互除法

任意の2つの自然数が互いに素であるかどうかという問題は，計算機科学の基本的な問題の1つである．その問題を解くための様々なアルゴリズムが存在

するが,それら自然数の最大公約数を求め,その値が 1 であるか否かで判定する方法は,代表的なアルゴリズムの 1 つである.以下では 2 つの自然数の最大公約数を求める**ユークリッドの互除法** (Euclid algorithm) として知られるアルゴリズムを紹介する.自然数 a と b の最大公約数を $\gcd(a,b)$ と表記する.

アルゴリズム 8.3 (ユークリッドの互除法 A_E)
(入力) 正の自然数 a と b $(a \geq b > 0)$
(出力) a と b の最大公約数 $\gcd(a,b)$
(1) $r_0 = a$, $r_1 = b$, $k = 0$ とする.
(2) r_k を r_{k+1} で割った商を q_{k+2} とし,余りを r_{k+2} とする.
 $(r_k = q_{k+2} r_{k+1} + r_{k+2})$
(3) $r_{k+2} \neq 0$ ならば $k = k+1$ としステップ (2) へ.
(4) r_{k+1} を出力して終了する.

【例 8.11】 ユークリッドの互除法 A_E の動作を,$a = 341$,$b = 154$ の場合にそれらの最大公約数 $\gcd(341, 154) = 11$ が出力されることを例に説明しよう.

ステップ 1 で $r_0 = 341$,$r_1 = 154$ と定義され,ステップ 2 で r_{k+2} が

k	r_k / r_{k+1} =	q_{k+2} 余り r_{k+2}
0	341 / 154 =	2 余り 33
1	154 / 33 =	4 余り 22
2	33 / 22 =	1 余り 11
3	22 / 11 =	2 余り 0

と計算される.また,$k = 3$ のとき,$r_{k+2} = r_5 = 0$ となるため,ステップ 4 で $r_{k+1} = r_4 = 11$ が出力される.この場合,ユークリッドの互除法 A_E はステップ 2 において 4 回の除算を行った後,最大公約数 11 を出力し停止する. ∎

定理 8.9 (ユークリッドの互除法の正当性)
任意の自然数 a と b $(a \geq b > 0)$ に対し,ユークリッドの互除法 A_E は a と b の最大公約数 $\gcd(a,b)$ を正しく計算する.

証明 まず a を b で割ったときの商と余りをそれぞれ q と r としたとき,$\gcd(a,b) = \gcd(b,r)$ が成り立つことを示す.a と b の最大公約数 $\gcd(a,b)$ を x とし,$a = sx$ および $b = tx$ と表すと,最大公約数の定義より $\gcd(s,t) = 1$ となる.また,$a = qb + r$ であるので $r = a - qb$ であり,$r = a - qb = sx - qtx = (s-qt)x$

となる．したがって，b と r は x を共通の約数として持ち，$s-qt$ と t の最大公約数 $\gcd(s-qt,t)$ を y とすると，$\gcd(b,r) = xy$ となる．ここで $s-qt = s'y$ および $t = t'y$ と表すと，$s = s'y + qt = s'y + qt'y = (s' + qt')y$ となる．このとき，$\gcd(s,t) = \gcd(s' + qt', t')y$ であり，$\gcd(s,t) = 1$ であることから $y = 1$ であることが分かる．したがって，$\gcd(b,r) = xy = x = \gcd(a,b)$ となる．

ユークリッドの互除法 A_E のステップ 2 で計算される除算の余りからなる列を $r_2, r_3, \ldots, r_{n+1}$ とする．すなわち，$r_{n+1} = 0$ でありステップ 4 で $\gcd(a,b)$ として r_n が出力されたとする．このとき，先に示した関係により $\gcd(a,b) = \gcd(r_0, r_1) = \gcd(r_1, r_2) = \cdots = \gcd(r_n, r_{n+1})$ となる．また，$r_{n+1} = 0$ であるので，$\gcd(r_n, r_{n+1}) = \gcd(r_n, 0) = r_n$ であり，$\gcd(a,b) = r_n$ であることが分かる． □

定理 8.9 により，ユークリッドの互除法 A_E は正しく最大公約数を計算することが保証された．それでは，ユークリッドの互除法 A_E の計算量について考えてみよう．ユークリッドの互除法 A_E ではステップ 2 において除算を何回か行なった後，最大公約数を出力する．ユークリッドの互除法 A_E の計算量はステップ 2 を何回繰り返すか，すなわち，除算を何回行なうかで評価できる．ユークリッドの互除法 A_E が行なう除算の回数について以下の事実が知られている．

定理 8.10 (ユークリッドの互除法の計算量)
任意の自然数 a と b $(a \geq b > 0)$ に対し，ユークリッドの互除法 A_E は除算を最大 $\lfloor \log_R a \rfloor + 1$ 回実行する．ただし R は黄金比 $(1 + \sqrt{5})/2$ である．

証明 ユークリッドの互除法 A_E がステップ 2 で除算を n 回行った後，最大公約数を出力し終了したとし，ステップ 2 で計算される除算の余りからなる列を $r_2, r_3, \ldots, r_{n+1}$ とする．このとき，$r_0 > r_1 > r_2 > r_3 > \cdots > r_{n+1} = 0$ である．

それでは $n \leq \lfloor \log_R a \rfloor + 1$ を示すために，n 以下の任意の自然数 i に対し，r_{n-i} はフィボナッチ数列の第 $i+1$ 項 f_{i+1} 以上であること，すなわち，不等式 $r_{n-i} \geq f_{i+1}$ が成り立つことを数学的帰納法で示す．

(初期段階) $i = 0$ の場合，$r_n \neq 0$ より $r_n \geq 1$ である．一方，フィボナッチ数列の定義より $f_1 = 1$ であるので不等式は成り立つ．

(帰納段階) k 以下の任意の自然数 j に対し，不等式 $r_{n-j} \geq f_{j+1}$ が成り立つと仮定し，$i = k + 1$ のとき不等式が成り立つことを示す．ユークリッドの互除法の動作より $r_{n-(k+1)} = q_{n-(k-1)} r_{n-k} + r_{n-(k-1)}$ であり，$r_{n-k} < r_{n-(k+1)}$ であるので $q_{n-(k-1)} \geq 1$ である．また，数学的帰納法の仮定より $r_{n-k} \geq f_{k+1}$

であり $r_{n-(k-1)} \geq f_k$ であるので
$$r_{n-(k+1)} = q_{n-(k-1)}r_{n-k} + r_{n-(k-1)}$$
$$\geq r_{n-k} + r_{n-(k-1)}$$
$$\geq f_{k+1} + f_k = f_{k+2}$$
となり, $i = k+1$ のとき不等式が成り立つことが分かる.

以上により, n 以下の任意の自然数 i に対し, 不等式 $r_{n-i} \geq f_{i+1}$ が成り立つ. したがって, $a = r_0 = r_{n-n} \geq f_{n+1}$ であり, 168 ページの定理 7.9 より $f_{n+1} \geq R^{n-1}$ であるので, $a \geq R^{n-1}$ となる. したがって, $\log_R a \geq n-1$ であり, $n \leq \lfloor \log_R a \rfloor + 1$ となる. □

我々は計算機を用いて様々な問題を解くために様々なアルゴリズムを開発し続けなければならない. より良いアルゴリズムを開発し選択するためには, アルゴリズムを適切に評価する必要がある. ここでは簡単な問題に対するアルゴリズムを紹介し, その計算量の評価を行なったが, より複雑な問題に対しても本書で紹介した様々な概念を道具として用いて高性能なアルゴリズムを開発するとともに, その評価を行なうことで, 前進を続けるのである.

演習問題

8.1 グラフ G の点の次数に関する以下の問に答えよ.
  (a) すべての点の次数の総和は偶数であることを示せ.
  (b) 次数が奇数である点は偶数個存在することを示せ.

8.2 正則な 2 分木の内点の数は葉の数よりも 1 だけ小さいことを示せ.

8.3 正の整数 N に対して, 以下の等式を証明せよ.
$$\lceil \log_2(N+1) \rceil = \lfloor \log_2 N \rfloor + 1$$

8.4 配列の中に x が存在する場合の 2 分探索に関する以下の問に答えよ.
  (a) $n = 8$ の場合の 2 分決定木を示せ.
  (b) 2 分探索の計算量を示せ.

演習問題解答

第 1 章

1.1 (a) $\{a,b,c\}$ (b) $\{b\}$ (c) $\{a\}$ (d) $\{(a,b),(a,c),(b,b),(b,c)\}$ (e) $\{(a,(b,c)),(b,(b,c))\}$ (f) $\{(a,\{b,c\}),(b,\{b,c\})\}$ (g) $\{\}$ (h) $\{(a,0),(b,0),(b,1),(c,1)\}$ (i) $\{\emptyset\}$ (j) $\{\emptyset,\{a\},\{b\},\{a,b\}\}$ (k) $\{\emptyset,\{(a,b)\}\}$ (l) $\{\emptyset,\{\{a,b\}\}\}$

1.2 (a) **N** (b) **N** (c) **E** (d) $\emptyset$ (e) **E** (f) **E**

1.3 (a) **O** (b) $\emptyset$ (c) 5 以上のすべての自然数からなる集合 (d) $\{5\}$ (e) $\{5\}$ (f) **N**

1.4 (a) どちらでもない (b) 部分集合であり真部分集合でない (c) どちらでもない (d) どちらでもない (e) 部分集合であり真部分集合でない (f) 部分集合であり真部分集合である (g) どちらでもない (h) 部分集合であり真部分集合である (i) どちらでもない

1.5 (a) $(0,0,0)$ など (b) $(0,0,0)$ など (c) $(0,0,2)$ など (d) $(0,0,a)$ など (e) $(0,0,(a,b))$ など

1.6 (a) $\{a\}$ もしくは $\{b\}$ (b) $\{0\}$, **E** など (c) $\{\{0\}\}$, $\{\mathbf{E}\}$ など (d) $\{\{\}\}$ もしくは $\{\{\{\}\}\}$

1.7 $|A|+|B|+|C|-|A\cap B|-|B\cap C|-|C\cap A|+|A\cap B\cap C|$

1.8 略（22 ページの定理 1.21 を各演算に対して適用すればよい．）

1.9 (a) 任意の $a \in A$ と任意の $b \in B$ に対して $(a,b) \in A \times B$ である．したがって，任意の $(a,b) \in \overline{A \times B}$ に対して $a \in \overline{A}$ または $b \in \overline{B}$ である．このとき，もし $a \in \overline{A}$ であるならば，$(a,b) \in \overline{A}\times\overline{B}$ または $(a,b) \in \overline{A}\times B$ であり，$(a,b) \in (\overline{A}\times\overline{B})\cup(\overline{A}\times B)$ である．また $b \in \overline{B}$ であるならば，$(a,b) \in \overline{A}\times\overline{B}$ または $(a,b) \in A\times\overline{B}$ であり，$(a,b) \in (\overline{A}\times\overline{B})\cup(A\times\overline{B})$ である．したがって，$(a,b) \in (\overline{A}\times\overline{B})\cup(\overline{A}\times B)\cup(A\times\overline{B})$ であり 5 ページの定義 1.4 より $\overline{A\times B} \subseteq (\overline{A}\times\overline{B})\cup(\overline{A}\times B)\cup(A\times\overline{B})$ となる．また，任意の $(a,b) \in (\overline{A}\times\overline{B})\cup(\overline{A}\times B)\cup(A\times\overline{B})$ に対して，$a \in \overline{A}$ または $b \in \overline{B}$ であるので $(a,b) \in \overline{A\times B}$ となり，定義 1.4 より $(\overline{A}\times\overline{B})\cup(\overline{A}\times B)\cup(A\times\overline{B}) \subseteq \overline{A\times B}$ となる．したがって，6 ページの定義 1.5 より $\overline{A\times B} = (\overline{A}\times\overline{B})\cup(\overline{A}\times B)\cup(A\times\overline{B})$ となる．

(b) 任意の $(a,b) \in (A\times B)\cap(C\times D)$ は，$(a,b) \in A\times B$ であり $(a,b) \in C\times D$ である．よって，$a \in A$ でありかつ $b \in B$ であり，また $a \in C$ でありかつ $b \in D$ であるので，$a \in A\cap C$ でありかつ $b \in B\cap D$ である．したがって，$(a,b) \in (A\cap C)\times(B\cap D)$ であり，定義 1.4 より $(A\times B)\cap(C\times D) \subseteq (A\cap C)\times(B\cap D)$ となる．また，任意の $(a,b) \in (A\cap C)\times(B\cap D)$ に対して，$a \in A\cap C$ であり $b \in B\cap D$ であるので，$a \in A$, $a \in C$, $b \in B$, $b \in D$ である．したがって，$(a,b) \in A\times B$ であり，$(a,b) \in C\times D$ であるため，$(a,b) \in (A\times B)\cap(C\times D)$ となり，定義 1.4 よ

り $(A \cap C) \times (B \cap D) \subseteq (A \times B) \cap (C \times D)$ となる．したがって，定義 1.5 より $(A \times B) \cap (C \times D) = (A \cap C) \times (B \cap D)$ となる．

1.10 任意の $c \in A \cup B$ は，定義 1.10 より $c \in A$ または $c \in B$ である．このとき $c \in B$ または $c \in A$ であるため，$c \in B \cup A$ である．したがって，定義 1.4 より $A \cup B \subseteq B \cup A$ となる．同様に $B \cup A \subseteq A \cup B$ を示すことができ，定義 1.5 より $A \cup B = B \cup A$ となる．

1.11 任意の $c \in (A \cup B) \cup C$ は，定義 1.10 より $c \in A \cup B$ または $c \in C$ の要素である．まず，$c \in A \cup B$ とする．このとき $c \in A$ または $c \in B$ であり，$c \in A$ ならば $c \in A \cup (B \cup C)$ となり，$c \in B$ ならば $c \in B \cup C$ であり，さらに $c \in A \cup (B \cup C)$ となる．次に $c \in C$ とすると，$c \in B \cup C$ であり，さらに $c \in A \cup (B \cup C)$ となる．いずれの場合も $c \in A \cup (B \cup C)$ であり，定義 1.4 より $(A \cup B) \cup C \subseteq A \cup (B \cup C)$ となる．同様に $A \cup (B \cup C) \subseteq (A \cup B) \cup C$ を示すことができ，定義 1.5 より $(A \cup B) \cup C = A \cup (B \cup C)$ となる．

第 2 章

2.1 (a) 単射 ($x \neq y$ ならば $f_1(x) \neq f_1(y)$ であるので単射であるが，$f_1(x) = -2$ となる $x \in \mathbf{N}$ が存在しないため全射ではない)

(b) 全単射 ($x \neq y$ ならば $f_2(x) \neq f_2(y)$ であるので単射であり，任意の $y \in \mathbf{Z}$ に対して $f_1(x) = y$ となる $x = y + 1 \in \mathbf{Z}$ が存在するため全射である)

(c) 全射 ($f_3(0) = f_3(2)$ であるので単射ではないが，$f_3(0) = 0$ であり $f_3(1) = 1$ であるため全射である)

2.2 (a) $n \longmapsto 2n$ など

(b) $n \longmapsto \lfloor \frac{n}{2} \rfloor$ など

2.3 (a) 8 (b) 2 (c) 1 (d) 1 (e) 0

2.4 (a) $g \circ f : \mathbf{E} \to \mathbf{N} \times \mathbf{N}, 2n \longmapsto (n+2, 2n+2)$

(b) $g \circ f : \mathbf{Z} \to \mathbf{B}, n \longmapsto |n| + 1 \pmod{2}$

2.5 (a) $f^{-1} : \mathbf{Z} \to \mathbf{Z}, n \longmapsto n - 1$

(b) $g^{-1} : \begin{cases} x \longmapsto \sqrt[3]{x} & \text{if } x \geq 0 \\ x \longmapsto -\sqrt[3]{-x} & \text{if } x < 0 \end{cases}$

2.6 $\chi_{(A \triangle B) \triangle C} = \chi_{A \triangle B}(x) + \chi_C(x) \pmod{2}$
$= (\chi_A(x) + \chi_B(x)) + \chi_C(x) \pmod{2}$
$= \chi_A(x) + (\chi_B(x) + \chi_C(x)) \pmod{2}$
$= \chi_A(x) + \chi_{B \triangle C}(x) \pmod{2}$
$= \chi_{A \triangle (B \triangle C)}$

2.7 A から B への全射が存在するとき，45 ページの定理 2.22 より B から A への単射が存在する．したがって，36 ページの定理 2.8 より $|B| \leq |A|$ であり $|A| \geq |B|$ となる．また，

$|A| \geq |B|$ であるとき，$|B| \leq |A|$ であるので，定理 2.8 より B から A への単射が存在し，定理 2.22 より A から B への全射が存在する．

2.8 (a) $1+1=2$ など加算 + が **O** 上で閉じていない．
 (b) $0-1=-1$ など減算 − が **N** 上で閉じていない．
 (c) 例 1.16 で示したように差集合演算では結合則が成り立たない．

2.9 (a) 加算 + は **E** 上で閉じており，結合則，交換則が成り立ち，単位元 0 が存在する．
 (b) 有限集合の和集合は有限集合であり和集合演算 ∪ は $\mathcal{F}$ 上で閉じており，定理 1.13 より結合則が成り立ち，定理 1.12 より交換則が成り立ち，定理 1.10 より単位元 ∅ が存在する．

2.10 (a) 加算 + は **Z** 上で閉じており，結合則が成り立ち，単位元 0 が存在し，整数 n に対して逆元 $-n$ が存在する．
 (b) 定理 2.19 より A 上の置換の合成写像は A 上の置換であり合成写像 ∘ は B 上で閉じている．定理 2.2 より結合則が成り立ち，定理 2.20 より単位元 i_A が存在し，定理 2.21 より置換 π に対し逆元である逆置換 π^{-1} が存在する．

2.11 (a) $\pi_3 = (0\ 3) \circ (1\ 2)$
 (b) $\pi_1 \circ \pi_1 = \pi_0$, $\pi_2 \circ \pi_1 = \pi_3$ など P に属する置換の合成は P に属する置換となるので演算が閉じている．また，定理 2.2 より結合則が成り立ち，単位元 π_0 を持ち，P に属す各置換に対し逆元が P 中に存在する．各元の逆元すなわち逆置換はそれぞれ自分自身である．
 (c) 例えば単位元が存在しない $P' = \{(0\ 1), (0\ 1\ 2), (0\ 2\ 1)\}$ など．
 (d) $P'' = \{\pi_0'', \pi_1'', \pi_2''\}$．ただし，$\pi_0'' = i_A$, $\pi_1'' = (0\ 1\ 2)$, $\pi_2'' = (0\ 2\ 1)$ など．$\pi_1'' \circ \pi_1'' = \pi_2''$, $\pi_2'' \circ \pi_1'' = \pi_0''$ など演算が閉じており，単位元 π_0'' が存在し，P'' の各演算に対して逆元が P'' 中に存在する．π_0'', π_1'', π_2'' の逆元はそれぞれ π_0'', π_2'', π_1'' である．

第 3 章

3.1 (a) 「3 で割った余りはより小さい」という関係で，$S \circ R(n, m)$ は「n を 3 で割った余りは m より小さい」となる．例えば，任意の自然数を i, 2 以上の任意の自然数を j とすると，$(3i+1, 0), (3i+1, 1) \notin S \circ R$ であり $(3i+1, j) \in S \circ R$ である．
 (b) 「ともに **N** の要素である」という関係で，任意の $(n, m) \in \mathbf{N} \times \mathbf{N}$ は関係 $R \circ S$ の要素となる．

3.2 (a) $\{(a, a), (b, b), (c, c), (d, d), (e, e)\}$ (同値関係，半順序関係であるが全順序関係ではない)
 (b) $\{(a, d), (b, e), (c, d)\}$ (いずれでもない)
 (c) $\{(a, e), (c, e)\}$ (いずれでもない) (d) $\{\}$ (いずれでもない)
 (e) $\{(a, b), (a, d), (a, e), (b, d), (b, e), (c, b), (c, d), (c, e), (d, e)\}$ (いずれでもない)

(f) $\{(a,a),(a,b),(a,d),(a,e),(b,b),(b,d),(b,e),(c,b),(c,c),(c,d),(c,e),(d,d),(d,e),$
$(e,e)\}$ (半順序関係であるが同値関係、全順序関係ではない)

3.3 3で割った余りが等しいという関係.

3.4 合成関係 $S \circ R$ および合成関係 $T \circ S$ が定義されるので、一般性を失わず $R : A \to B$, $S : B \to C$, $T : C \to D$ とする。このとき、$T \circ (S \circ R)$ と $(T \circ S) \circ R$ はともに A から D への関係であるので、定義 3.2 より $T \circ (S \circ R) = (T \circ S) \circ R$ を示せば良い。任意の $(a,d) \in T \circ (S \circ R)$ に対し、$(c,d) \in T$ でありかつ $(a,c) \in S \circ R$ である $c \in C$ が存在する。また、その c に対し、$(a,b) \in R$ でありかつ $(b,c) \in S$ である $b \in B$ が存在する。したがって、$(b,c) \in S$ であり $(c,d) \in T$ であるので $(b,d) \in T \circ S$ である。また、$(a,b) \in R$ であるので $(a,d) \in (T \circ S) \circ R$ である。したがって、定義 1.4 より $T \circ (S \circ R) \subseteq (T \circ S) \circ R$ となる。同様に $(T \circ S) \circ R \subseteq T \circ (S \circ R)$ を示すことができるため、定義 1.5 より $T \circ (S \circ R) = (T \circ S) \circ R$ となる。

3.5 R を集合 A 上の関係とする。R^* は R^0 を含むため任意の $a \in A$ に対して $(a,a) \in R^*$ であり反射律を満たす。また、任意の $(a,b) \in R^*$ と $(b,c) \in R^*$ に対し、ある自然数 n と m が存在し $(a,b) \in R^n$ であり $(b,c) \in R^m$ である。したがって、$(a,c) \in R^m \circ R^n = R^{n+m} \subseteq R^*$ であるので推移律を満たす。したがって、R^* は反射律と推移律を満たす。次に、R を含む R^* の任意の真部分集合 S' が反射律または推移律を満たさないことを示す ($R \subseteq S' \subset R^*$)。ある $a \in A$ に対して $(a,a) \notin S'$ であるならば S' は反射律を満たさないので、任意の $a \in A$ に対して $(a,a) \in S'$ とすると、定理 3.4 の証明と同様の議論により S' は推移律を満たさないことがわかる。

3.6 S の定義より任意の $n, m \in \mathbf{N}$ に対して $R^m \circ R^n \in S$ であり合成演算は S で閉じている。定理 3.1 より結合則が成り立つ。定理 3.2 より単位元が存在する。定理 3.3 より交換則が成り立つ。

3.7 恒等写像 $i_A \in P$ であるので、任意の $a \in A$ に対して $i_A(a) = a$ となる。したがって、関係 $\sim_\mathrm{P}$ は反射律を満たす。任意の $a, b \in A$ に対して、$\pi(a) = b$ であるならば $\pi^{-1} \in P$ であり、$\pi^{-1}(b) = a$ となる。したがって、関係 $\sim_\mathrm{P}$ は対象律を満たす。任意の $a, b, c \in A$ に対して、$\pi_1(a) = b$ であり $\pi_2(b) = c$ でありとき、$\pi_2 \circ \pi_1 \in P$ であり、$\pi_2 \circ \pi_1(a) = c$ となる。したがって、関係 $\sim_\mathrm{P}$ は推移律を満たす。関係 $\sim_\mathrm{P}$ は反射律、対象律、推移律を満たすので同値関係である。

3.8 (a) 任意の $f \in S$ に対し、すべての自然数 $n \in \mathbf{N}$ において $f(n) = f(n)$ であるので、$f \sim_\mathrm{f} f$ であり反射律が成り立つ。任意の $f, g \in S$ に対し、$f \sim_\mathrm{f} g$ であるとき、$\mathbf{N}$ 内の有限個の要素を除き $f(n) = g(n)$ が成立する ($n \in \mathbf{N}$)。このとき、$\mathbf{N}$ 内の有限個の要素を除き $g(n) = f(n)$ が成立し ($n \in \mathbf{N}$)、$g \sim_\mathrm{f} f$ である。すなわち、$f \sim_\mathrm{f} g$ ならば $g \sim_\mathrm{f} f$ であり対称律が成り立つ。任意の $f, g, h \in S$ に対し、$f \sim_\mathrm{f} g$ かつ $g \sim_\mathrm{f} h$ であるとき、$A = \{n \mid n \in \mathbf{N}, f(n) \neq g(n)\}$ とし $B = \{n \mid n \in \mathbf{N}, g(n) \neq h(n)\}$

とすると，少なくとも $n \notin A \cup B$ で $f(n) = h(n)$ が成立する．A と B は有限集合であり $A \cup B$ も有限集合であるため，$f \sim_f h$ となる．すなわち，$f \sim_f g$ かつ $g \sim_f h$ ならば $f \sim_f h$ であり，推移律が成り立つ．反射律，対称律，推移律が成り立つので $\sim_f$ は同値関係である．

(b) 任意の $f', f'' \in [f]$ に対し，$\mathbf{N}$ 内の有限個の要素を除き $f'(n) = f''(n)$ が成立するため $\mathbf{N}$ 内の有限個の要素を除き $f'(n) \leq f''(n)$ が成立する ($n \in \mathbf{N}$)．したがって，$[f] \preceq_f [f]$ であり反射律が成り立つ．任意の $f, g \in S$ に対し，$[f] \preceq_f [g]$ であり $[g] \preceq_f [f]$ であるとする．このとき，任意の $f' \in [f]$ と $g' \in [g]$ に対し，$A = \{n \mid n \in \mathbf{N}, f'(n) > g'(n)\}$ とし $B = \{n \mid n \in \mathbf{N}, g'(n) > f'(n)\}$ とすると少なくとも $n \notin A \cup B$ で $f'(n) = g'(n)$ が成立する．$A \cup B$ は有限集合であるので $f' \sim_f g'$ であり $[f] = [g]$ であるため反対称律が成り立つ．任意の $f, g, h \in S$ に対し，$[f] \preceq_f [g]$ であり $[g] \preceq_f [h]$ であるとする．このとき，任意の $f' \in [f]$, $g' \in [g]$, $h' \in [h]$ に対し，$A = \{n \mid n \in \mathbf{N}, f'(n) > g'(n)\}$ とし $B = \{n \mid n \in \mathbf{N}, g'(n) > h'(n)\}$ とすると少なくとも $n \notin A \cup B$ で $f'(n) \leq h'(n)$ が成立する．$A \cup B$ は有限集合であるので，$[f] \preceq_f [g]$ であり推移律が成り立つ．反射律，反対称律，推移律を満たすので商集合 $S/\sim_f$ 上の関係 $\preceq_f$ は半順序関係である．

第 4 章

4.1 A から B への単射を f とする．また，A と同型である任意の集合を A' とし，B と同型である任意の集合を B' とすると，同型の定義より A' から A への全単射 f_0 と B から B' への全単射 f_1 が存在する．このとき A' から B' への写像 $f_1 \circ f \circ f_0$ が定義でき，定理 2.3 より $f_1 \circ f \circ f_0$ は単射となる．

4.2 有理数は 2 つの整数を用いて分数の形で表現できる数である．すなわち，有理数は整数の 2 つ組 (n, m) で表示できる．有理数の整数の 2 つ組による表示は一意には定まらないが，有理数をある表示に対応させる単射 $f : \mathbf{Q} \to \mathbf{Z} \times \mathbf{Z}$ を定義できる．また，有理数の多様性を含む表示 $\mathbf{Z} \times \mathbf{Z}$ から $\mathbf{N}$ への単射 $g : \mathbf{Z} \times \mathbf{Z} \to \mathbf{N}$ が存在する．このとき，合成写像 $g \circ f : \mathbf{Q} \to \mathbf{N}$ が定義でき，定理 2.3 より $g \circ f$ は単射である．したがって，定義 4.4 より $|\mathbf{Q}| \leq |\mathbf{N}|$ であり定理 4.4 と合わせて $|\mathbf{Q}| = |\mathbf{N}|$ となる．

4.3 有理数を順に表に書き並べたときの対角線上の数字に着目して表に含まれない数を作ることができる．しかし，その数は必ずしも有理数ではないため表に含まれなくとも矛盾しない．

4.4 (a) 有限集合の数を $n \in \mathbf{N}$ とし有限集合を $A_0, A_1, \ldots, A_n$ とすると，それらの和集合 $\bigcup_{i \in \mathbf{N}_n} A_i$ の濃度は $\sum_{i \in \mathbf{N}_n} |A_i|$ であり有限である．

(b) 可算無限集合を $A_0, A_1, A_2, \ldots$ とし，集合 A_i の j 番目の要素を $a_{i,j}$ とする $(i, j \in \mathbf{N})$．このとき $f : a_{i,j} \to (i+j)(i+j+1)/2 + i$ は $\bigcup_{i \in \mathbf{N}} A_i$ から $\mathbf{N}$ への全単射を与えるので，$\bigcup_{i \in \mathbf{N}} A_i$ の濃度は可算無限である．

(c) 非可算集合の数を $n \in \mathbf{N}$ とし非可算集合を $A_0, A_1, \ldots, A_n$ とすると, 集合 A_0 から集合 $\bigcup_{i \in \mathbf{N}_n} A_i$ への単射 $f : a \to a$ が存在する. したがって, $\bigcup_{i \in \mathbf{N}_n} A_i$ は A_0 より濃度が高く, A_0 の濃度は非可算であるので $\bigcup_{i \in \mathbf{N}_n} A_i$ の濃度も非可算となる.

4.5 任意の可算無限集合は $\mathbf{N} \times \mathbf{N}$ と同型であり $\mathbf{N} \times \mathbf{N}$ との間に全単射が存在する. したがって, $\mathbf{N} \times \mathbf{N}$ の分割と全単射により任意の可算無限集合の分割が定義できるので以下では $\mathbf{N} \times \mathbf{N}$ の分割を与える.

(a) $A = \{(i,j) \mid i, j \in \mathbf{N}, i < j\}$ と $B = \{(i,j) \mid i, j \in \mathbf{N}, i \geq j\}$ など.

(b) $A_0, A_1, \ldots, A_k, \ldots$, ただし, 任意の自然数 $k \in \mathbf{N}$ に対して $A_k = \{(i,j) \mid i, j \in \mathbf{N}, i + j = k\}$ など.

(c) $A_0, A_1, \ldots, A_k, \ldots$, ただし, 任意の自然数 $k \in \mathbf{N}$ に対して $A_k = \{(i,k) \mid i \in \mathbf{N}\}$ など.

4.6 (a) 実数 $\mathbf{R}$ 上の関係 $\sim$ を $\sim = \{(x, y) \mid \lfloor x \rfloor = \lfloor y \rfloor\}$, すなわち, 実数の整数部が等しいという関係とする. このとき, 関係 $\sim$ は同値関係であり, $\mathbf{R}$ は関係 $\sim$ により異なる同値類に分割される. 各同値類は区間 $[i, i+1)$ に対応する $(i \in \mathbf{Z})$. 演習問題 4.7 で示すように区間 $[0,1)$ は $\mathbf{R}$ と同型であり非可算集合であるが, 他の区間も区間 $[0,1)$ と明らかに同型であり非可算集合である. また, 各区間は整数に対応するので, 商集合 $\mathbf{R}/\sim$ の濃度は可算無限である. 商集合 $\mathbf{R}/\sim$ が互いに素な可算無限個の非可算集合への分割を与える.

(b) 実数 $\mathbf{R}$ 上の関係 $\sim$ を $\sim = \{(x,y) \mid (x - \lfloor x \rfloor) = (y - \lfloor y \rfloor)\}$, すなわち, 実数の小数部が等しいという関係とする. このとき, 関係 $\sim$ は同値関係であり, $\mathbf{R}$ は関係 $\sim$ により異なる同値類に分割される. 各同値類の濃度は整数の濃度と等しく可算無限である. また, 区間 $[0,1)$ に属する異なる実数 x と y に対し $[x]_\sim \neq [y]_\sim$ であるので商集合 $\mathbf{R}/\sim$ の濃度は非可算である. 商集合 $\mathbf{R}/\sim$ が互いに素な非可算個の可算無限集合への分割を与える.

4.7 演習問題 4.6 の解答で示したように実数の集合 $\mathbf{R}$ は互いに素な可算無限個の整数の区間に分割できる. すなわち $\mathbf{R} = \bigcup_{m \in \mathbf{N}} [-m-1, -m) \cup \bigcup_{m \in \mathbf{N}} [m, m+1)$ と表すことができる. また, 任意の自然数 i に対して, 区間 $I_i = \left[1 - \frac{1}{2^i}, 1 - \frac{1}{2^{i+1}}\right)$ を考える. このとき区間 I_i は区間 $[0,1)$ に含まれる. また, 異なる i と j に対して, 区間 I_i と区間 I_j には重なりがなく互いに素である. したがって, 区間 $[0,1)$ は区間 I_i によって互いに素な可算無限個の区間に分割できる. すなわち, $[0,1) = \bigcup_{i \in \mathbf{N}} I_i$ となる. ここで整数の区間を区間 I_i に対応させる. 任意の自然数 $m \in \mathbf{N}$ に対して, 区間 $[m, m+1)$ を区間 I_{2m} に対応させ, 区間 $[-m-1, -m)$ を区間 I_{2m+1} に対応させる. この対応は整数の区間と区間 I_i との間の全単射となる. また, 区間 $[m, m+1)$ から区間 I_{2m} への全単射 $f : x \longmapsto 1 - \frac{1}{2^{m+x}}$ が存在するので区間 $[m, m+1)$ と区間 I_{2m} は同型である. 同様に区間 $[-m-1, -m)$ と区

間 I_{2m+1} は同型である．したがって，$\mathbf{R}$ は全体として区間 $[0,1)$ と同型となる．

4.8 (a) 対角線論法を用いる．集合に属する関数を $f_0, f_1, \ldots$ と順に書き並べることができたとする．このとき $g(i) = f_i(i) + 1$ とすると g は集合に属する関数であるが，書き並べたどの関数とも異なり矛盾する．

(b) 対角線論法を用いる．集合に属する部分関数を $f_0, f_1, \ldots$ と順に書き並べることができたとする．このとき $f_i(i)$ が定義されているとき $g(i) = f_i(i) + 1$ とし，$f_i(i)$ が定義されていないとき $g(i) = 0$ とすると，g は集合に属する部分関数であるが，書き並べたどの部分関数とも異なり矛盾する．

(c) 対角線論法を用いる．集合に属する関数を $f_0, f_1, \ldots$ と順に書き並べることができたとする．このとき $g(i) = 1 - f_i(i)$ とすると g は集合に属する関数であるが，書き並べたどの関数とも異なり矛盾する．

(d) 対角線論法を用いる．集合に属する関数を $f_0, f_1, \ldots$ と順に書き並べることができたとする．このとき $g(i) = 1 + \sum_{k=0}^{i} f_k(k)$ とすると，任意の異なる自然数 i, j に対して $i < j$ ならば $g(i) \leq g(j)$ であり g は集合に属する関数である．しかし，任意の自然数 i に対して $g(i) > f_i(i)$ であり書き並べたどの関数とも異なり矛盾する．

第 5 章

5.1

α	β	(a)	(b)	(c)	(d)
0	0	0	1	1	1
0	1	1	1	0	0
1	0	0	1	0	1
1	1	1	1	1	0

5.2 (a) $(\alpha \vee \beta \vee \gamma) \wedge (\alpha \vee \neg\beta \vee \neg\gamma) \wedge (\neg\alpha \vee \neg\beta \vee \gamma)$

(b) $(\neg\alpha \wedge \neg\beta \wedge \gamma) \vee (\neg\alpha \wedge \beta \wedge \neg\gamma) \vee (\alpha \wedge \neg\beta \wedge \neg\gamma) \vee (\alpha \wedge \neg\beta \wedge \gamma) \vee (\alpha \wedge \beta \wedge \gamma)$

5.3 (a) $\neg(\alpha \wedge \beta)$

(b) $\{\wedge, \vee, \neg\}$ は完全である．$\alpha \wedge \beta \Longleftrightarrow (\alpha|\beta)|(\alpha|\beta)$ であり，$\alpha \vee \beta \Longleftrightarrow (\alpha|\alpha)|(\beta|\beta)$ であり，$\neg\alpha \Longleftrightarrow \alpha|\alpha$ であるため，$\wedge, \vee, \neg$ をそれぞれ $|$ のみで置き換えることができる．

(c) $((\alpha|\alpha)|\beta)|(\alpha|(\beta|\beta))$ (または $(((\alpha|\alpha)|(\beta|\beta))|(\alpha|\beta))|(((\alpha|\alpha)|(\beta|\beta))|(\alpha|\beta))$ など)

5.4 $c = (a|b)|(a|b)$

$s = (a|(b|b))|((a|a)|b)$

$ = (a|(a|b))|((a|b)|b)$

$ = (((a|a)|(b|b))|(a|b))|(((a|a)|(b|b))|(a|b))$

5.5 $\{\wedge, \vee, \neg\}$ は完全である．$\alpha \wedge \beta \Longleftrightarrow \neg(\alpha \Rightarrow \neg\beta)$ であり，$\alpha \vee \beta \Longleftrightarrow \neg\alpha \Rightarrow \beta$ であるので，$\wedge, \vee$ を $\neg$ と $\Rightarrow$ で置き換えることで，$\neg$ と $\Rightarrow$ でどんなブール関数も表現できる．

5.6 論理積 ∧ は **B** 上で閉じており，定理 5.4 より結合則が成り立ち，単位元 $1 \in \mathbf{B}$ が存在し，定理 5.3 より交換則が成り立つ．

5.7 (a) 偽 ($n = 1$, $m = 0$ が存在) (b) 偽 ($m = n$ がすべての n に対して存在) (c) 真 ($n = 0$ が存在) (d) 真 ($m = n+1$ がすべての n に対して存在) (e) 真 ($m = n$ がすべての n に対して存在) (f) 真 ($n = 0$, $m = 1$ が存在)

5.8 $\neg \forall a \, \neg \forall b \, \neg P(a, b)$

5.9 自然数に対し $P(a) : a$ は偶数である，$Q(a) : a$ は奇数である，など．

5.10 (a) $\exists a \, \forall b \, (a \sqsubseteq b)$
  (b) $\forall b \, \exists a \, ((a \neq b) \land (a \sqsubseteq b))$
  (c) $\forall a \, \forall b \, \forall c \, ((a \sqsubseteq b) \land (b \sqsubseteq c) \Rightarrow (a \sqsubseteq c))$

5.11 $\exists \epsilon \, ((\epsilon > 0) \land (\forall \delta \, \exists y \, ((|x_0 - y| < \delta) \land (|f(x_0) - f(y)| \geq \epsilon))))$

5.12 命題式 α と命題式 $\alpha \Rightarrow \beta$ が共に恒真であるとき，命題式 β が恒真であることを示す．α と $\alpha \Rightarrow \beta$ が共に恒真であるとする．もし β が恒真でなければ，β を偽にするような β 中の命題変数に対する真偽値の割当がある．この割当を保存したまま，α 中の命題変数にも真偽を割り当て，α と β のすべての命題変数に真偽を割り当てる．このようにして得られた真偽の割り当ては，α は恒真であるので，α を真にし β を偽とする．これは $\alpha \Rightarrow \beta$ が恒真であることに矛盾する．したがって，β は恒真である．

第 6 章

6.1 学生 s_i がグループ G_j に参加するとき $m_{ij} = 1$ であり，参加しないとき $m_{ij} = 0$ である第 i 行が学生 s_i に対応し第 j 列がグループ G_j に対応する $n \times m$ 行列 $\mathbf{M} = (m_{ij})$ を定義する．このとき，条件 1 より $r_M(i) \leq 4$ であり $\sum_{i=0}^{m-1} r_M(i) \leq 4m$ となる．また，条件 2 より $c_M(j) \geq 2$ であり $\sum_{j=0}^{n-1} c_M(j) \geq 2n$ となる．定理 6.1 より $\sum_{i=0}^{m-1} r_M(i) = \sum_{j=0}^{n-1} c_M(j)$ であり，$2n \leq 4m$ となる．したがって $n \leq 2m$ となる．

6.2 一般性を失わず面 f に数字 1 を割り当てる．さらに面 f の反対の面に数字 2 を割り当てると，残りの数字の割り当ては，異なる 4 個の要素を円周上に並べる $(4,4)$-円順列に対応することから，定理 6.8 より $_4\mathbf{S}_4 = 6$ 通り存在する．面 f の反対の面への数字の割り当ては 5 通り存在するので，積の法則より総数 N は 30 となる．

6.3 定理 6.12 の等式を繰返し適用すると $\binom{n}{k} = \binom{n-1}{k-1} + \binom{n-1}{k} = \binom{n-1}{k-1} + \binom{n-2}{k-1} + \binom{n-2}{k} = \left(\sum_{m=k}^{n-1} \binom{m}{k-1}\right) + \binom{k}{k}$ となる．$\binom{k}{k} = \binom{k-1}{k-1} = 1$ であり $\binom{n}{k} = \sum_{m=k-1}^{n-1} \binom{m}{k-1}$ を得る．

6.4 (a) 定理 6.12 の等式を繰返し適用すると $\binom{n+1}{m} = \binom{n}{m} + \binom{n}{m-1} = \binom{n}{m} + \binom{n-1}{m-1} + \binom{n-1}{m-2} = \left(\sum_{i=1}^{m} \binom{n-m+i}{i}\right) + \binom{n-m+1}{0}$ となる．$\binom{n-m+1}{0} = \binom{n-m}{0} = 1$ であり $\binom{n+1}{m} = \sum_{i=0}^{m} \binom{n-m+i}{i}$ を得る．

(b) $\binom{m}{i} / \binom{n}{i} = \frac{m!}{i!(m-i)!} \cdot \frac{i!(n-i)!}{n!} = \frac{(n-i)!}{(m-i)!(n-m)!} \cdot \frac{m!(n-m)!}{n!} = \binom{n-i}{m-i} / \binom{n}{m}$ であり，

演 習 問 題 解 答   209

$\sum_{i=0}^{m} \binom{m}{i}/\binom{n}{i} = \sum_{i=0}^{m} \binom{n-i}{m-i}/\binom{n}{m} = \sum_{i=0}^{m} \binom{n-m+i}{i}/\binom{n}{m}$ となる．また，(a) より $\sum_{i=0}^{m} \binom{n-m+i}{i}/\binom{n}{m} = \binom{n+1}{m}/\binom{n}{m} = \frac{n+1}{n+1-m}$ を得る．

6.5 (a) 定理 6.14 より

$$(x+y+z)^n = \sum_{i=0}^{n} \binom{n}{i} x^i (y+z)^{n-i} = \sum_{i=0}^{n} \left(\binom{n}{i} x^i \sum_{j=0}^{n-i} \binom{n-i}{j} y^j z^{n-i-j} \right)$$

となる．ここで $x = y = z = 1$ とすると $3^n = \sum_{i=0}^{n} \left(\binom{n}{i} \sum_{j=0}^{n-i} \binom{n-i}{j} \right)$ となる．定理 6.15 および定理 6.11 より $\sum_{i=0}^{n} \left(\binom{n}{i} \sum_{j=0}^{n-i} \binom{n-i}{j} \right) = \sum_{i=0}^{n} \binom{n}{i} 2^{n-i} = \sum_{i=0}^{n} \binom{n}{n-i} 2^{n-i} = \sum_{i=0}^{n} 2^i \binom{n}{i}$ となる．

(b) 定理 6.14 の式 (6.5) で $y = 1$ とした式 $(x+1)^n = \sum_{i=0}^{n} \binom{n}{i} x^i$ の両辺を x で 2 回微分すると $n(n-1)(x+1)^{n-2} = \sum_{i=0}^{n} i(i-1) \binom{n}{i} x^{i-2}$ となる．ここで $x = 1$ とすると $n(n-1) 2^{n-2} = \sum_{i=0}^{n} i(i-1) \binom{n}{i} = \sum_{i=0}^{n} i^2 \binom{n}{i} - \sum_{i=0}^{n} i \binom{n}{i}$ であり，$\sum_{i=0}^{n} i^2 \binom{n}{i} = \sum_{i=0}^{n} i \binom{n}{i} + n(n-1) 2^{n-2}$ となる．したがって，定理 6.17 より $\sum_{i=0}^{n} i^2 \binom{n}{i} = n \cdot 2^{n-1} + n(n-1) \cdot 2^{n-2} = n \cdot 2^{n-2} \cdot (2+n-1) = n(n+1) \cdot 2^{n-2}$ を得る．

6.6 定理 6.15 より $2^p = \sum_{i=0}^{p} \binom{p}{i} = \binom{p}{0} + \binom{p}{1} + \cdots + \binom{p}{p-1} + \binom{p}{p} = \binom{p}{1} + \cdots + \binom{p}{p-1} + 2$ である．また，任意の自然数 i ($1 \leq i \leq p-1$) に対し，$\binom{p}{i}$ は自然数であるが $\binom{p}{i} = \frac{p!}{i!(p-i)!} = \frac{p(p-1)!}{i!(p-i)!}$ と分数で表現できる．この分数の分母は p 未満の自然数の積であり p は素数であるので，この分数を約分し分母が 1 となったとき p は分子に残る．すなわち $\binom{p}{i}$ は p で割り切れる．したがって，2^p を p で割った余りは 2 となる．

6.7 ベクトル $\alpha = (\alpha_0, \alpha_1, \ldots, \alpha_{n-1})$ の値が 0 である成分の添字からなる集合を $I_0(\alpha)$ とし，値が 1 である成分の添字からなる集合を $I_1(\alpha)$ とする．すなわち，$I_0(\alpha) = \{i \in \mathbf{N}_n \mid \alpha_i = 0\}$ とし $I_1(\alpha) = \{i \in \mathbf{N}_n \mid \alpha_i = 1\}$ とする．ここで $I_1(\alpha)$ の大きさを k とし，$I_1(\alpha) = \{i_0, i_1, \ldots, i_{k-1}\}$ とする．α は非零であるので $I_1(\alpha) \neq \emptyset$ であり $k \geq 1$ である．また，$I_0(\alpha)$ の大きさは $n-k$ となる．任意のベクトル $\beta = (\beta_0, \beta_1, \ldots, \beta_{n-1}) \in \mathbf{B}^n$ に対し，$\alpha \cdot \beta = 0 \pmod{2}$ であるための必要十分条件は $\alpha \cdot \beta$ が偶数であることであり，値が 1 である $\beta_{i_0}, \beta_{i_1}, \ldots, \beta_{i_{k-1}}$ の個数が偶数であるとき，かつそのときに限り $\beta \in V_0(\alpha)$ となる．系 6.6 より k 要素から偶数個選ぶ組み合わせの総数は 2^{k-1} であり，それぞれに対し $2^{|I_0(\alpha)|}$ 個のベクトル $\beta \in \mathbf{B}^n$ が存在する．したがって，$|V_0(\alpha)| = 2^{k-1} 2^{|I_0(\alpha)|} = 2^{k-1} 2^{n-k} = 2^{n-1}$ となる．また，$V_0(\alpha)$ と $V_1(\alpha)$ は V の分割であり，$|V_1(\alpha)| = |V| - |V_0(\alpha)| = 2^n - 2^{n-1} = 2^{n-1}$ となる．

6.8 異なる n 個の要素 $e_1, e_2, \ldots, e_n$ から重複を許して k 個の要素を選び出す (n, k)-重複組合せに対して，要素 e_i の選ばれた回数を a_i とすると，$a_1, a_2, \ldots, a_n$ は自然数解に対応する．したがって，自然数解の総数は $S(n, k) = {}_n\mathbf{H}_k$ である．

6.9 数列 $a_1, a_2, \ldots, a_{2n}$ を，$a_i = 1$ ならば 1 マス右に，$a_i = -1$ ならば 1 マス上に移動する始点 $(0,0)$ から終点 (n,n) までの $n \times n$ 格子の経路に対応させる．例えば，数列

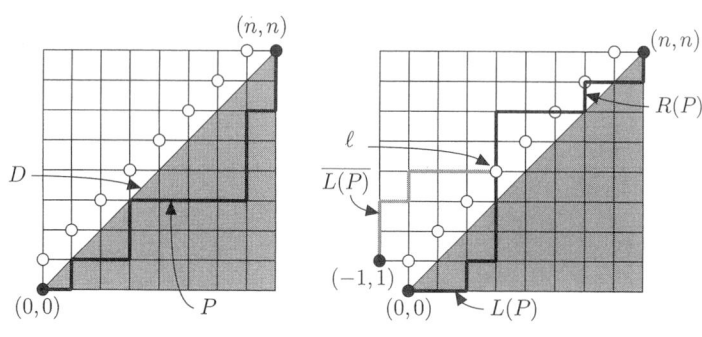

$1, -1, 1, 1, -1, -1, 1, 1, 1, 1, -1, -1, -1, 1, -1, -1$ は図 A.6.1 (a) の経路 P に対応する. このとき条件を満たす数列に対応する経路は $(0,0)$ と (n,n) を結ぶ対角線 D の右下領域 (図 A.6.1 の灰色部分) のみを経由する単調な経路となる. したがって, $(0,0)$ から (n,n) までの単調な経路の中で条件を満たさない経路は格子点 $(0,1), (1,2), \ldots, (n-1,n)$ (図 A.6.1 (a) の白丸) の少なくとも 1 つを経由する. そこで条件を満たさない単調な経路 P がそれら格子点の中で最初に経由する格子点を ℓ とし, P を $(0,0)$ から ℓ までの部分経路 $L(P)$ と ℓ から (n,n) までの部分経路 $R(P)$ に分割する (図 A.6.1 (b) 参照). また, 部分経路 $L(P)$ に線対称な格子点 $(-1,1)$ から ℓ までの経路を $\overline{L(P)}$ とする. このとき $\overline{L(P)}$ と $R(P)$ により $(-1,1)$ から (n,n) までの単調な経路が得られる. したがって, 条件を満たさない単調な経路は $(-1,1)$ から (n,n) までの単調な経路に対応する. また異なる条件を満たさない単調な経路は異なる $(-1,1)$ から (n,n) までの単調な経路に対応する. さらに異なる $(-1,1)$ から (n,n) までの単調な経路は異なる条件を満たさない単調な経路に対応する. したがって, 条件を満たさない単調な経路の総数は異なる $(-1,1)$ から (n,n) までの単調な経路の総数 $T(n+1, n-1)$ と等しく, 条件を満たす経路の総数は $T(n,n) - T(n+1, n-1)$ となる. 定理 6.13 より $T(n,n) - T(n+1, n-1) = \binom{2n}{n} - \binom{2n}{n-1} = \frac{1}{n+1}\binom{2n}{n}$ となる.

(a) 格子と経路　　(b) 条件を満たさない単調な経路

図 **A.6.1** 数列の格子表現

第 7 章

7.1 (a) 鳩の巣原理による. 任意の自然数 h に対し, $v = 2h - 1$ または $v = 2h$ ならば, 鳩 v を巣 N_h に入れると, $v \in V$ は $N_1, N_2, \ldots, N_n$ のいずれかに入る. このとき, 鳩の巣の原理により, 2 羽の鳩が入る巣 N_k が存在する. すなわち, $2k-1, 2k \in V$ であり, それらの最大公約数は 1 である.

(b) $\{2, 4, \ldots, 2n\} \subseteq V$ が存在する.

7.2 $\lceil \log_2(2n+1) \rceil \le \lceil \log_2(2n+2) \rceil$ は明らかであり, $\lceil \log_2(2n+1) \rceil \ge \lceil \log_2(2n+2) \rceil$ を背理法を用いて示す. $s = \lceil \log_2(2n+1) \rceil < \lceil \log_2(2n+2) \rceil$ と仮定する. このとき s は

自然数であり $s < \log_2(2n+2)$ となる．したがって，$2^s < 2n+2$ である．一方，$2n+1$ は奇数であるので $\log_2(2n+1)$ は自然数ではない．したがって，$\log_2(2n+1) < s$ であり $2n+1 < 2^s$ である．また，n と 2^s は自然数であり $2n+2 \leq 2^s$ である．しかし，これは $2^s < 2n+2$ に矛盾する．したがって，$\lceil \log_2(2n+1) \rceil \geq \lceil \log_2(2n+2) \rceil$ である．

7.3 条件1より任意の j $(j \in \mathbf{N}_n)$ に対し $\beta_j \geq 0$ である．したがって，$\beta \geq 0$ は明らかである．そこで $\beta \leq 1$ を背理法を用いて示す．$\beta > 1$ と仮定する．任意の i, j $(i, j \in \mathbf{N}_n)$ に対し $m_{ij} \geq \beta_j$ であり，$\sum_{i=0}^{n-1}\sum_{j=0}^{n-1} m_{ij} \geq \sum_{j=0}^{n-1} n\beta_j = n\sum_{j=0}^{n-1} \beta_j = n\beta$ であり，仮定より $\sum_{i=0}^{n-1}\sum_{j=0}^{n-1} m_{ij} > n$ となる．一方，条件2より $\sum_{i=0}^{n-1}\sum_{j=0}^{n-1} m_{ij} = \sum_{i=0}^{n-1} 1 = n$ となり矛盾する．したがって，$\beta \leq 1$ である．

7.4 部屋の面積は $n^2 - 2$ である．n が奇数であるとき，部屋の面積は奇数となる ($n = 2m+1$ とすると $n^2 - 2 = (2m+1)^2 - 2 = 4m(m+1) - 1$)．したがって，面積2の畳を部屋に敷き詰めることはできない．n が偶数であるとき，部屋の各マス目をチェス板のように交互に灰色と白で塗る (図 A.7.1 (a) 参照)．このとき，柱 s と t を除き $n^2/2 - 2$ 個のマス目が灰色で，$n^2/2$ 個マス目が白となる．畳を1枚敷くと灰色と白のマス目は1つずつ覆われる．したがって，すべてのマス目を畳で覆うことはできない．

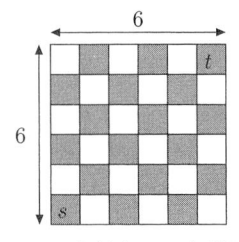

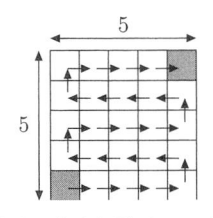

(a) 2色塗り (n: 偶数)　　(b) 完全経路 ($n = 5$)

図 **A.7.1**　部屋 (将棋板)

7.5 $n = 5$ の場合は図 A.7.1 (b) に示す完全閉路が存在する．同様に n が奇数の場合に完全閉路の存在を示すことができる．一方，n が偶数の場合に完全経路が存在しないことを背理法で示す．完全経路 P が存在すると仮定すると，その長さ n^2 は偶数である．また，将棋板を図 A.7.1 (a) のように交互に灰色と白で塗ると，P は左下の灰色のマス目 s を出発して，灰色と白のマス目を交互に移動する．終点は偶数番目であり白でなければならないが，灰色で塗られており矛盾する．したがって，完全経路は存在しない．

7.6 任意の $s-1$ 以下の自然数 i と任意の $n-t$ 以上 $n-1$ 以下の自然数 j に対し，$a_i \leq a_j$ である $(0 \leq i < s \leq n-t \leq j < n)$．したがって，任意の $s-1$ 以下の自然数 i に対し，$ta_i \leq a_{n-t} + a_{n-t+1} + \cdots + a_{n-1} = R$ であり，$tL = t(a_0 + a_1 + \cdots + a_{s-1}) = ta_0 + ta_1 + \cdots + ta_{s-1} \leq R + R + \cdots + R = sR$ である．

7.7 正三角形を 1 辺の長さが 1 の 4 つの部分正三角形に分割する. 5 点が 4 つの部分正三角形に入るので，鳩の巣原理 (定理 7.2) より，2 点以上を含む部分正三角形が少なくとも 1 つ存在する．部分正三角形内の任意の 2 点の距離は 1 以下であるので，2 点以上を含む部分正三角形の中の任意の 2 点が，存在を示したい距離が 1 以下の 2 点である．

7.8 任意の自然数 h に対し，$\alpha_h = a^h \pmod{n}$ とすると，$\alpha_h \in \mathbf{N}_n = \{0, 1, \ldots, n-1\}$ である．したがって，$\alpha_0, \alpha_1, \ldots, \alpha_n$ は $n+1$ 羽の鳩が n 個の巣に入った状態であるので，鳩の巣原理 (定理 7.2) より $\alpha_i = \alpha_j$ となる異なる自然数 i と j が存在する．

7.9 科目を $\ell_0, \ell_1, \ldots, \ell_{n-1}$ とする．学生 s_i が科目 ℓ_j を申告しているとき $m_{ij} = 1$ であり，申告していないとき $m_{ij} = 0$ である第 i 行が学生 s_i に対応し第 j 列が科目 ℓ_j に対応する $n \times m$ 行列 $\mathbf{M} = (m_{ij})$ を定義する．このとき科目 ℓ_j を申告している学生の数は $c_M(j)$ である．また，$u_i = r_M(i)$ であり $U = \sum_{i=0}^{m-1} u_i = \sum_{i=0}^{m-1} r_M(i)$ である．123 ページの定理 6.1 より $\sum_{i=0}^{m-1} r_M(i) = \sum_{j=0}^{n-1} c_M(j)$ であり，$U = \sum_{j=0}^{n-1} c_M(j)$ である．したがって，鳩の巣原理 (系 7.1) より $\lceil U/n \rceil$ 以上である $c_M(j)$ ($j \in \mathbf{N}_n$) が存在する．すなわち，申告する学生が $\lceil U/n \rceil$ 人以上の科目が存在する．

7.10 ブール変数へのブール値の割当の仕方の総数は 2^n である．i 番目の割当が部分集合 A_j の偶奇を指定通りとするとき $m_{ij} = 1$ であり，指定通りとしないとき $m_{ij} = 0$ である第 i 行が割当に対応し第 j 列が部分集合に対応する $2^n \times m$ 行列 $\mathbf{M} = (m_{ij})$ を定義する．任意の部分集合 A_j に対し，A_j の偶奇を指定通りとする割当の数と指定通りとしない割当の数は等しく，それぞれ 2^{n-1} である．したがって，任意の j ($j \in \mathbf{N}_m$) に対し $c_M(j) = 2^{n-1}$ である．定理 6.1 より $\sum_{i=0}^{2^n-1} r_M(i) = \sum_{j=0}^{m-1} c_M(j) = m2^{n-1}$ である．したがって，鳩の巣原理 (系 7.1) より $\lceil m2^{n-1}/2^n \rceil = \lceil m/2 \rceil$ 以上である $r_M(i)$ ($i \in \mathbf{N}_{2^n}$) が存在する．すなわち，半数以上の部分集合の偶奇を指定通りとする割当が存在する．

7.11 任意の自然数 i ($i \in \mathbf{N}_m$) に対し p_i の倍数である n 以下の正の自然数からなる集合を A_i とする．このとき n と互いに素ではない n 以下の正の自然数の個数は $\left|\bigcup_{i=0}^{m-1} A_i\right|$ である．また，集合 $A_0, A_1, \ldots, A_{m-1}$ から任意に k 個の集合 $A_{i_1}, A_{i_2}, \ldots, A_{i_k}$ を選んだとき，$\left|A_{i_1} \cap A_{i_2} \cap \cdots \cap A_{i_k}\right| = \frac{n}{p_{i_1} p_{i_2} \cdots p_{i_k}}$ となる．したがって，定理 7.5 より

$$\left|\bigcup_{i=0}^{m-1} A_i\right| = \sum_{k=1}^{m} \left\{ (-1)^{k+1} \sum_{0 \leq i_1 < i_2 < \cdots < i_k \leq m-1} \frac{n}{p_{i_1} p_{i_2} \cdots p_{i_k}} \right\}$$
$$= n \sum_{k=1}^{m} \sum_{0 \leq i_1 < i_2 < \cdots < i_k \leq m-1} \frac{(-1)^{k+1}}{p_{i_1} p_{i_2} \cdots p_{i_k}}$$

となる. n と互いに素である n 以下の正の自然数の個数は

$$n - \left|\bigcup_{i=0}^{m-1} A_i\right| = n\left\{1 - \sum_{k=1}^{m} \sum_{0 \leq i_1 < i_2 < \cdots < i_k \leq m-1} \frac{(-1)^{k+1}}{p_{i_1} p_{i_2} \cdots p_{i_k}}\right\}$$

$$= n\left\{1 + \sum_{k=1}^{m} \sum_{0 \leq i_1 < i_2 < \cdots < i_k \leq m-1} \frac{(-1)^{k}}{p_{i_1} p_{i_2} \cdots p_{i_k}}\right\}$$

$$= n\left(1 - \frac{1}{p_0}\right)\left(1 - \frac{1}{p_1}\right)\cdots\left(1 - \frac{1}{p_{m-1}}\right)$$

となる.

7.12 品物の交換の仕方は全部で $n!$ 通りである. 子供を $c_0, c_1, \ldots, c_{n-1}$ とし, c_i が自分の品物を受け取る交換の仕方からなる集合を B_i とする. このとき, 任意の自然数 k に対し, k 人 $c_{i_1}, c_{i_2}, \ldots, c_{i_k}$ がそれぞれ自分の品物を受け取る交換の仕方 $B_{i_1} \cap B_{i_2} \cap \cdots \cap B_{i_k}$ は $(n-k)!$ 通りである. また, 誰かが自分の品物を受け取る交換の仕方は $\bigcup_{i=0}^{n-1} B_i$ であり, k 人の組合せは $\binom{n}{k}$ であるので, 定理 7.5 より $\left|\bigcup_{i=0}^{n-1} B_i\right| = \sum_{k=1}^{n}(-1)^{k+1}\binom{n}{k}(n-k)! = \sum_{k=1}^{n}(-1)^{k+1}\frac{n!}{k!(n-k)!}(n-k)! = \sum_{k=1}^{n}(-1)^{k+1}n!/k!$ となる. したがって, $P(n) = \left(n! - \left|\bigcup_{i=0}^{n-1} B_i\right|\right)/n! = \left(n! - \sum_{k=1}^{n}(-1)^{k+1}n!/k!\right)/n! = 1 - \sum_{k=1}^{n}(-1)^{k+1}1/k! = 1 + \sum_{k=1}^{n}(-1)^{k}/k!$ である. 一方, 自然対数の底 e に対し, 関数 $f(x) = e^{-x}$ の第 n 項までテイラー展開を $f_n(x)$ とすると $f_n(x) = \sum_{k=0}^{n}\frac{(-1)^k}{k!}x^k$ である. したがって, $P(n) = f_n(1)$ であり, $P(n) \to e^{-1}$ $(n \to \infty)$ となる.

7.13 自然数 m に関する数学的帰納法による. (初期段階) $m = 0$ の場合, $\sum_{i=0}^{0}(-1)^i\binom{n}{i} = 1 = (-1)^0\binom{n-1}{0}$ であり成り立つ. (帰納段階) $m = k$ のとき成り立つと仮定し, $m = k+1$ のとき成り立つことを示す. $\sum_{i=0}^{k+1}(-1)^i\binom{n}{i} = \sum_{i=0}^{k}(-1)^i\binom{n}{i} + (-1)^{k+1}\binom{n}{k+1}$ であり, 数学的帰納法の仮定より $\sum_{i=0}^{k}(-1)^i\binom{n}{i} + (-1)^{k+1}\binom{n}{k+1} = (-1)^k\binom{n-1}{k} + (-1)^{k+1}\binom{n}{k+1} = (-1)^{k+1}\left\{\binom{n}{k+1} - \binom{n-1}{k}\right\}$ となる. 136 ページの定理 6.12 より $(-1)^{k+1}\left\{\binom{n}{k+1} - \binom{n-1}{k}\right\} = (-1)^{k+1}\left\{\binom{n-1}{k+1} + \binom{n-1}{k} - \binom{n-1}{k}\right\} = (-1)^{k+1}\binom{n-1}{k+1}$ となり成り立つ.

7.14 自然数 a に関する数学的帰納法による. (初期段階) $a = 1$ の場合, $1^p = 1 \pmod{p}$ であり成り立つ. (帰納段階) $a = k$ のとき成り立つと仮定し, $a = k+1$ のとき成り立つことを示す. 定理 6.15 より $(k+1)^p = 1 + \binom{p}{1}k + \cdots + \binom{p}{p-1}k^{p-1} + k^p$ となる. このとき任意の自然数 i $(1 \leq i \leq p-1)$ に対し, $\binom{p}{i}$ は p で割り切れる (演習問題 6.6 解答参照). 数学的帰納法の仮定より $k^p = k \pmod{p}$ であり, $(k+1)^p = k+1 \pmod{p}$ となる.

7.15 数列において $g_i(n) = 1$ となる最小の自然数 i を $T(n)$ とする. 自然数 n に関する数学的帰納法により $T(n) \leq \lceil \log_2 n \rceil$ を示す. (初期段階) $n = 1$ の場合, $g_0(1) = 1$ であり $T(1) = 0 = \lceil \log_2 1 \rceil$ で成り立つ. (帰納段階) k 以下の任意の自然数 n に対し $T(n) \leq \lceil \log_2 n \rceil$ が成り立つと仮定し, $k+1$ のとき成り立つことを示す. $k+1$ が偶数の場合, $k+1 = 2m$ とおくと, $T(n)$ の定義より $T(k+1) = T(2m) = 1 + T(m)$ となる. した

がって，数学的帰納法の仮定より $T(k+1) = 1+T(m) \leq 1+\lceil \log_2 m \rceil = \lceil 1 + \log_2 m \rceil = \lceil \log_2(2m) \rceil = \lceil \log_2(k+1) \rceil$ となる．一方，$k+1$ が奇数の場合，$k+1 = 2m+1$ とおくと，$T(n)$ の定義と数学的帰納法の仮定より $T(k+1) = T(2m+1) = 1+T(m+1) \leq 1 + \lceil \log_2(m+1) \rceil = \lceil 1+\log_2(m+1) \rceil = \lceil \log_2(2m+2) \rceil$ となり，演習問題 7.2 に示す等式より $\lceil \log_2(2m+2) \rceil = \lceil \log_2(2m+1) \rceil$ であり，$T(k+1) \leq \lceil \log_2(2m+1) \rceil = \lceil \log_2(k+1) \rceil$ となる．

7.16 選手の数 n に関する数学的帰納法による．(初期段階) 選手が 2 人の場合，p_0 が p_1 に勝ったならば $p_0 \to p_1$ となり，p_1 が p_0 に勝ったならば $p_1 \to p_0$ となり，条件を満たす選手の順序が存在する．(帰納段階) 選手が k 人の場合，条件を満たす選手の順序が存在すると仮定し，選手が $k+1$ 人の場合に条件を満たす選手の順序が存在することを示す．$k+1$ 人の選手を $p_0, p_1, \ldots, p_k$ とする．数学的帰納法の仮定より，選手 $p_0, p_1, \ldots, p_{k-1}$ には $p_{i_0} \to p_{i_1} \to \cdots \to p_{i_{k-1}}$ となる選手の順序 $p_{i_0}, p_{i_1}, \ldots, p_{i_{k-1}}$ が存在する．このとき，選手 p_k に対し $p_k \to p_{i_j}$ となる最小の自然数 j を s とする．選手 p_k が全敗しそのような自然数が存在しない場合 $p_{i_0} \to p_{i_1} \to \cdots \to p_{i_{k-1}} \to p_k$ である (図 A.7.2 (a) 参照)．また，$s = 0$ の場合，すなわち選手 p_k が選手 p_{i_0} に勝った場合 $p_k \to p_{i_0} \to p_{i_1} \to \cdots \to p_{i_{k-1}}$ である (図 A.7.2 (b) 参照)．それ以外の場合，すなわち $1 \leq s \leq k-1$ の場合，選手 p_k は選手 p_{s-1} に負け，選手 p_s に勝っており，$p_{i_0} \to p_{i_1} \to \cdots \to p_{i_{s-1}} \to p_k \to p_{i_s} \to \cdots \to p_{i_{k-1}}$ である (図 A.7.2 (c) 参照)．いずれの場合も条件を満たす選手の順序が存在する．

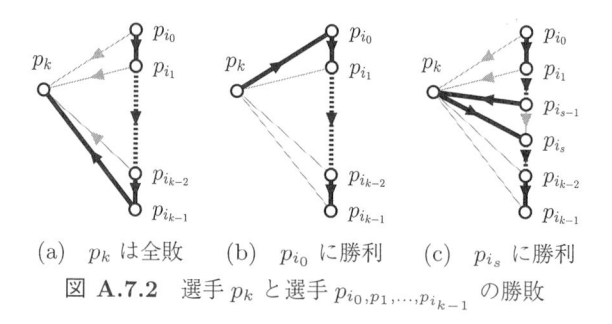

(a) p_k は全敗 (b) p_{i_0} に勝利 (c) p_{i_s} に勝利

図 **A.7.2** 選手 p_k と選手 $p_{i_0, p_1, \ldots, p_{i_{k-1}}}$ の勝敗

7.17 (a) $f(x) = c_n x^n + c_{n-1} x^{n-1} + \cdots + c_1 x + c_0$ とする．$f(x)$ の次数 n に関する数学的帰納法による．(初期段階) 次数が 1 のとき $f(x) = c_1 x + c_0$ となる (ただし $c_1 \neq 0$)．このとき $f(x) = 0$ は唯一の実数解 $-c_0/c_1$ を持つ．(帰納段階) 次数が k の任意の実係数多項式 $g(x)$ に対し $g(x) = 0$ が高々 k 個の実数解を持つと仮定し，次数が $k+1$ の任意の実係数多項式 $f(x)$ に対し $f(x) = 0$ が高々 $k+1$ 個の実数解を持つことを示す．$f(x) = 0$ が実数解を持たないとき，$f(x) = 0$ の実数解の個数は高々 $k+1$ である．一方，$f(x) = 0$ が少なくとも 1 つの実数解を持つとき，ある実数解を α とすると

$f(x) = (x - \alpha)f'(x)$ と表現できる. このとき, $f'(x)$ は次数が k の実係数多項式であり, 数学的帰納法の仮定より, $f'(x) = 0$ は高々 k 個の実数解を持つので, $f(x) = 0$ の実数解の個数は高々 $k+1$ となる. したがって, いずれの場合も $f(x) = 0$ の実数解の個数は高々 $k+1$ となる.

(b) $c(x) = a(x) - b(x)$ とすると, $c(x) = 0$ の実数解は $a(x) = b(x)$ の実数解と等しい. $c(x)$ は実係数多項式でありその次数は高々 $\max(n, m)$ であるので, (a) より $c(x) = 0$ は高々 $\max(n, m)$ 個の実数解を持つ.

7.18 n 枚のカードをある箱から別の箱へ移動するために必要な最小移動回数を $M(n)$ とする. カードの枚数 n に関する数学的帰納法により, $M(n) = 2^n - 1$ を示す. (初期段階) カードが 1 枚のときは, 1 回の移動で完了するので $M(1) = 1$ である. (帰納段階) カードが k 枚のとき $M(k) = 2^k - 1$ であると仮定し, $k+1$ 枚のとき $M(k+1) = 2^{k+1} - 1$ を示す. 一般性を失わず B_1 から B_2 へ $k+1$ 枚のカードを移動するとする. このとき, B_1 に入っている一番下のカードを B_2 へ移動するためには残りの k 枚のカードをすべて B_3 に移動させなければならない. この k 枚のカードを移動するために必要な移動回数 $M(k)$ であり, 数学的帰納法の仮定より $2^k - 1$ となる. また, 一番下のカードを移動したあと, B_3 に移動した k 枚のカードをすべて B_2 へ移動することで移動は完了する. 明らかにこの操作は必要な最小移動回数 $M(k+1)$ を与える. したがって, $M(k+1) = M(k) + 1 + M(k) = 2(2^k - 1) + 1 = 2^{k+1} - 1$ となる.

7.19 (初期段階) $\Lambda \in \Sigma_{\text{pld}}^*$ と定義する. また, 任意の $\mathbf{x} \in \Sigma$ に対し $\mathbf{x} \in \Sigma_{\text{pld}}^*$ と定義する.

(再帰段階) 任意の $\mathbf{w} \in \Sigma_{\text{pld}}^*$ と任意の $\mathbf{x} \in \Sigma$ に対し $\mathbf{x} \circ \mathbf{w} \circ \mathbf{x} \in \Sigma_{\text{pld}}^*$ と定義する.

7.20 加算の定義, および, 加算に対して結合則, 交換則が成り立つことを利用して, l に関する数学的帰納法により $l \times (m + n) = l \times m + l \times n$ を示す. (初期段階) $l = 0$ のとき, $0 \times (m + n) = 0 = 0 + 0 = 0 \times m + 0 \times n$ で成り立つ. (帰納段階) l のとき成り立つと仮定し, $\sigma(l)$ のとき成り立つことを示す. $\sigma(l) \times (m + n) = l \times (m + n) + (m + n) = (l \times m + l \times n) + (m + n) = (l \times m + m) + (l \times n + n) = \sigma(l) \times m + \sigma(l) \times n$ で成り立つ.

第 8 章

8.1 (a) 辺 (u, v) は点 u の次数と点 v の次数にそれぞれ 1 ずつ寄与するので, すべての点の次数の総和は辺の数の 2 倍に等しい. したがって, すべての点の次数の総和は偶数であることが分かる.

(b) 次数が偶数である点の次数の総和は常に偶数であり, 前問の結果からすべての点の次数の総和も偶数であるから, 次数が奇数である点の次数の総和も偶数である. したがって, 次数が奇数である点は偶数個存在することが分かる.

8.2 正則 2 分木 T の高さ $h(T)$ に関する数学的帰納法で証明する. 高さが 0 である正則 2 分木

には 1 個の葉が存在する．したがって，内点の数は葉の数よりも 1 だけ小さい．
T を r を根とする $h(T) = k \geqq 1$ である任意の正則 2 分木とし，高さが k 未満の任意の正則 2 分木に対しては，内点の数は葉の数よりも 1 だけ小さいと仮定する．T は正則であるから r の次数は 2 である．そこで，r の子を r_1, r_2 とする．T から r と r に接続する 2 辺を除去して得られる r_1 を根とする 2 分木と r_2 を根とする 2 分木をそれぞれ T_1 と T_2 とする．T_1 と T_2 は正則であり，$h(T_1), h(T_2) \leqq k-1$ であるので，数学的帰納法の仮定から，T_1 と T_2 の内点の数はそれぞれの葉の数よりも 1 だけ小さい．T の内点は，T_1 の内点と T_2 の内点および r であるから，T の内点の数は，T_1 の内点の数と T_2 の内点の数の和よりも 1 だけ大きい．また，T の葉の数は，T_1 の葉の数と T_2 の葉の数の和であるから，T の内点の数は葉の数はよりも 1 だけ小さいことが分かる．

8.3 $2^n \leqq N < 2^{n+1}$ であるとき，$\lfloor \log_2 N \rfloor = n$ である．一方このとき，$2^n < N+1 \leqq 2^{n+1}$ であるから，$\lceil \log_2(N+1) \rceil = n+1$ である．したがって，$\lceil \log_2(N+1) \rceil = \lfloor \log_2 N \rfloor + 1$ であることが分かる．

8.4 (a) 図 A.8.1 に示すとおり．

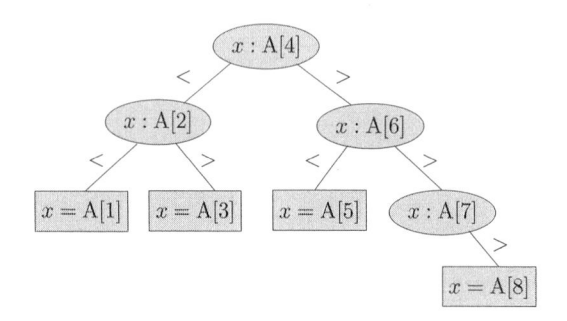

```
                    x : A[4]
                  <        >
            x : A[2]      x : A[6]
           <    >        <     >
     x=A[1] x=A[3]   x=A[5]  x : A[7]
                                   >
                               x=A[8]
```

図 **A.8.1** 2 分決定木

(b) $\lfloor \log_2 n \rfloor$

索 引

$\in$ $(a \in A)$, 2
$\notin$ $(a \notin A)$, 2
$\subseteq$ $(A \subseteq B)$, 5
$\subset$ $(A \subset B)$, 7
$\cap$ $(A \cap B)$, 10
$\bigcap$ $(\bigcap_{i \in \mathbf{N}_n} A_i)$, 12
$\cup$ $(A \cup B)$, 12
$\bigcup$ $(\bigcup_{i \in \mathbf{N}_n} A_i)$, 14
$\setminus$ $(A \setminus B)$, 15
$\times$ $(A \times B)$, 16
$+$ $(A + B)$, 18
$\circ$ $(g \circ f)$, 32
$\circ$ $(S \circ R)$, 55
$\circ$ $(\mathbf{w} \circ \mathbf{w}')$, 174
$\bullet$ $(\mathbf{x} \bullet \mathbf{w})$, 173
$\equiv$ $(a \equiv b)$, 62
$\sim$ $(n \sim m)$, 67
$\sim_n$ $(i \sim_n j)$, 63
$\sim_P$ $(a \sim_P b)$, 72
$\preceq_F$ $([f] \preceq_F [g])$, 72
$\sim_F$ $(f \sim_F g)$, 72
$\preceq$ $(a \preceq b)$, 68
$\preceq_C$ $(|A| \preceq_C |B|)$, 77
$\preceq_\ell$ $(\mathbf{w} \preceq_\ell \mathbf{w}')$, 177
$\preceq_s$ $(\mathbf{w} \preceq_s \mathbf{w}')$, 181
$\succ_1$ $(n \succ_1 m)$, 58
$\wedge$ $(\alpha \wedge \beta)$, 89
$\bigwedge$ $(\bigwedge_{i \in \mathbf{N}_n} \alpha_i)$, 94
$\vee$ $(\alpha \vee \beta)$, 89
$\bigvee$ $(\bigvee_{i \in \mathbf{N}_n} \alpha_i)$, 95
$|$ $(\alpha | \beta)$, 118

$\Rightarrow$ $(\alpha \Rightarrow \beta)$, 90
$\Leftrightarrow$ $(\alpha \Leftrightarrow \beta)$, 91
$\to$ $(f : A \to B)$, 27
$\to$ $(R : A \to B)$, 53
$\mapsto$ $(f : a \mapsto b)$, 27
$\Rightarrow$ $(\alpha \Rightarrow \beta)$, 86
$\Leftrightarrow$ $(\alpha \Leftrightarrow \beta)$, 87
$\emptyset$, 1
2^A, 19
$|A|$, 2, 76
$[A \to B]$, 30
$\overline{A}$, 14
$[a]$, 65
$[a]_\equiv$, 64
$A/\equiv$, 66
$\aleph_0$, 79
$\neg \alpha$, 90
$\overline{\alpha}$, 90
$\mathbf{B}$, 2
B^A, 30
$\chi(a)$, 48
$c_M(i)$, 123
$\mathbf{codom}(f)$, 27
$\mathcal{C}_\Sigma$, 182
$\deg_G(v)$, 186
$d_F(a)$, 124
$\mathbf{dom}(f)$, 27
$\mathbf{E}$, 2
$E(G)$, 186
$\mathbf{E}_n$, 2
$\mathcal{F}$, 4

F_p, 168
$\gcd(a, b)$, 198
$\mathbf{graph}(f)$, 47
$h(T)$, 188
i_A, 40
$\ell(v)$, 190
$\ell(\mathbf{w})$, 172
Λ, 9
M_F, 124
$M_{m,\ell}(s, k)$, 134
$\mu(T)$, 190
$\mathbf{N}$, 2
$n!$, 128, 165
$_n\mathbf{C}_k$, 127
$_n\mathbf{\Delta}_k$, 128
$_n\mathbf{D}_k$, 128
$_n\mathbf{H}_k$, 127
$\binom{n}{k}$, 133
$N_{m,\ell}(s)$, 134
$\mathbf{N}_n$, 2
$_n\mathbf{\Pi}_k$, 127
$_n\mathbf{P}_k$, 127
$_n\mathbf{\Sigma}_k$, 128
$_n\mathbf{S}_k$, 128
νT, 190
$\nu_T(i)$, 190
$\mathbf{O}$, 2
$\mathbf{O}_n$, 2
$\mathcal{P}A$, 19
$\mathbf{Q}$, 2

R, 2
R^*, 58
R^+, 58
range(f), 27
$r_M(j)$, 123
$s(C)$, 162
$\sigma(n)$, 153
Σ^*, 172
Σ^n, 172
$T(n,m)$, 138
$V(G)$, 186
$\lceil x \rceil$, 147
$\lfloor x \rfloor$, 149
Z, 2

あ 行

アッカーマン関数 (Ackermann function), 166
アナログ回路 (analog circuit), 108
アルゴリズム (algorithm), 194
アルファベット集合 (alphabet set), 9
AND ゲート (AND gate), 103, 162
位数 (order), 4
一対一 (one-to-one), 34
一般連続体仮説 (generalized continuum hypothesis), 83
イプシロン・デルタ論法 (epsilon-delta proof), 117

上への対応 (onto), 37
n-組 (n-tuple), 8
n 項関係 (n-ary relation), 54
円順列 (circular permutation), 127
OR ゲート (OR gate), 103, 162
黄金比 (golden ratio), 168
大きさ (size), 8, 162
親 (parent), 69, 188

か 行

外延的定義 (extensional definition), 2
解釈 (interpretation), 92
階乗 (factorial), 127, 165
回文 (palindrome), 185
回路素子 (circuit element), 103
可換 (commutative), 50
可算集合 (countable set), 79
可算無限 (countably infinite), 78, 79
可算無限集合 (countably infinite set), 79
数え上げ (counting), 120
数え上げ論法 (counting argument), 120
含意 (implication), 86, 90
関係 (relation), 52
関数 (function), 26
関数記号 (function symbol), 112

完全 (complete), 103, 110
完全である (complete), 191
冠頭標準形 (prenex normal form), 116
偽 (false), 85
木 (tree), 187
記号列 (string), 9
奇数 (odd number), 2
帰納段階 (induction step), 152
帰納的関数 (recursive function), 167
帰納的関数論 (recursion theory), 29
帰納的定義 (inductive definition), 165
基本式 (basic formula), 111
逆元 (inverse), 50
逆写像 (inverse mapping), 41
吸収則 (absorptivity), 21, 100
共通部分集合 (intersection), 10
極小 (minimal), 71
極大 (maximal), 71
切上げ (rounding up), 147
切捨て (rounding down), 149
均衡している (balanced), 191
空集合 (empty set), 1, 6
偶数 (even number), 2
空列 (null string), 9
矩形分割 (rectangular

dissection), 158
鎖 (chain), 70
組 (tuple), 8
組合せ (combination), 120, 125
組合せ回路 (combinational circuit), 108
グラフ (graph), 47, 57, 186
群 (group), 50
計算量 (complexity), 194
形式言語 (formal language), 173
結合 (concatenate), 174
結合則 (associativity), 11–13, 33, 56, 93, 94, 98
元 (element), 1
言語 (language), 173
原始帰納的関数 (primitive recursive function), 167
健全な (sound), 110
限量化 (quantification), 111
限量子 (quantifier), 113
子 (child), 69, 188
項 (term), 112
交換則 (commutativity), 11, 13, 93, 94, 98, 115
恒偽式 (contradiction), 111
後件 (consequence), 86
後者 (successor), 153
恒真式 (tautology), 108
合成 (写像の) (composition), 32
合成 (関係の) (composition), 55

合成数 (composite number), 122
構成的証明 (constructive proof), 144
構造帰納法 (structural induction), 155
恒等写像 (identity mapping), 40
公理 (axiom), 109
互換 (transposition), 43
個体変数 (individual variable), 111

さ 行

再帰的定義 (recursive definition), 165
最小 (minimum), 71
最大 (maximum), 71
最大公約数 (greatest common divisor), 122
差集合 (difference), 15
3 段論法 (modus ponens), 109
辞書式順序 (lexicographic order), 177
次数 (degree), 186
自然言語 (natural language), 173
自然数 (natural number), 2
実数 (real number), 2
写像 (mapping), 26
集合 (set), 1
集合族 (family), 4
十分条件 (sufficient condition), 86

数珠順列 (necklace permutation), 127
述語記号 (predicate symbol), 111
述語論理 (predicate calculus), 111
10 進小数一意表示 (canonical decimal fractional representation), 80
10 進小数表示 (decimal fractional representation), 80
シュレーダー・バーンシュタインの定理 (Schröder-Bernstein's theorem), 46
巡回置換 (cyclic permutation), 43
順序回路 (sequential circuit), 108
順序関係 (order), 68
順序対 (ordered pair), 8
順列 (permutation), 120, 125
商集合 (quotient set), 66
証明 (proof), 110
証明系 (proof system), 109
初期段階 (initial step), 152
真 (true), 85
真の接頭語 (proper prefix), 177
真部分集合 (proper subset), 6
真理値 (truth value), 92

真理値表 (truth table), 92
推移的 (transitive), 61
推移的閉包 (transitive closure), 58, 62
推移律 (transitivity), 61
スイッチ (switch), 104
推論規則 (inference rule), 109
数学的帰納法 (mathematical induction), 144, 152
整数 (integer), 2
整礎帰納法 (well-founded induction), 154
正則である (regular), 191
整礎な順序 (well-founded ordering), 154
成分 (component), 8
整列 (well-ordered), 71
積集合 (intersection), 10
積の法則 (product law), 121
積和形 (disjunctive form, sum of products), 102
積和標準形 (disjunctive normal form), 102
節 (clause), 101
接続 (incident), 186
接頭語 (prefix), 177
全域関数 (total function), 29
全加算器 (full adder), 106
線形順序関係 (linear order), 70
線形順序集合 (linearly ordered set), 70
先件 (antecedent), 86
選言 (disjunction), 89
全射 (surjection), 37
全順序関係 (total order), 70
全順序集合 (totally ordered set), 70
全称限量子 (universal quantifier), 113
全体集合 (universal set), 14
全単射 (bijection), 39
素因数 (prime factor), 122
素因数分解 (factorization), 122
像 (写像の) (range), 27
像 (集合の) (image), 27
像 (要素の) (image), 27
双射 (bijection), 39
属する (belong), 2
素数 (prime number), 122
存在限量子 (existential quantifier), 113
存在証明 (existence proof), 144
存在定理 (existence theorem), 144

た　行

対角線論法 (diagonalization), 80
対偶則 (contraposition), 96, 97
対称的 (symmetric), 60
対称律 (symmetry), 60
代入 (substitution), 109
代表元 (representative), 65
単位半群 (monoid), 50
互いに素 (mutually prime, coprime), 122
互いに素 (集合) (disjoint), 11
高さ (height), 188
多重集合 (multi set, bag), 3
多数決関数 (majority function), 161
妥当 (valid), 116
多変数関数 (multi-variate function), 28
単位元 (unity, identity), 50
探索問題 (searching problem), 194
単射 (injection), 34, 77
単調 (monotone), 137, 161, 162
単調減少 (monotonically decreasing), 147
単調増加 (monotonically increasing), 147
端点 (end vertex), 186
値域 (codomain), 26
置換 (permutation), 42
置換群 (permutation group), 51
逐次探索 (sequential search), 195
中置記法 (infix notation), 28
超限帰納法 (transfinite induction), 154
重複円順列 (circular

permutation with repetition), 127
重複組合せ (combination with repetition), 125
重複数珠順列 (necklace permutation with repetition), 127
重複順列 (permutation with repetition), 125
直積集合 (direct product), 16
直和集合 (direct sum), 18
定義域 (domain), 26
定理 (theorem), 110
デカルト積 (Cartesian product), 16
デジタル回路 (digital circuit), 108
手続き (procedure), 194
点 (vertex), 57, 186
天井関数 (ceiling function), 147
同一視 (identify), 45, 64
同型 (isomorphic), 45, 64
同値 (equivalence), 87, 90
同値関係 (equivalence relation), 62, 64
同値である (equivalent), 87
同値類 (equivalence class), 64–66
特性関数 (characteristic function), 48
独立 (independent), 121
ド・モルガンの法則 (De Morgan's law), 21, 22, 100
トレイル (trail), 187

な 行

内点 (internal vertex), 188
内包的定義 (intensional definition), 2
長さ (length), 9, 187
2項演算 (binary operation), 28, 174
2項関係 (binary relation), 53
2項係数 (binomial coefficient), 140
2項定理 (binomial theorem), 140
2重数え上げ (double counting), 123
2分木 (binary tree), 188
2分決定木 (binary decision tree), 195
2分探索 (binary search), 195
根 (root), 188
濃度 (cardinality), 1, 76, 77, 79, 82
NOTゲート (NOT gate), 103, 104, 162

は 行

葉 (leaf), 188
Burnsideの定理 (Burnside's Theorem), 133
背理法 (contradiction), 111

パス (path), 187
パスカルの三角形 (Pascal's triangle), 137
ハッセ図 (Hasse diagram), 69
鳩の巣原理 (pigeonhole principle), 146
半加算器 (half adder), 105
半群 (semigroup), 50
反射的 (reflective), 59
反射的推移的閉包 (reflective transitive closure), 58, 62
反射律 (reflectivity), 59
半順序関係 (partial order), 68, 77
半順序集合 (partially ordered set), 70
反対称的 (anti-symmetric), 60
反対称律 (anti-symmetry), 60
$\mathcal{P}$-閉包 ($\mathcal{P}$-closure), 61
比較可能 (comparable), 70
非可算 (uncountable), 79
非可算集合 (uncountable set), 79
非構成的証明 (non-constructive proof), 144
必要十分条件 (necessary and sufficient condition), 87
必要条件 (necessary condition), 86

否定 (not), 90
等しい (equal), 6, 8, 30, 55
標準形 (normal form), 101
標準順序 (standard order), 177, 181
標準的な全射 (canonical surjection), 67
フィボナッチ数列 (Fibonacci sequence), 167
ブール関数 (Boolean function), 28, 161
ブール集合 (Boolean set), 2
ブール代数 (Boolean algebra), 2
フェルマーの最終定理 (Fermat's last theorem), 4
部分関数 (partial function), 29
部分集合 (subset), 5–7
部分列 (subsequence), 147
分割 (partition), 20
分配則 (distributivity), 21, 100, 115
ペアノ公理 (Peano axioms), 153
閉路 (cycle), 187
べき集合 (power set), 19
べき乗 (関係の) (power), 56
べき等則 (idempotency), 11, 13, 93, 94
辺 (edge), 57, 186

包除原理 (inclusion-exclusion principle), 121
補集合 (complement), 14

ま 行

路 (path), 187
無限集合 (infinite set), 1, 74
無向グラフ (undirected graph), 186
無向辺 (undirected edge), 186
命題 (proposition), 85
命題変数 (propositional variable), 89
命題論理 (propositional logic), 85
命題論理式 (propositional formula), 89
文字集合 (character set), 9

や 行

約数 (divisor), 122
ユークリッドの互除法 (Euclid algorithm), 198
有限集合 (finite set), 1, 74
有向グラフ (directed graph), 57
有向辺 (directed edge), 57
有理数 (rational number), 2
床関数 (floor function), 149

要素 (element), 1
要素数 (cardinality), 1

ら 行

ラッセルのパラドックス (Russell's paradox), 23
リテラル (literal), 101
隣接 (adjacent), 186
列 (sequence), 9
レベル (level), 190
連結 (connected), 187
連言 (conjunction), 89
連続体仮説 (continuum hypothesis), 83
論理回路 (logic circuit), 103, 162
論理結合子 (logical connectives), 89
論理積 (and), 89
論理積標準形 (conjunctive normal form), 101
論理和 (or), 89
論理和標準形 (disjunctive normal form), 102

わ

和集合 (union), 12
和積形 (conjunctive form, product of sums), 101
和積標準形 (conjunctive normal form), 101
和の法則 (sum law), 120

〈著者略歴〉

佐藤泰介（さとう たいすけ）
工学博士
1975 年 東京工業大学大学院理工学研究科
　　　　修士課程修了
現　在　東京工業大学名誉教授

高橋篤司（たかはし あつし）
博士（工学）
1991 年 東京工業大学大学院理工学研究科
　　　　修士課程修了
現　在　東京科学大学工学院教授

伊東利哉（いとう としや）
工学博士
1984 年 東京工業大学大学院理工学研究科
　　　　修士課程修了
現　在　東京科学大学名誉教授

上野修一（うえの しゅういち）
工学博士
1982 年 東京工業大学大学院理工学研究科
　　　　博士課程修了
現　在　東京工業大学名誉教授

- 本書の内容に関する質問は，オーム社ホームページの「サポート」から，「お問合せ」の「書籍に関するお問合せ」をご参照いただくか，または書状にてオーム社編集局宛にお願いします．お受けできる質問は本書で紹介した内容に限らせていただきます．なお，電話での質問にはお答えできませんので，あらかじめご了承ください．
- 万一，落丁・乱丁の場合は，送料当社負担でお取替えいたします．当社販売課宛にお送りください．
- 本書の一部の複写複製を希望される場合は，本書扉裏を参照してください．
  JCOPY ＜出版者著作権管理機構 委託出版物＞
- 本書は，昭晃堂から発行されていた「情報基礎数学」をオーム社から発行するものです．

情報基礎数学

2014 年 9 月 15 日　第 1 版第 1 刷発行
2025 年 7 月 10 日　第 1 版第10刷発行

著　者　佐藤泰介・高橋篤司
　　　　伊東利哉・上野修一
発行者　髙田光明
発行所　株式会社オーム社
　　　　郵便番号　101-8460
　　　　東京都千代田区神田錦町 3-1
　　　　電話　03(3233)0641（代表）
　　　　URL https://www.ohmsha.co.jp/

© 佐藤泰介・高橋篤司・伊東利哉・上野修一 2014

印刷　中央印刷　製本　協栄製本
ISBN978-4-274-21610-7　Printed in Japan

関連書籍のご案内

電気工学分野の金字塔、充実の改訂！

電気工学ハンドブック 第7版

一般社団法人 電気学会 [編]

1951年にはじめて出版されて以来、電気工学分野の拡大とともに改訂され、長い間にわたって電気工学にたずさわる広い範囲の方々の座右の書として役立てられてきたハンドブックの第7版。すべての工学分野の基礎として、幅広く広がる電気工学の内容を網羅し収録しています。

編集・改訂の骨子

■ 基礎・基盤技術を固めるとともに、新しい技術革新成果を取り込み、拡大発展する関連分野を充実させた。

■ 「自動車」「モーションコントロール」などの編を新設、「センサ・マイクロマシン」「産業エレクトロニクス」の編の内容を再構成するなど、次世代社会において貢献できる技術の取り込みを積極的に行った。

■ 改版委員会、編主任、執筆者は、その分野の第一人者を選任し、新しい時代を先取りする内容となった。

■ 目次・和英索引と連動して項目検索できる本文PDFを収録したDVD-ROMを付属した。

- B5判・2706頁・上製函入
- 本文PDF収録DVD-ROM付
- 定価(本体45000円[税別])

主要目次 数学／基礎物理／電気・電子物性／電気回路／電気・電子材料／計測技術／制御・システム／電子デバイス／電子回路／センサ・マイクロマシン／高電圧・大電流／電線・ケーブル／回転機一般・直流機／永久磁石回転機・特殊回転機／同期機・誘導機／リニアモータ・磁気浮上／変圧器・リアクトル・コンデンサ／電力開閉装置・避雷装置／保護リレーと監視制御装置／パワーエレクトロニクス／ドライブシステム／超電導および超電導機器／電気事業と関係法規／電力系統／水力発電／火力発電／原子力発電／送電／変電／配電／エネルギー新技術／計算機システム／情報処理ハードウェア／情報処理ソフトウェア／通信・ネットワーク／システム・ソフトウェア／情報システム・監視制御／交通／自動車／産業ドライブシステム／産業エレクトロニクス／モーションコントロール／電気加熱・電気化学・電池／照明・家電／静電気／医用電子・一般／環境と電気工学／関連工学

もっと詳しい情報をお届けできます．
◎書店に商品がない場合または直接ご注文の場合も右記宛にご連絡ください．

ホームページ https://www.ohmsha.co.jp/
TEL／FAX TEL.03-3233-0643 FAX.03-3233-3440

(定価は変更される場合があります)

A-1403-125